应用型人才培养精品教材

计算机应用基础实训教程

汪　婧　喻　瑗　黄爱梅　主　编
付金谋　徐庆华　副主编

電子工業出版社
Publishing House of Electronics Industry
北京 · BEIJING

内 容 简 介

本书是一本实训教程，内容主要涉及 Windows 系统基本操作，Word 2016、Excel 2016 及 PowerPoint 2016 三大办公软件的应用。本书编者将知识点进行梳理、整合，细分成十四个任务模块，每个模块都有精心设置的教学案例，步骤详细，可读性强，便于理解和操作，且每个模块均有与实例知识点对应的上机练习题，有助于读者进一步理解和掌握所学知识。

本书既可作为高等院校、职业技术学院的计算机应用基础课程的实训教材，也可作为广大计算机爱好者参加全国计算机等级考试（一级）的参考用书。

图书在版编目（CIP）数据

计算机应用基础实训教程 / 汪婧，喻瑷，黄爱梅主编. —北京：电子工业出版社，2021.8

ISBN 978-7-121-34381-0

Ⅰ. ①计… Ⅱ. ①汪… ②喻… ③黄… Ⅲ. ①Windows 操作系统—高等学校—教材 ②办公自动化—应用软件—高等学校—教材 Ⅳ. ①TP316.7 ②TP317.1

中国版本图书馆 CIP 数据核字（2021）第 177796 号

责任编辑：潘 娅
印　　刷：三河市华成印务有限公司
装　　订：三河市华成印务有限公司
出版发行：电子工业出版社
　　　　　北京市海淀区万寿路 173 信箱　邮编　100036
开　　本：787×1 092　1/16　印张：10.5　字数：268.8 千字
版　　次：2021 年 8 月第 1 版
印　　次：2023 年 9 月第 5 次印刷
定　　价：38.80 元

凡所购买电子工业出版社图书有缺损问题，请向购买书店调换。若书店售缺，请与本社发行部联系，联系及邮购电话：（010）88254888，88258888。

质量投诉请发邮件至 zlts@phei.com.cn，盗版侵权举报请发邮件至 dbqq@phei.com.cn。

本书咨询联系方式：（010）88254247，liyingjie@phei.com.cn。

前 言

随着计算机应用技术的快速发展，新时代大学生应具备较为扎实的计算机操作及应用能力。

为了更好地让学生理解和掌握计算机系统及办公自动化软件 Office 2016 的相关知识，我们编写了这本《计算机应用基础实训教程》。

“计算机应用基础”课程是一门各高校开设的公共基础必修课之一，实践操作部分重点需要掌握 Word 2016、Excel 2016、PowerPoint 2016 三大软件的应用。本书采用模块化知识结构，案例及习题资源较为丰富，实例密切联系生活实际应用，习题结合了全国计算机等级考试（一级）MS Office 的相关考点，学生在课中和课后进行练习可以得到较为理想的学习效果。

本书层级清晰，案例步骤详细，图文并茂，简单易学，既可作为高等院校、职业技术学院的计算机基础课程实训教材，也可作为广大计算机爱好者参加全国计算机等级考试（一级）的自学参考用书。

本书由汪婧、喻瑗、黄爱梅担任主编，付金谋、徐庆华担任副主编。几位编者是多年从事计算机教学工作的一线教师，曾编写过多本计算机课程教材。虽在编写中力求谨慎，但限于时间仓促，书中难免存在疏漏之处，恳请同行和读者批评指正，便于今后修改完善。

编　者

目　录

使用键盘和鼠标

一、键盘

1. 键盘简介

键盘是最常用也是最主要的输入设备之一，通过键盘可以将英文字母、数字、标点符号等字符输入计算机中，从而向计算机发出命令、输入数据等。

为了适应不同用户的需要，常规键盘具有 Caps Lock（字母大小写锁定）、Num Lock（数字小键盘锁定）、Scroll Lock（滚动锁定键）三个指示灯（部分无线键盘已经省略这三个指示灯），用于标志键盘的当前状态，这些指示灯一般位于键盘的右上角。

键盘通常可以分为 5 个区：主键盘区、功能键区、光标控制键区、数字小键盘区及状态指示灯区，如图 1-1 所示。

图 1-1　键盘布局图

（1）主键盘区。

主键盘区是键盘的主要区域，各键功能如下：

① 字母键：用于输入英文字母或汉语拼音。

② 数字键：用于输入阿拉伯数字或汉字编码。

③ 符号键：用于输入常用符号，如+、-、*、/、？、! 等。

④ Space 键：空格键，即键盘下方的长条键，用于输入空格。

⑤ Shift 键：上档键，用于组合输入上档字符。按下该键的同时，再按键上有两个字符的键，则输入的是键位上面的字符（上档字符）；当按下该键的同时，再按键上只有一个

字母的键，则输入的是大写字母。例如，按 Shift+? 组合键，输入的是“?”。

⑥ Ctrl 键：用于组合控制。该键一般不单独使用，与其他键合用起控制作用。

⑦ Alt 键：用于切换应用程序等的组合转换。该键一般不单用，和其他键合用起控制作用。

⑧ BackSpace 键：退格键，用于删除光标前面的字符。

⑨ Caps Lock 键：用于转换字母的大小写。按一下该键，键盘右上方的 Caps Lock 指示灯点亮，表示为大写字母输入状态；若再按一下，Caps Lock 指示灯熄灭，则系统将又回到小写字母输入状态。

⑩ Tab 键：制表键。按住 Alt 键，依次点击 Tab 键，即可实现切换窗口的功能。

⑪ Enter 键：回车键。按一下该键表示输入结束，光标将移至下一行的起始位置。如果输入的是一条命令，系统将执行该命令。

（2）功能键区。

功能键区位于键盘上方区域，各键功能如下：

① F1～F12 键：这 12 个功能键的作用一般由具体的软件定义。

② Esc 键：取消键。按一下该键，取消输入的命令。

③ Print Screen（PrtSc）键：复制屏幕键，可以复制当前屏幕内容。Alt+PrtSc 键可以复制当前活动窗口。

④ Scroll Lock 键：为高级操作系统保留的空键。

⑤ Pause Break 键：暂停键。用于使正在屏幕上显示的信息暂停显示，按任一键后继续显示。

（3）光标控制键区。

光标控制键区位于键盘右侧中部，各键功能如下：

① ↑、↓、←、→键：用于将光标分别向上、下、左、右移动，不影响输入的字符。

② Page Up 键：用于使屏幕向前翻动一屏内容。

③ Page Down 键：用于使屏幕向后翻动一屏内容。

④ Home 键：用于将光标移动到该行第一个字符处。

⑤ End 键：用于将光标移动到该行最后一个字符处。

⑥ Insert 键：用于“插入”和“改写”状态的转换，是一个开关键。当系统处于插入状态时，输入的字符将插入在光标当前位置，后面的字符依次后移；当系统处于改写状态时，输入的字符将替换光标当前位置后面的字符。

⑦ Delete 键：用于删除光标当前位置后面的字符。

（4）数字小键盘区。

数字小键盘区位于键盘右侧，又称副键盘，主要由数字键组成，用于算术表达式的输入，以及光标控制键区所有键位的功能。其中，Num Lock 键用于数字键与光标控制键的转换。当按下该键时，按数字键时输入的是数字，同时 Num Lock 指示灯点亮；当再次按下该键时，数字键的光标控制键将起作用，同时 Num Lock 指示灯熄灭。此区域 Enter 键的功能与主键盘区的 Enter 键功能相同。

2. 键盘的正确操作与指法训练

指法是指手指在键盘上的位置，正确的指法可以加快输入速度。

（1）键盘操作的姿势。

正确的键盘操作姿势应当注意以下几点：

① 座椅高度合适，坐姿端正自然，两脚平放，全身放松，上身挺直并稍微前倾。

② 两肘贴近身体，下臂和腕向上倾斜，与键盘保持相同的斜度；手指略弯曲，指尖轻放在基本键位上，左右手的大拇指轻轻放在空格键上。

③ 按键时，手抬起，伸出要按键的手指按键，按键要轻巧，用力要均匀。

④ 稿纸宜置于键盘的左侧或右侧，便于视线集中在稿纸上。

（2）键的击法。

击键时有如下 7 条要求：

① 击键时用各手指的第一指腹击键。

② 击键时第一指关节应与键面垂直。

③ 击键时应由手指发力击下。

④ 击键时先使手指离键面约 2～3cm，然后击下。

⑤ 击键完成后，应使手指立即归位到基本键位上，如图 1-2 所示。

⑥ 不击键的手指不要离开基本键位。

⑦ 不需要同时击两个键时，若两个键分别位于左、右手区，则由左、右手各击相对应的键。

主键盘区指法分工如图 1-3 所示。

图 1-2　指法之基本键位图

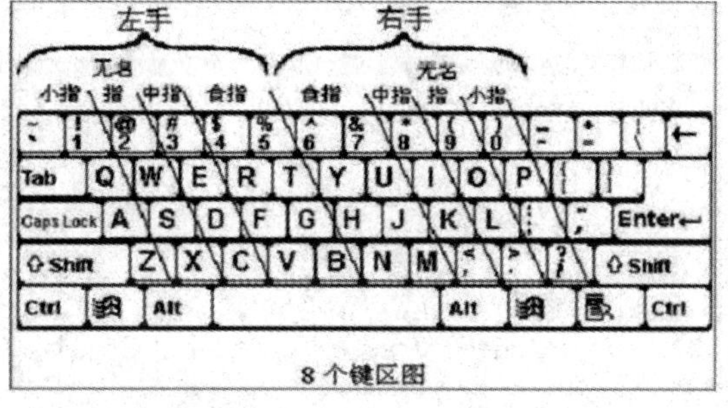

图 1-3　主键盘区指法分工图

二、鼠标

鼠标上部有两个大的按键，称为左键和右键。一般用右手拿鼠标，大拇指放在鼠标的左侧，无名指和小指放在鼠标的右侧，食指和中指分别放在左键和右键上，如图 1-4 所示。

鼠标基本操作主要包括移动、单击、双击、右击和拖动。

移动：通过移动鼠标使屏幕上的光标做同步移动。

单击：移动鼠标指针指向对象，然后快速按下鼠标左键并弹起的过程。

双击：移动鼠标指针指向对象，连续两次单击鼠标左键并弹起的过程。

右击：也称右键单击，移动鼠标指针指向对象，快速按下

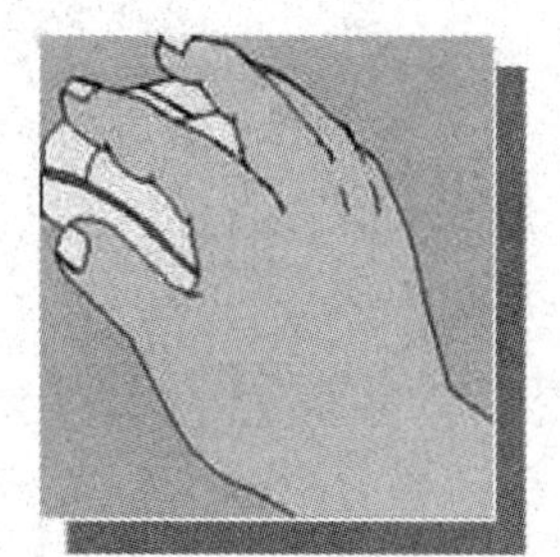

图 1-4　鼠标正确握法

鼠标右键并弹起的过程。

拖动：移动鼠标指针指向对象，按住鼠标左键的同时移动鼠标指针到其他位置，然后释放鼠标左键的过程。

三、上机练习

（1）用打字软件进行英文打字练习与测试，注意使用正确的指法进行练习。

（2）用打字软件进行中文打字练习与测试，熟悉输入法的切换及标点符号的输入操作。

（3）熟悉上机环境，学会上传和下载作业。

模块二

文件和文件夹操作

一、实训内容

（1）创建文件夹或文件。

（2）文件夹及文件的移动与复制。

（3）文件夹及文件的重命名。

（4）搜索文件或文件夹。

（5）删除文件或文件夹。

（6）查看、更改文件及文件夹的属性。

（7）创建文件及文件夹的快捷方式。

二、操作实例

1. 操作要求

打开“实训教程素材\模块二\sck1”文件夹，按以下要求完成操作：

（1）在 sck1 文件夹下找出文件名为 DAILY.docx 的文件并将其隐藏。

（2）将 sck1 文件夹下 PHONE 文件夹中的 COMM.ADR 文件复制到 JOHN 文件夹中，并将该复制文件改名为 MARTH.DOC。

（3）将 sck1 文件夹下 CASH 文件夹中的 MONEY.WRI 文件删除。

（4）在 sck1 文件夹下 BABY 文件夹中建立一个新文件夹 PRICE。

（5）将 sck1 文件夹下 SMITH 文件夹中的 SON.BOK 文件移动到 FAX 文件夹中，并设置文件属性为只读。

（6）为 sck1 文件夹下 HANRY\GIRL 文件夹中的 ME.XLS 文件建立名为 MEKU 的快捷方式，并存放在 sck1 文件夹中。

2. 操作步骤

（1）在 sck1 文件夹下找出文件名为 DAILY.docx 的文件并将其隐藏。

① 打开 sck1 文件夹，如图 2-1 所示。在对话框右上角的搜索栏中输入需要搜索的文件名称 DAILY.docx，得到如图 2-2 所示的搜索结果。

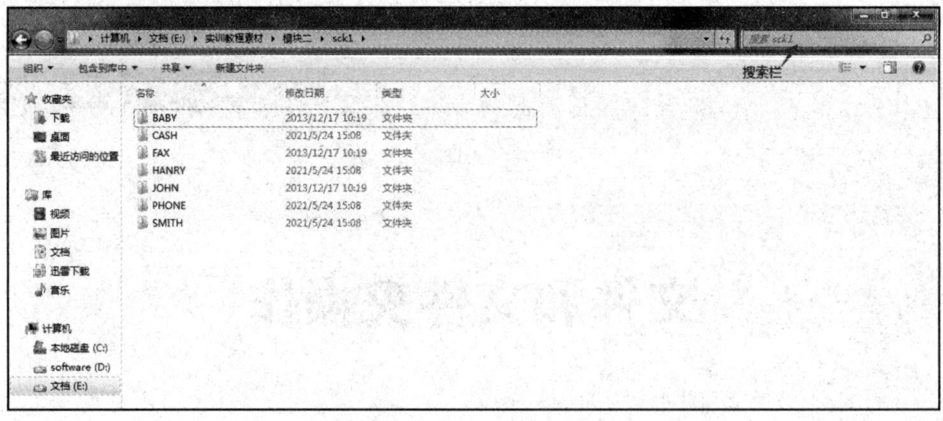

图 2-1　打开 sck1 文件夹

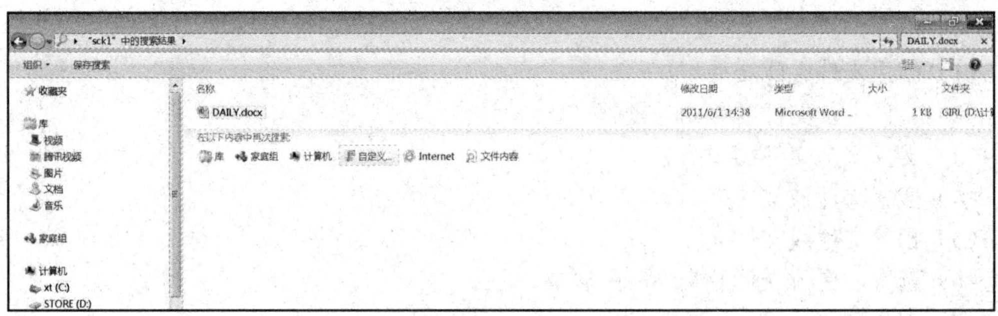

图 2-2　“搜索结果”对话框

② 右击 DAILY.docx 文件，在弹出的快捷菜单中选择“属性”命令，在打开的“DAILY.docx 属性”对话框中勾选“隐藏”复选框，然后单击“确定”按钮即可，如图 2-3 所示。

③ 在 sck1 窗口中单击“工具”菜单，选择“文件夹选项”命令，在打开的“文件夹选项”对话框中单击“查看”选项卡，滚动“高级设置”选区中的垂直滚动条，找到并展开“隐藏文件和文件夹”选项，单击“不显示隐藏的文件、文件夹或驱动器”单选按钮，如图 2-4 所示。

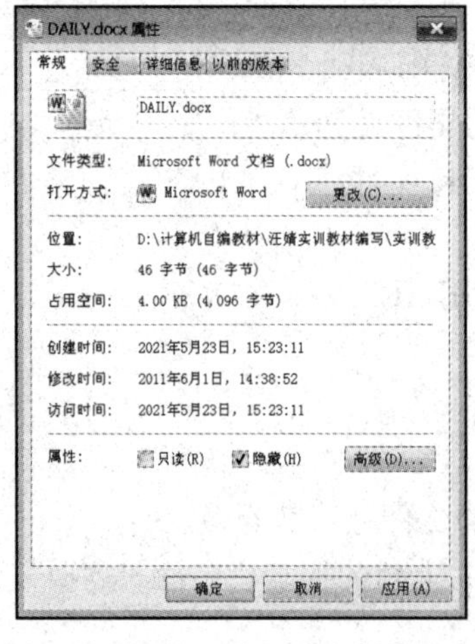

图 2-3　“DAILY.docx 属性”对话框

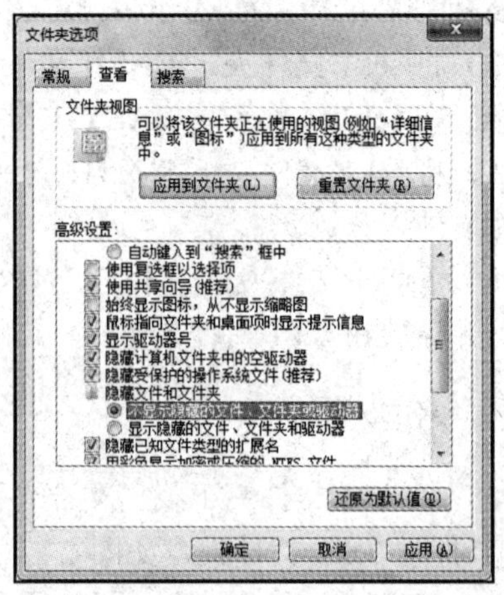

图 2-4　“文件夹选项”对话框

（2）将 sck1 文件夹下 PHONE 文件夹中的 COMM.ADR 文件复制到 JOHN 文件夹中，并将该复制文件改名为 MARTH.DOC。

① 打开 PHONE 文件夹，右击 COMM.ADR 文件，在弹出的快捷菜单中单击“复制”命令，如图 2-5 所示。

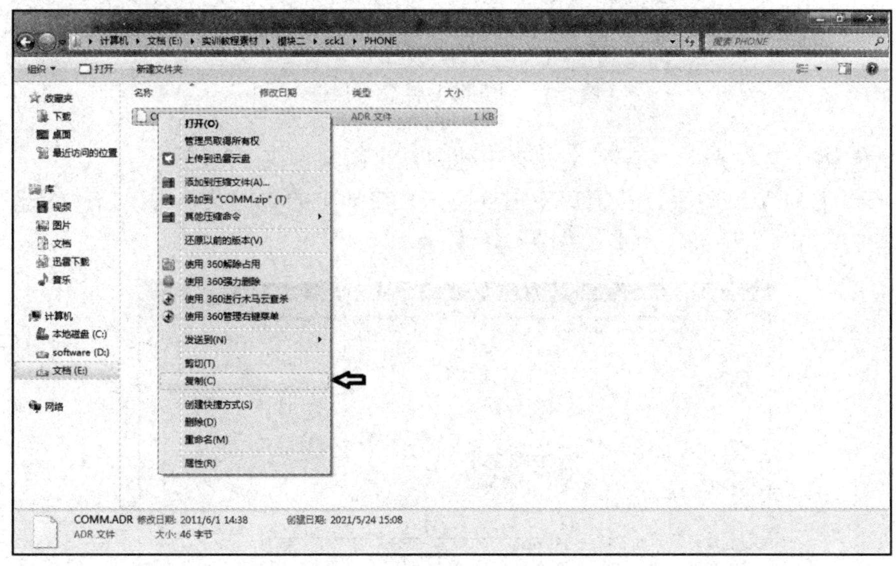

图 2-5　单击“复制”命令

② 返回上一层目录，打开 JOHN 文件夹，在窗口空白处右击并粘贴即可。

③ 在 JOHN 文件夹中，右击 COMM.ADR 文件，在弹出的快捷菜单中单击“重命名”命令，更改文件名为“MARTH.DOC”，此时会弹出一个“重命名”警示框，在警示框中单击“是”按钮即可，如图 2-6 所示。

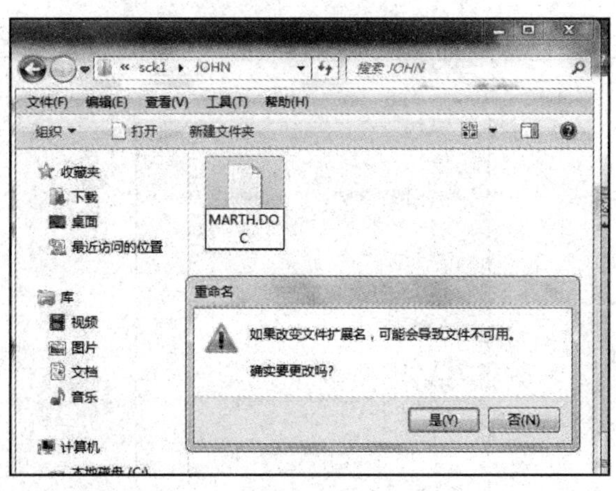

图 2-6　“重命名”警示框

（3）将 sck1 文件夹下 CASH 文件夹中的 MONEY.WRI 文件删除。

打开 CASH 文件夹，右击 MONEY.WRI 文件后选择“删除”命令，在弹出的“删除文件”对话框中单击“是”按钮，如图 2-7 所示。

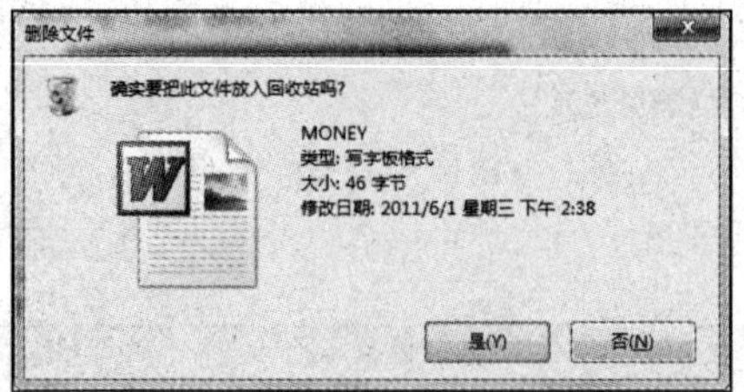

图 2-7 “删除文件”对话框

（4）在 sck1 文件夹下 BABY 文件夹中建立一个新文件夹 PRICE。

① 打开 BABY 文件夹，在窗口空白处右击，在弹出的快捷菜单中单击“新建”命令，在子菜单中单击“文件夹”命令，如图 2-8 所示。

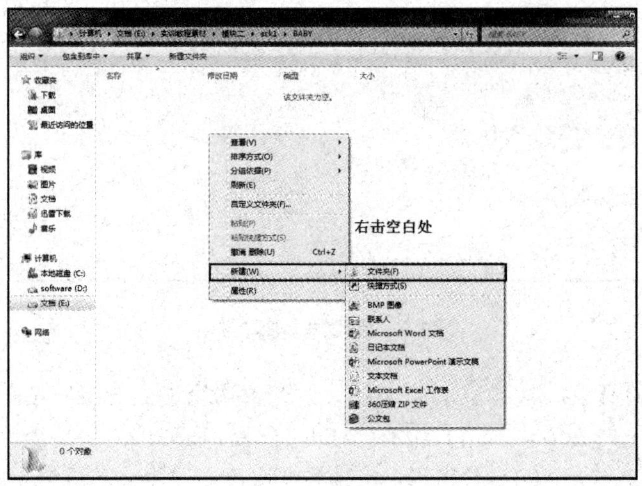

图 2-8 新建文件夹

② 右击“新建文件夹”文件夹，在弹出的快捷菜单中选择“重命名”命令，输入新的文件夹名“PRICE”，如图 2-9 所示。

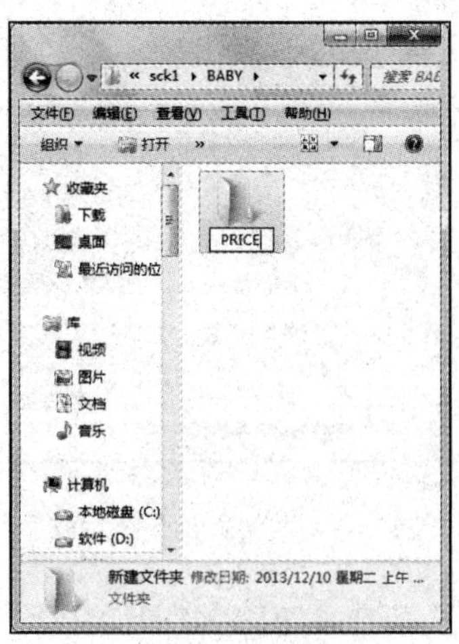

图 2-9 重命名文件夹

（5）将 sck1 文件夹下 SMITH 文件夹中的 SON.BOK 文件移动到 FAX 文件夹中，并设置属性为只读。

① 打开 SMITH 文件夹，右击 SON.BOK 文件，在弹出的快捷菜单中单击“剪切”命令，如图 2-10 所示。

② 返回上一层目录，打开 FAX 文件夹并右击窗口空白处，在弹出的快捷菜单中单击“粘贴”命令，如图 2-11 所示。

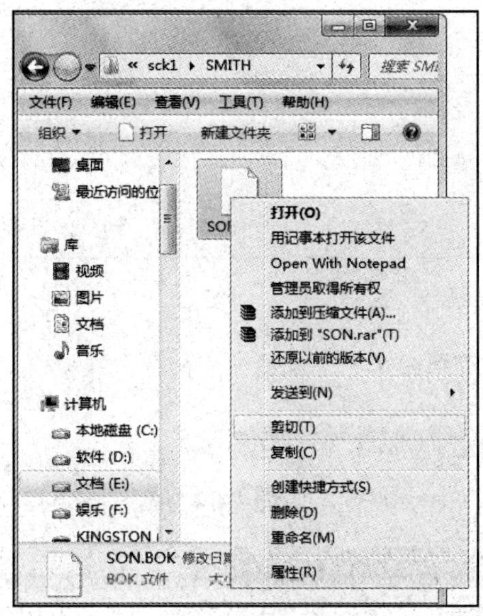

图 2-10　剪切文件

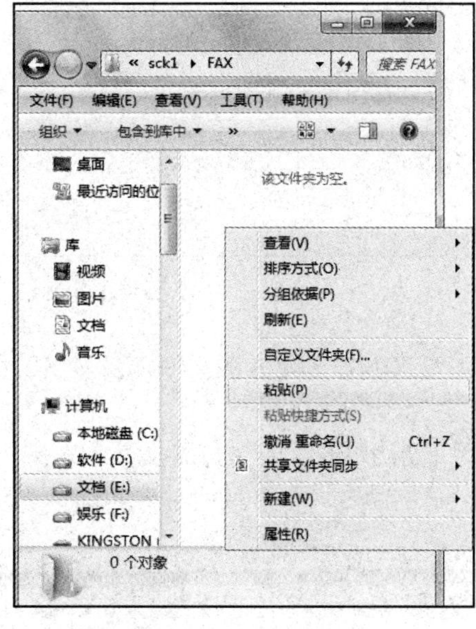

图 2-11　粘贴文件

③ 右击 FAX 文件夹中的 SON.BOK 文件，在弹出的快捷菜单中单击“属性”命令，打开“SON.BOK 属性”对话框，勾选“只读”复选框，然后单击“确定”按钮即可，如图 2-12 所示。

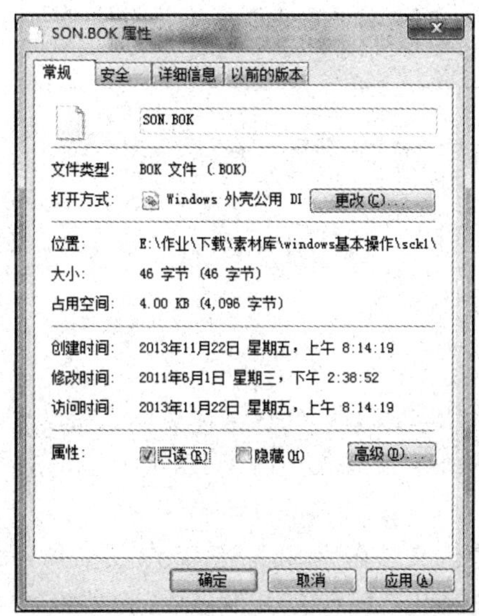

图 2-12　“SON.BOK 属性”对话框

（6）为 sck1 文件夹下 HANRY\GIRL 文件夹中的 ME.XLS 文件建立名为 MEKU 的快捷方式，并存放在 sck1 文件夹中。

① 打开“sck1\HANRY\GIRL”文件夹窗口，右击 ME.XLS 文件，在弹出的快捷菜单中单击“快捷方式”命令，得到文件 ME.XLS 的快捷方式，如图 2-13 所示。

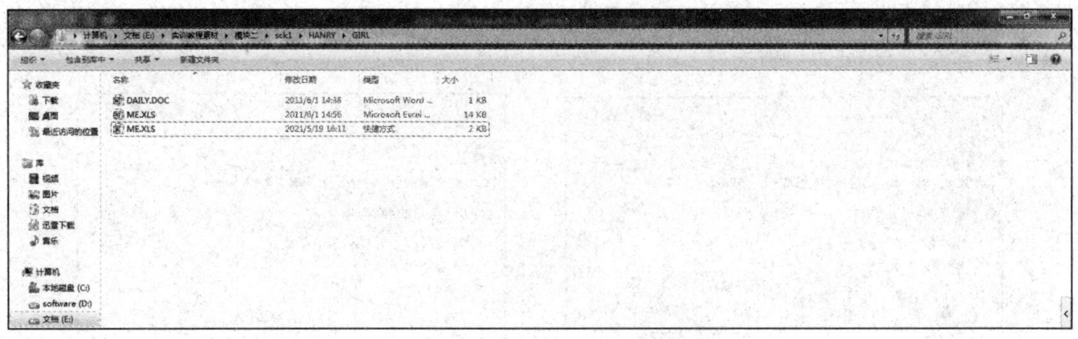

图 2-13　创建快捷方式

② 右击 ME 快捷方式文件，在弹出的快捷菜单中单击“重命名”命令，并将快捷方式文件更名为“MEKU”。

③ 右击 MEKU 快捷方式文件，在弹出的快捷菜单中单击“剪切”命令，然后返回到文件夹 sck1 窗口，在空白处右击并选择“粘贴”命令即可，如图 2-14 所示。

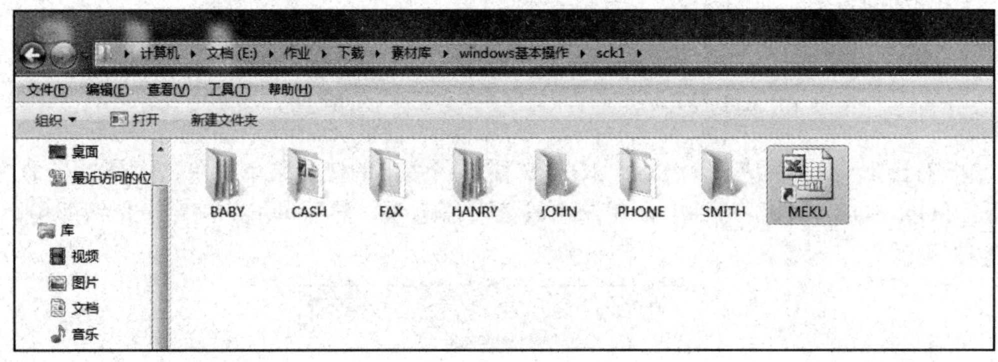

图 2-14　粘贴快捷方式“MEKU”

三、上机练习

【上机练习 1】

打开“实训教程素材\模块二\sck2”文件夹，按以下要求完成操作：

（1）为 sck2 文件夹下 TEEN 文件夹中的 WEXAM.TXT 文件建立名为 KOLF 的快捷方式，并存放在 sck2 文件夹中。

（2）在 sck2 文件夹下找出文件名为 SENSE.BMP 的文件并将其隐藏。

（3）将 sck2 文件夹下 POWER\FIELD 文件夹中的 COPY.WPS 文件复制到 sck2\DRIVE 文件夹中。

（4）在 sck2 文件夹下 SWAN 文件夹中建立一个新文件夹 NFY。

【上机练习 2】

打开“实训教程素材\模块二\sck3”文件夹，按以下要求完成操作：

（1）在 sck3 文件夹下建立名为 HYUK 的文件夹，设置其属性为只读。

（2）将 sck3 文件夹下 CHALEE 文件夹移动到 sck3 文件夹下 AUTUMN 文件夹中，并改名为 WRTY。

（3）将 sck3 文件夹下 GATS\IOS 文件夹中的 JEEN.BAK 文件移动到 sck3\BROWN 文件夹中，并将该文件改名为 TUYXM.BPX。

（4）将 sck3 文件夹下 FXP\VUE 文件夹中的文件全部删除。

（5）在 sck3 文件夹下 BROWN 文件夹中建立一个新文件 myenjoy.txt。

【上机练习 3】

打开“实训教程素材\模块二\sck4”文件夹，按以下要求完成操作：

（1）为 sck4 文件夹下 ANSWER 文件夹中的 CHINA 文件建立名为 YUKT 的快捷方式，并存放在 sck4 文件夹中。

（2)将 sck4 文件夹下 CHILD 文件夹中的 GIRL.TXT 文件移动到 sck4 文件夹下 STUDY 文件夹中。

（3）在 sck4 文件夹下找出文件名为 SPELL.BAS 的文件，设置其属性为只读及存档。

（4）将 sck4 文件夹下 WEAR 文件夹中的所有文件复制到 sck4\SCHOOL 文件夹中。

（5）将 sck4 文件夹下 WEAR 文件夹中的 WORK.WER 文件删除。

【上机练习 4】

打开“实训教程素材\模块二\sck5”文件夹，按以下要求完成操作：

（1）将 sck5 文件夹下 BANG\DEEP 文件夹中的 WIDE.BAS 文件属性设置为隐藏。

（2）将 sck5 文件夹下 KILL 文件夹中的 SCAN.IFX 文件移动到 sck5\SLASH 文件夹中，并将该文件改名为 MATH.KIP。

（3）将 sck5 文件夹下 DILEI 文件夹中的 BOMP.SND 文件删除。

（4）在 sck5 文件夹下 QIANG 文件夹中建立一个新文件夹 XTYU。

（5）将 sck5 文件夹下 WIN992 文件夹中的文件 OPS.TEST 复制到 sck5\QIANG\XTYU 文件夹中。

【上机练习 5】

打开“实训教程素材\模块二\sck6”文件夹，按以下要求完成操作：

（1）在 sck6 文件夹下找出文件名为 DAILY.docx 的文件并设置属性为隐藏和只读。

（2）将 sck6 文件夹下 HULAG 文件夹中的文件 HERBS.FOR 重命名为 COMPUTER.OBJ。

（3）将 sck6 文件夹下 FOOTHAO 文件夹中的 BAOJIAN.C 文件删除。

（4）在 sck6 文件夹下 PEFORM 文件夹中新建一个文件夹 SHIRT。

（5）将 sck6 文件夹下 ZOOM 文件夹中的 HEGAD.EXE 文件复制到当前文件夹中，并重新命名为 DKUH.OLP

控制面板及常用附件

一、实训内容

（1）学会使用控制面板更改系统设置。

（2）学会使用附件中的常用工具。

二、操作实例

1. 操作要求

（1）打开“控制面板”窗口，查看系统属性，注意观察所用计算机安装的操作系统的版本号、CPU 型号、处理器主频、内存大小。

（2）打开“设备管理器”窗口，查看安装在计算机上的所有硬件设备。

（3）打开“鼠标属性”窗口，调整鼠标双击速度，改变鼠标左、右键功能。注意观察调整前后的变化。

（4）设置屏幕保护程序为“彩带”，等待时间设置为 1 分钟，桌面背景设置为“9.jpg”图片。

（5）设置显示器的分辨率为 1280×720 像素，观察调整前后的变化。

（6）使用“计算器”应用程序，把十六进制数 6BE 分别转换成二进制、八进制和十进制数值。

（7）对“控制面板”→“系统”窗口进行截图，复制图像信息到“画图”程序的文档窗口中，以文件名 PICTURE.JPG 保存到 F 盘上。

（8）打开“记事本”程序窗口，输入一段文字，以你的学号为文件名保存到 F 盘。

（9）打开“画图”程序，绘制一幅图，并对该图片上色。

2. 操作步骤

（1）单击“开始”→“控制面板”图标，打开如图 3-1 所示的“控制面板”窗口。单击“系统”图标，弹出如图 3-2 所示的“系统”窗口（也可直接右击“计算机”图标，在弹出的快捷菜单中单击“属性”命令），在该窗口中可直接查看操作系统的版本号、CPU 型号、处理器主频、内存大小。

图 3-1　“控制面板”窗口

图 3-2　“系统”窗口

（2）在“系统”窗口中单击“设备管理器”选项，在弹出的“设备管理器”窗口中可查看安装在计算机上的所有硬件设备，如图 3-3 所示。

（3）在“控制面板”窗口中单击“鼠标”图标，在弹出的“鼠标 属性”对话框“鼠标键”选项卡中调整双击速度，最后单击“确定”按钮即可，如图 3-4 所示。

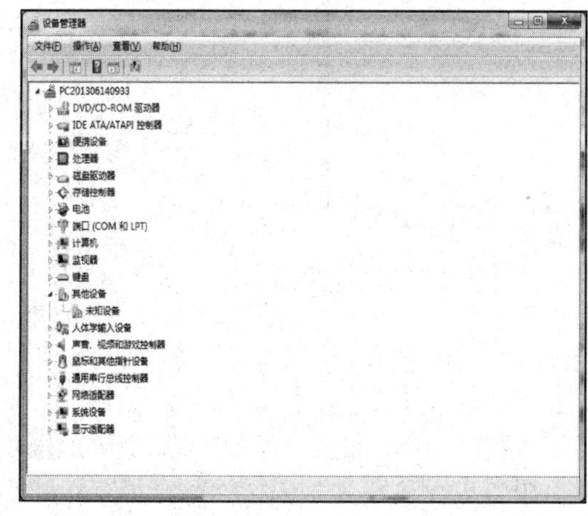

图 3-3　“设备管理器”窗口

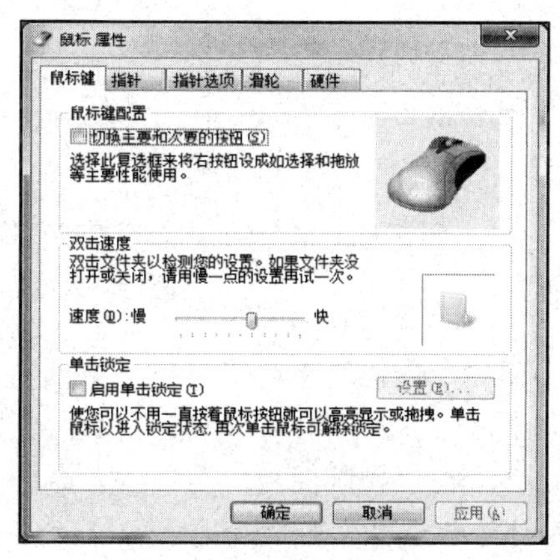

图 3-4　“鼠标 属性”对话框

（4）在“控制面板”窗口中单击“个性化”图标，在弹出的“个性化”窗口中单击“屏幕保护程序”图标，在打开的“屏幕保护程序设置”对话框中选择“彩带”为屏幕保护程序，设置等待时间为 1 分钟，如图 3-5 和图 3-6 所示。

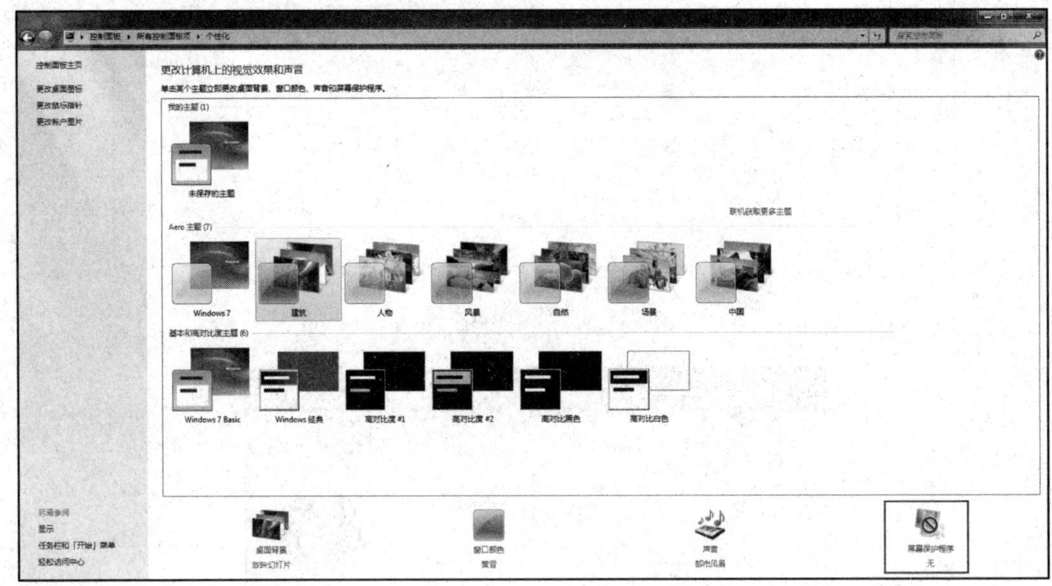

图 3-5　“个性化”窗口

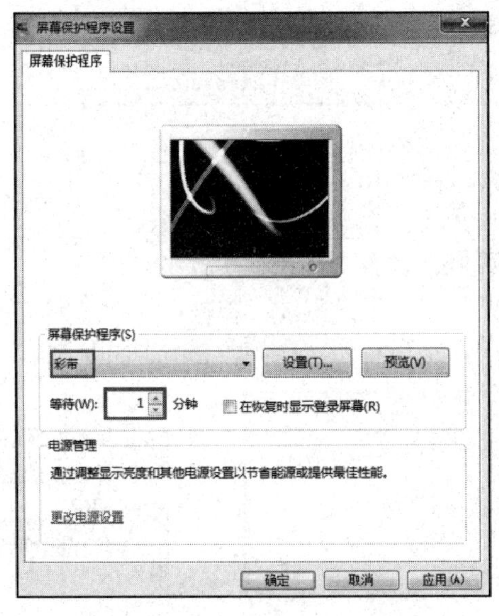

图 3-6　“屏幕保护程序设置”对话框

在“个性化”窗口中单击“桌面背景”图标，在弹出的“桌面背景”窗口中选择图片“9.jpg”作为背景图片，单击“保存修改”按钮即可，如图 3-7 所示。

（5）在“控制面板”窗口中，单击“显示”图标，在弹出的“显示”窗口中单击“调整分辨率”选项，在打开的“屏幕分辨率”窗口中设置“分辨率”为 1280×720，单击“确定”按钮即可，如图 3-8 所示。

图 3-7　“桌面背景”窗口

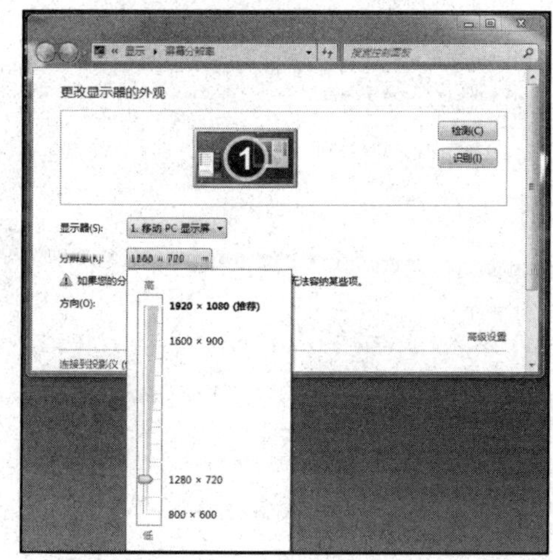

图 3-8　“屏幕分辨率”窗口

（6）单击“开始”→“所有程序”→“附件”→“计算器”图标，弹出如图 3-9 所示的“计算器”窗口。

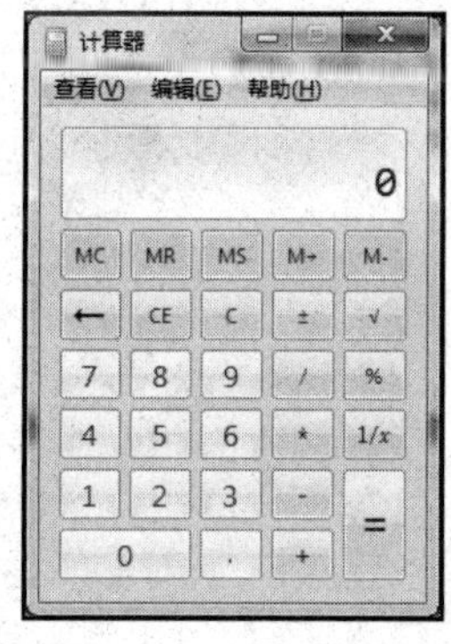

图 3-9　“计算器”窗口

单击“查看”菜单，选择“程序员”选项，在窗口中单击“十六进制”单选按钮，输入 6BE，然后分别单击二进制、八进制、十进制单选按钮，即可得到相应的结果，如图 3-10 所示。

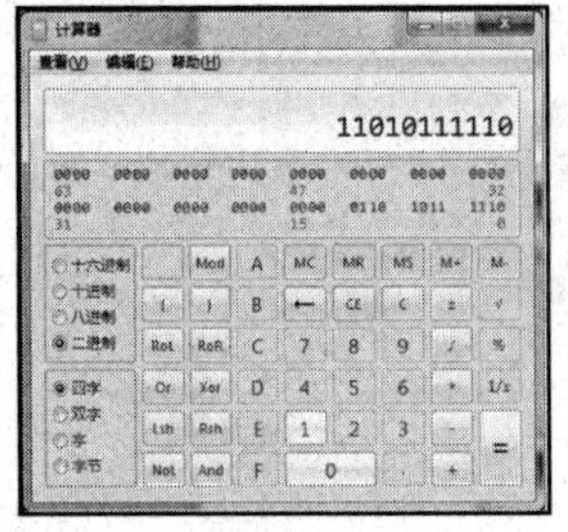
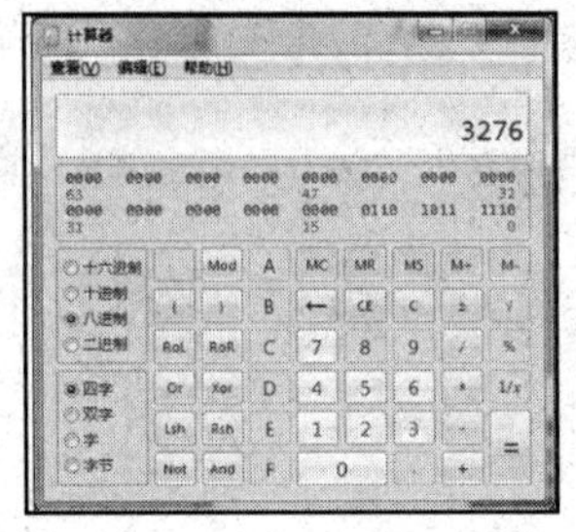

图 3-10 计算结果

（7）打开“控制面板”→“系统”窗口，如图 3-11 所示。按住 Alt+Print Screen 键即可完成屏幕复制，然后依次单击“开始”→“程序”→“附件”→“画图”图标，在打开的“画图”程序中单击“粘贴”图标（或按“Ctrl+V”组合键），结果如图 3-12 所示。

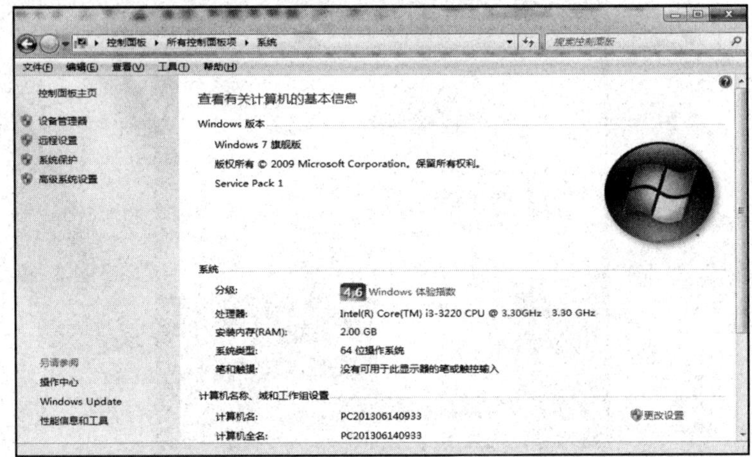

图 3-11 “系统”窗口

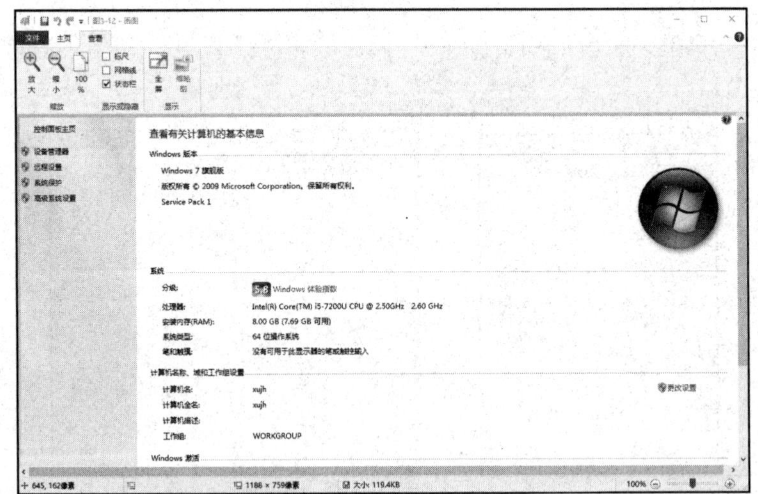

图 3-12 “画图”窗口

单击“画图”程序窗口中的“保存”按钮，如图 3-13 所示。在弹出的“保存为”对话框中选择保存位置为 E 盘，在“文件名”文本框中输入文件名“PICTURE.jpg”，“保存类型”选择“JPEG”，单击“保存”按钮即可，如图 3-14 所示。

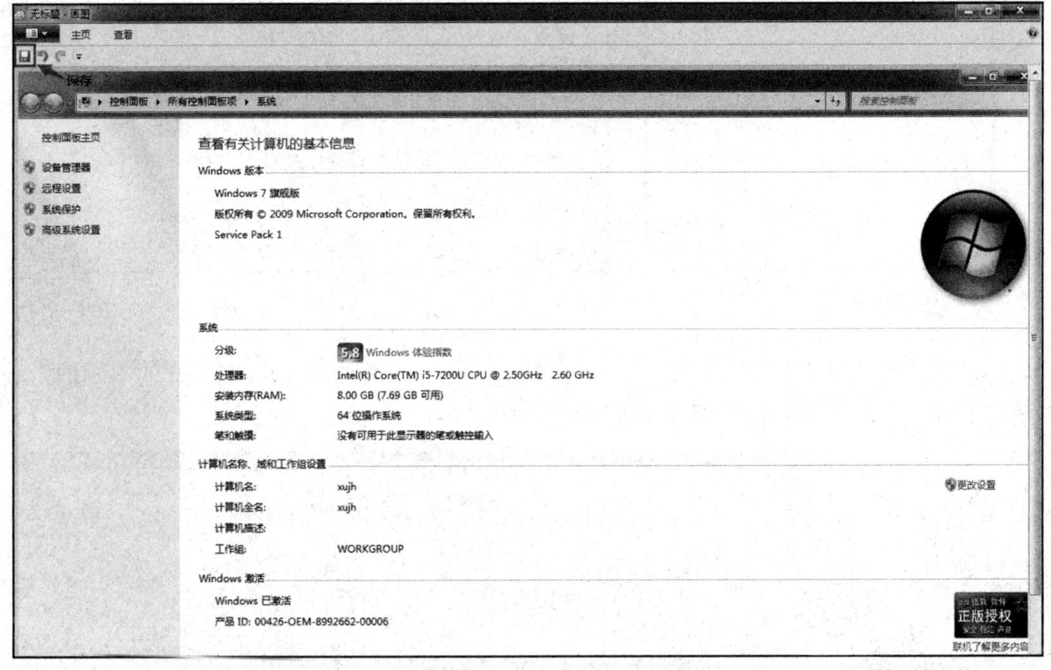

图 3-13　单击“保存”按钮

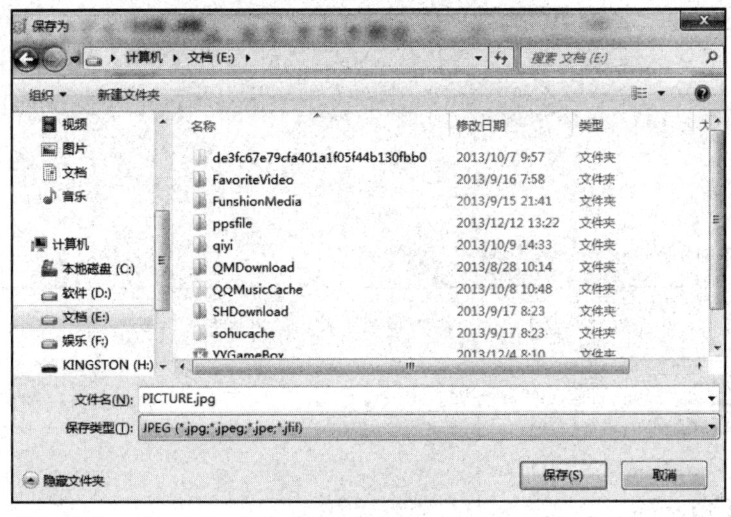

图 3-14　“保存为”对话框

（8）依次单击“开始”→“程序”→“附件”→“记事本”图标，在打开的窗口中输入如图 3-15 所示的文字。单击“文件”菜单，选择“保存”命令，在弹出的“另存为”对话框中选择保存路径为 E 盘，在“文件名”文本框中输入学号，最后单击“保存”按钮即可，如图 3-16 所示。

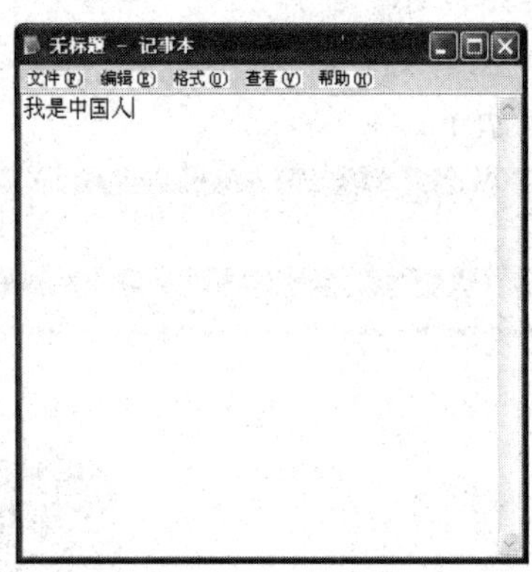

图 3-15 “记事本”窗口

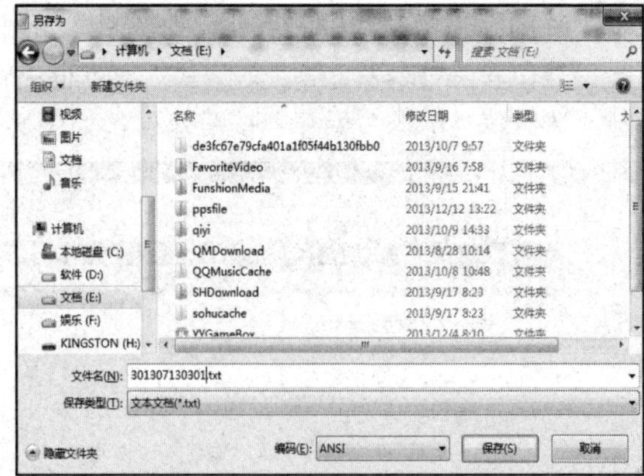

图 3-16 “另存为”对话框

（9）依次单击“开始”→“程序”→“附件”→“画图”图标，在打开的“画图”程序窗口中简单绘制一幅图画，填充相应颜色，如图 3-17 所示。

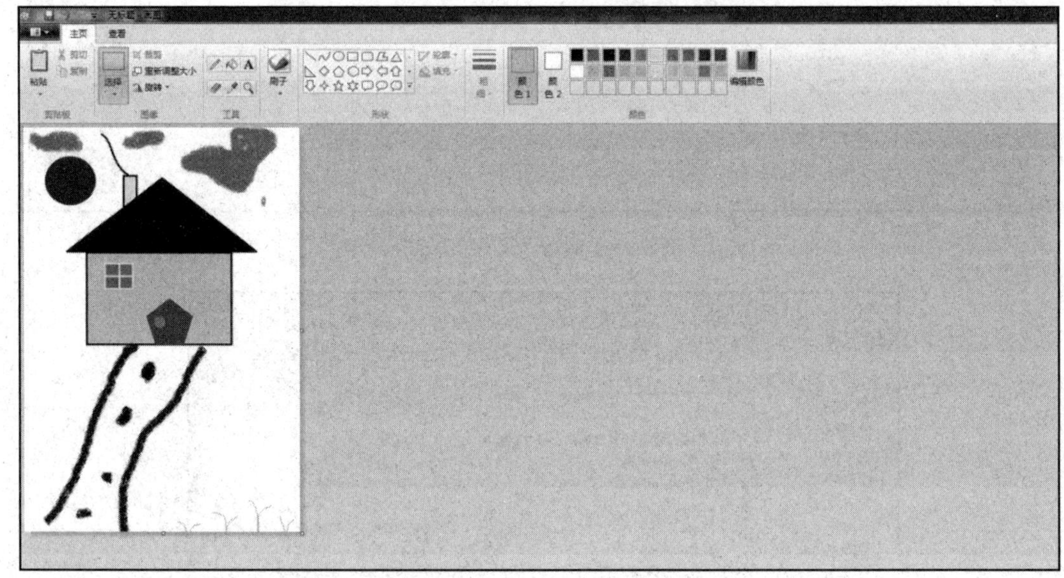

图 3-17 在“画图”窗口绘制图形

三、上机练习

【上机练习 1】

用“计算器”应用程序，把十进制数 5678 转换成二进制、八进制和十六进制。

【上机练习 2】

查看机房计算机安装的操作系统的版本号、CPU 型号、处理器主频、内存大小。

【上机练习 3】

设置显示器的分辨率为 800×600 像素，方向为“横向”，观察调整前后的变化。

【上机练习 4】

将屏幕保护程序设置为“三维文字”，内容自定，等待时间设置为 1 分钟，更改主题及窗口颜色。

模块四

Word 文档的编辑与排版

一、实训内容

1．文档的基本操作

（1）文档的新建与保存操作。
（2）文档的关闭与打开。

2．文档的编辑操作

（1）文本的插入与删除。
（2）文本的移动与复制。
（3）文本的查找与替换。
（4）撤销与重复操作。
（5）拼写和语法检查。

3．文档的基本排版操作

（1）字符的格式设置。
（2）段落的格式设置。
（3）页面的格式设置。

二、操作实例

例题 1

入党申请书的制作与排版，完成后效果如图 4-1 所示。

1．操作要求

（1）新建一个 Word 空白文档，输入入党申请书原稿内容，要求入党申请书的申请日期为系统当前的日期和时间。

（2）将文档保存到本地磁盘个人文件夹中，文件名为“××入党申请书.docx”。

（3）在文档开头添加一段，输入文本“入党申请书”作为文章标题。

（4）将文档中所有的“共产党”替换为“中国共产党”，并以红色字体显示出来。

（5）设置标题“入党申请书”字符格式：宋体，二号，加粗，字符间距加宽 2 磅。正文内容（敬爱的党组织……敬礼！）字符格式：楷体，14 磅。落款（最后两段）字符格式：中文黑体，西文 Arial Black，14 磅。

（6）设置标题段落居中对齐，段前间距 0.5 行，段后间距 1 行。正文所有段落（敬爱的党组织……敬礼！）段前间距为 6 磅，行距为 21 磅，正文除第 1 段（“敬爱的党组织”）和最后 1 段（“敬礼！”）外，其余各段落首行缩进 2 字符。设置落款（最后两段）右对齐、2.5 倍行距。落款第 1 段（“申请人……”）右缩进 1.25 个字符。

（7）为正文第 6～9 段（“在学习方面……实现自身价值的理念。”）添加编号“1.、2.、3.、4.”。

（8）设置左、右页边距为 3 厘米，上、下页边距为 2.2 厘米，页眉边距为 1.4 厘米，页脚边距为 1.8 厘米。

（9）为文档添加页眉和页脚，页眉内容输入“××入党申请书”，其中“××”为申请人的姓名，字号 12 磅；插入党徽，党徽缩放比例为 5%；页眉内容左对齐。页脚处添加页码，页码格式为“第×页，共×页”，设置右对齐。为页眉设置红色、2.25 磅、上细下粗的页眉线。

（10）以原文件名保存文档。

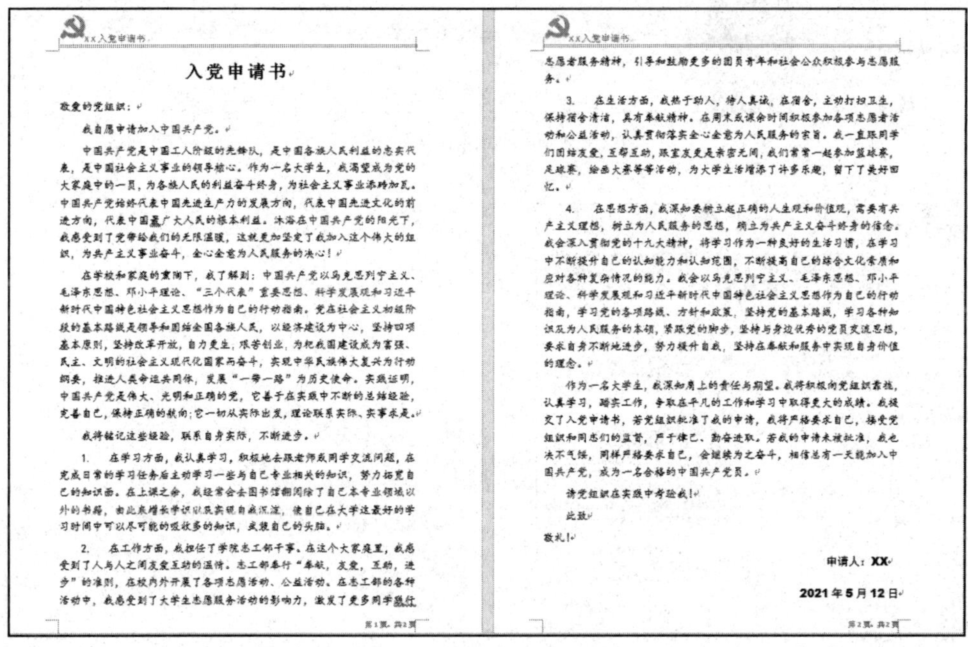

××入党申请书

入党申请书

敬爱的党组织：

我自愿申请加入中国共产党。

中国共产党是中国工人阶级的先锋队，是中国各族人民利益的忠实代表，是中国社会主义事业的领导核心。作为一名大学生，我渴望成为党的大家庭中的一员，为各族人民的利益奋斗终身，为社会主义事业添砖加瓦。中国共产党始终代表中国先进生产力的发展方向，代表中国先进文化的前进方向，代表中国最广大人民的根本利益。沐浴在中国共产党的阳光下，我感受到了党带给我们的无限温暖，这就更加坚定了我加入这个伟大的组织，为共产主义事业奋斗，全心全意为人民服务的决心！

在学校和家庭的熏陶下，我了解到：中国共产党以马克思列宁主义、毛泽东思想、邓小平理论、“三个代表”重要思想、科学发展观和习近平新时代中国特色社会主义思想作为自己的行动指南。党在社会主义初级阶段的基本路线是领导和团结全国各族人民，以经济建设为中心，坚持四项基本原则，坚持改革开放，自力更生，艰苦创业，为把我国建设成为富强、民主、文明的社会主义现代化国家而奋斗，实现中华民族伟大复兴为行动纲要，推进人类命运共同体，发展“一带一路”为历史使命。实践证明，中国共产党是伟大、光明和正确的党，它善于在实践中不断的总结经验，完善自己，保持正确的航向；它一切从实际出发，理论联系实际、实事求是。

我将铭记这些经验，联系自身实际，不断进步。

1.　在学习方面，我认真学习，积极地去跟老师或同学交流问题，在完成日常的学习任务后主动学习一些与自己专业相关的知识，努力拓宽自己的知识面。在上课之余，我经常会去图书馆翻阅除了自己本专业领域以外的书籍，由此来增长学识以及实现自我沉淀，使自己在大学这最好的学习时间中可以尽可能的吸收多的知识，武装自己的头脑。

2.　在工作方面，我担任了学院志工部干事。在这个大家庭里，我感受到了人与人之间友爱互助的温情。志工部奉行“奉献，友爱，互助，进步”的准则，在校内外开展了各项志愿活动、公益活动。在志工部的各种活动中，我感受到了大学生志愿服务活动的影响力，激发了更多同学践行

第1页，共2页

××入党申请书

志愿者服务精神，引导和鼓励更多的团员青年和社会公众积极参与志愿服务。

3.　在生活方面，我热于助人，待人真诚，在宿舍，主动打扫卫生，保持宿舍清洁，具有奉献精神。在周末或课余时间积极参加各项志愿者活动和公益活动，认真贯彻落实全心全意为人民服务的宗旨。我一直跟同学们团结友爱，互帮互助，跟室友更是亲密无间，我们常常一起参加篮球赛，足球赛，绘画大赛等等活动，为大学生活增添了许多乐趣，留下了美好回忆。

4.　在思想方面，我深知要树立起正确的人生观和价值观，需要有共产主义理想，树立为人民服务的思想，确立为共产主义奋斗终身的信念。我会深入贯彻党的十九大精神，将学习作为一种良好的生活习惯，在学习中不断提升自己的认知能力和认知范围，不断提高自己的综合文化素质和应对各种复杂情况的能力。我会以马克思列宁主义、毛泽东思想、邓小平理论、科学发展观和习近平新时代中国特色社会主义思想作为自己的行动指南，学习党的各项路线、方针和政策，坚持党的基本路线，学习各种知识及为人民服务的本领，紧跟党的脚步，坚持与身边优秀的党员交流思想，要求自身不断地进步，努力提升自我，坚持在奉献和服务中实现自身价值的理念。

作为一名大学生，我深知肩上的责任与期望。我将积极向党组织靠拢，认真学习，踏实工作，争取在平凡的工作和学习中取得更大的成绩。我提交了入党申请书，若党组织批准了我的申请，我将严格要求自己，接受党组织和同志们的监督，严于律己、勤奋进取。若我的申请未被批准，我也决不气馁，同样严格要求自己，会继续为之奋斗，相信总有一天能加入中国共产党，成为一名合格的中国共产党员。

请党组织在实践中考验我！

此致

敬礼！

申请人：XX

2021 年 5 月 12 日

第2页，共2页

图 4-1　例题 1 完成效果图

2．涉及内容

（1）文档的新建与保存。

（2）文本的输入与编辑。

（3）文本的查找与替换。

（4）字符与段落的格式设置。

（5）页面的格式设置。

（6）文档页眉和页脚的设置。

（7）页码的插入。

3．操作步骤

（1）启动 Word 2016 应用程序，打开如图 4-2 所示的窗口，单击“空白文档”，系统会自动创建一个空白文档，在文档中按图 4-3 所示输入文档内容。申请日期的插入方法：单击“插入”选项卡“文本”组中的“日期和时间”按钮，弹出“日期和时间”对话框，如图 4-4 所示。在“语言（国家/地区）”下拉列表中选择所用语言，在“可用格式”列表框中选择日期和时间的格式。

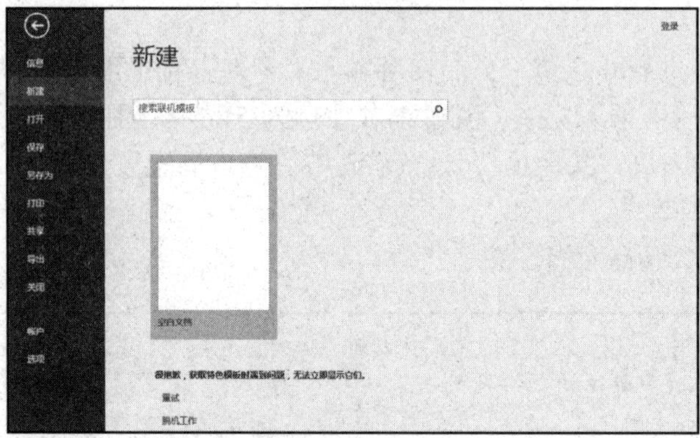

图 4-2　新建 Word 空白文档

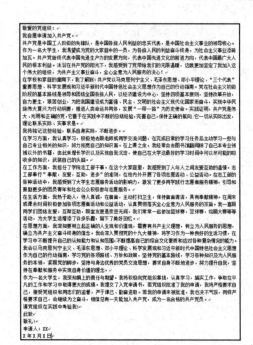

敬爱的党组织：

我自愿申请加入共产党。

共产党是中国工人阶级的先锋队，是中国各族人民利益的忠实代表，是中国社会主义事业的领导核心。作为一名大学生，我渴望成为党的大家庭中的一员，为各族人民的利益奋斗终身，为社会主义事业添砖加瓦。共产党始终代表中国先进生产力的发展方向，代表中国先进文化的前进方向，代表中国最广大人民的根本利益。沐浴在共产党的阳光下，我感受到了党带给我们的无限温暖，这就更加坚定了我加入这个伟大的组织，为共产主义事业奋斗，全心全意为人民服务的决心！

在学校和家庭的熏陶下，我了解到：共产党以马克思列宁主义、毛泽东思想、邓小平理论、“三个代表”重要思想、科学发展观和习近平新时代中国特色社会主义思想作为自己的行动指南。党在社会主义初级阶段的基本路线是领导和团结全国各族人民，以经济建设为中心，坚持四项基本原则，坚持改革开放，自力更生，艰苦创业，为把我国建设成为富强、民主、文明的社会主义现代化国家而奋斗，实现中华民族伟大复兴为行动纲要，推进人类命运共同体，发展“一带一路”为历史使命。实践证明，共产党是伟大、光明和正确的党，它善于在实践中不断的总结经验，完善自己，保持正确的航向：它一切从实际出发，理论联系实际、实事求是。

我将铭记这些经验，联系自身实际，不断进步。

在学习方面，我认真学习，积极地去跟老师或同学交流问题，在完成日常的学习任务后主动学习一些与自己专业相关的知识，努力拓宽自己的知识面。在上课之余，我经常会去图书馆翻阅除了自己本专业领域以外的书籍，由此来增长学识以及实现自我沉淀，使自己在大学这最好的学习时间中可以尽可能的吸收多的知识，武装自己的头脑。

在工作方面，我担任了学院志工部干事。在这个大家庭里，我感受到了人与人之间友爱互助的温情。志工部奉行”奉献，友爱，互助，进步”的准则，在校内外开展了各项志愿活动、公益活动。在志工部的各种活动中，我感受到了大学生志愿服务活动的影响力，激发了更多同学践行志愿者服务精神，引导和鼓励更多的团员青年和社会公众积极参与志愿服务。

在生活方面，我热于助人，待人真诚，在宿舍，主动打扫卫生，保持宿舍清洁，具有奉献精神。在周末或课余时间积极参加各项志愿者活动和公益活动，认真贯彻落实全心全意为人民服务的宗旨。我一直跟同学们团结友爱，互帮互助，跟室友更是亲密无间，我们常常一起参加篮球赛，足球赛，绘画大赛等等活动，为大学生活增添了许多乐趣，留下了美好回忆。

在思想方面，我深知要树立起正确的人生观和价值观，需要有共产主义理想，树立为人民服务的思想，确立为共产主义奋斗终身的信念。我会深入贯彻党的十九大精神，将学习作为一种良好的生活习惯，在学习中不断提升自己的认知能力和认知范围，不断提高自己的综合文化素质和应对各种复杂情况的能力。我会以马克思列宁主义、毛泽东思想、邓小平理论、科学发展观和习近平新时代中国特色社会主义思想作为自己的行动指南，学习党的各项路线、方针和政策，坚持党的基本路线，学习各种知识及为人民服务的本领，紧跟党的脚步，坚持与身边优秀的党员交流思想，要求自身不断地进步，努力提升自我，坚持在奉献和服务中实现自身价值的理念。

作为一名大学生，我深知肩上的责任与期望。我将积极向党组织靠拢，认真学习，踏实工作，争取在平凡的工作和学习中取得更大的成绩。我提交了入党申请书，若党组织批准了我的申请，我将严格要求自己，接受党组织和同志们的监督，严于律己、勤奋进取。若我的申请未被批准，我也决不气馁，同样严格要求自己，会继续为之奋斗，相信总有一天能加入共产党，成为一名合格的共产党员。

请党组织在实践中考验我！

此致

敬礼！

申请人：XX

X 年 X 月 X 日

图 4-3　入党申请书内容

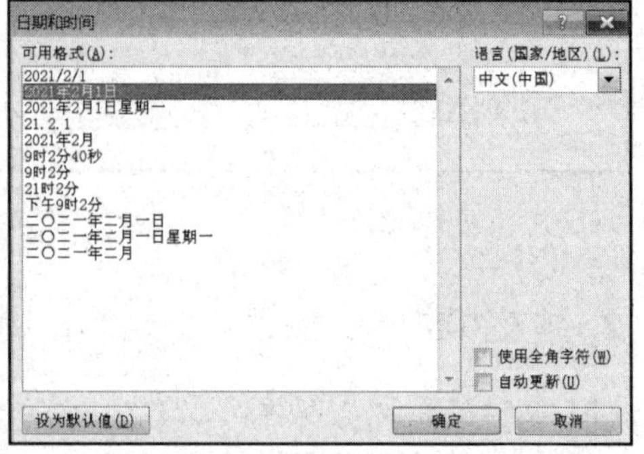

图 4-4　“日期和时间”对话框

（2）单击“文件”菜单，选择“另存为”选项，然后单击“浏览”选项，如图 4-5 所示；或者单击“快速访问工具栏”中的“保存”按钮（快捷键 Ctrl+S），打开“另存为”对话框，如图 4-6 所示。在该对话框左侧窗格中选择文档的保存位置，在“文件名”下拉列表框中设置文档名为“××入党申请书”，在“保存类型”下拉列表框中选择“Word 文档（*.docx）”选项。

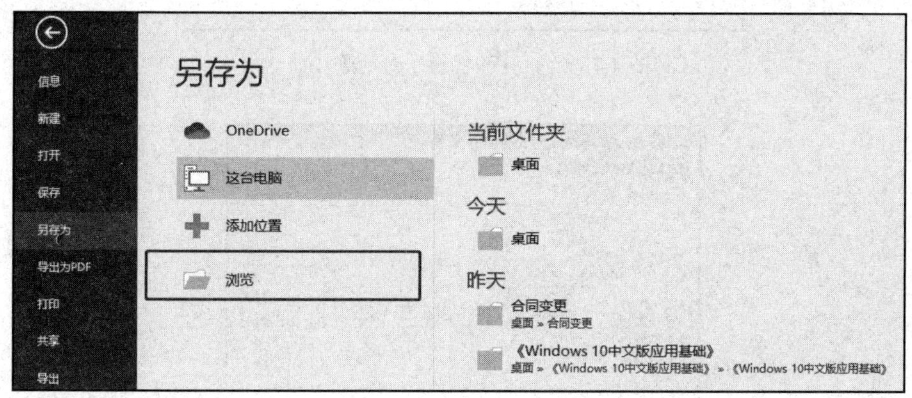

图 4-5　“浏览”选项

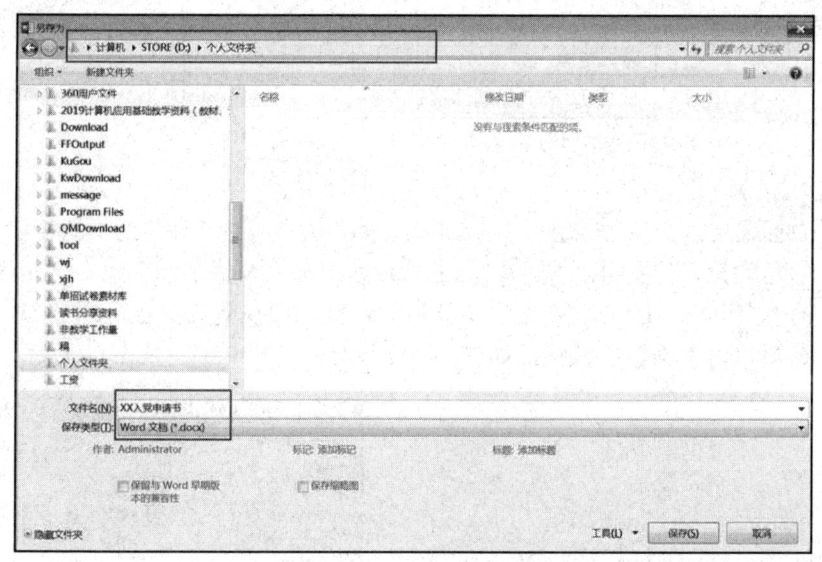

图 4-6　“另存为”对话框

（3）光标定位在文档开头处，按 Enter 键在文档开头处新添加一个段落，输入文本“入党申请书”。

（4）按住鼠标左键拖动鼠标选中全文（快捷键 Ctrl+A）。单击“开始”选项卡“编辑”组中的“替换”按钮（快捷键 Ctrl+H），弹出“查找和替换”对话框，如图 4-7 所示。在“替换”选项卡的“查找内容”文本框中输入“共产党”，“替换为”文本框中输入“中国共产党”，鼠标定位在“替换为”文本框中，单击“更多”按钮，在下方的“替换”选区中单击“格式”按钮，在弹出的下拉列表中选择“字体”，弹出“替换字体”对话框，在“所有文字”选区中将字体颜色设置为红色，单击“确定”按钮，返回“查找和替换”对话框，如

图 4-8 所示。单击“全部替换”按钮，在弹出的对话框中单击“确定”按钮即可。

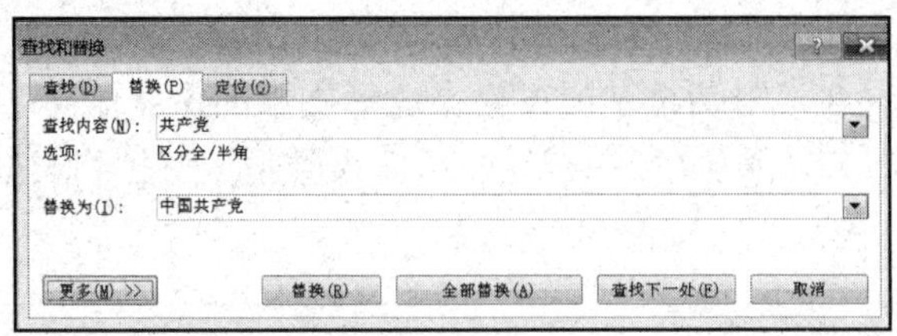

图 4-7 “查找和替换”对话框（1）

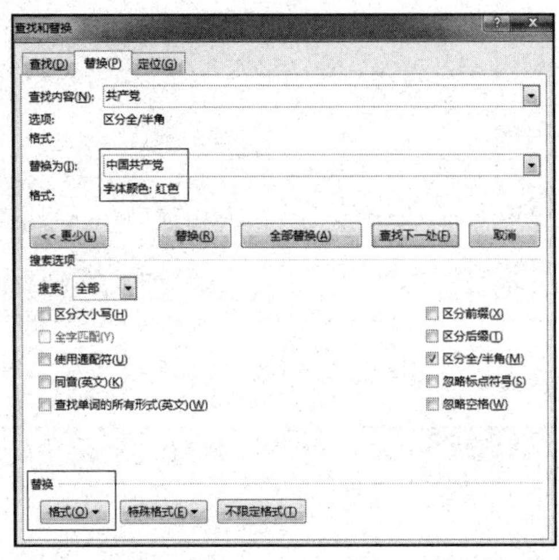

图 4-8 “查找和替换”对话框（2）

（5）选中标题文本“入党申请书”，单击“开始”选项卡“字体”组中的相应工具按钮，进行字体、字号设置，如图 4-9 所示。单击“开始”选项卡“字体”组右下角的对话框启动器按钮（快捷键 Ctrl+D），弹出“字体”对话框，切换到“高级”选项卡，设置段落字符间距，最后单击“确定”按钮，如图 4-10 所示。

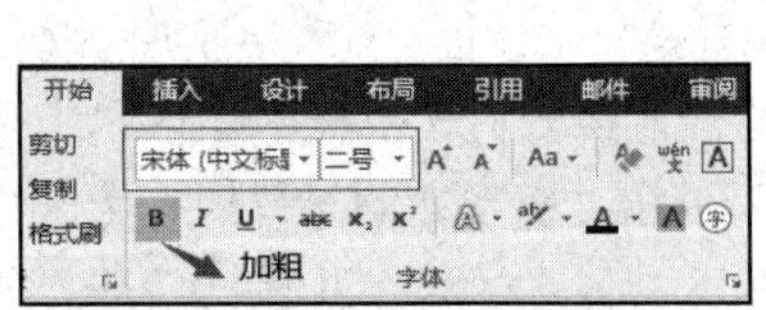

图 4-9 设置标题字符格式

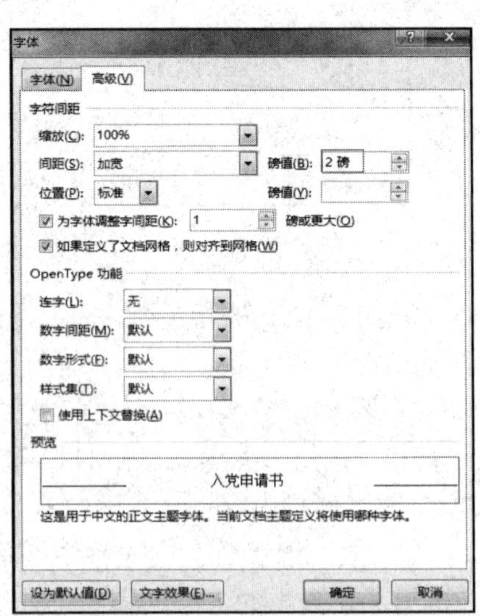

图 4-10 设置标题字符间距

选中正文内容，单击“开始”选项卡“字体”组中的相应工具按钮进行字体、字号设置，如图 4-11 所示。

选中落款处的两段文本，在选中的文本上单击鼠标右键（右击），在弹出的快捷菜单中选择“字体”命令，弹出“字体”对话框后按如图 4-12 所示设置中、西文字体及字号，最后单击“确定”按钮即可。

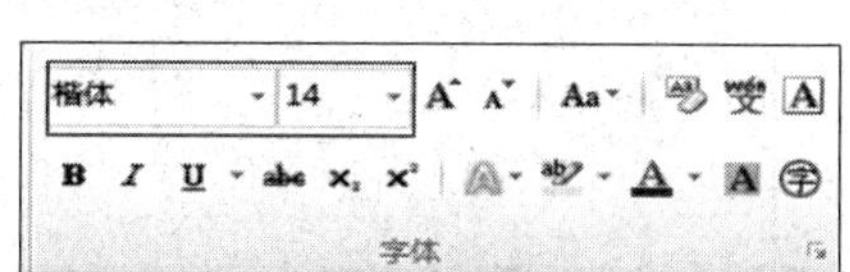

图 4-11　设置正文字符格式

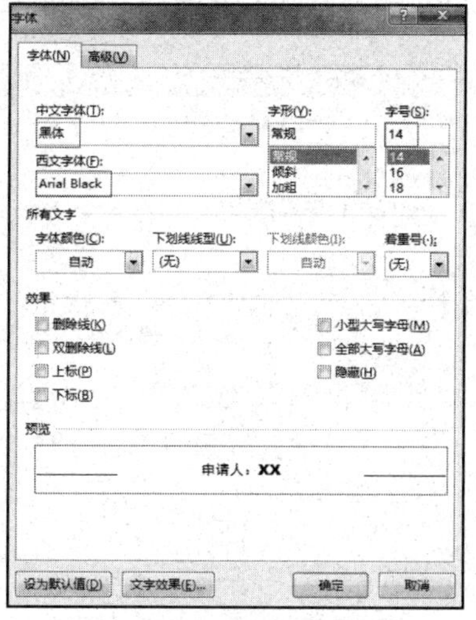

图 4-12　设置落款字符格式

（6）选中标题段落，单击“开始”选项卡“段落”组右下角的对话框启动器按钮，弹出“段落”对话框后按如图 4-13 所示设置标题段落的段前间距及段后间距，最后单击“确定”按钮即可。

选中正文所有段落，单击“开始”选项卡“段落”组右下角的对话框启动器按钮，弹出“段落”对话框后按如图 4-14 所示设置段前间距及行距，最后单击“确定”按钮即可。

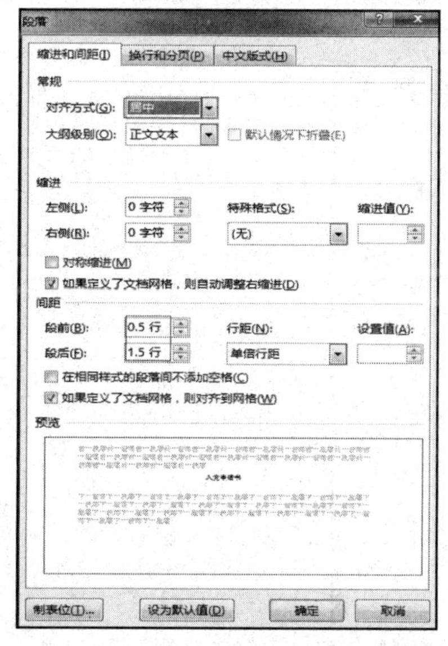

图 4-13　设置标题段落对齐和段间距

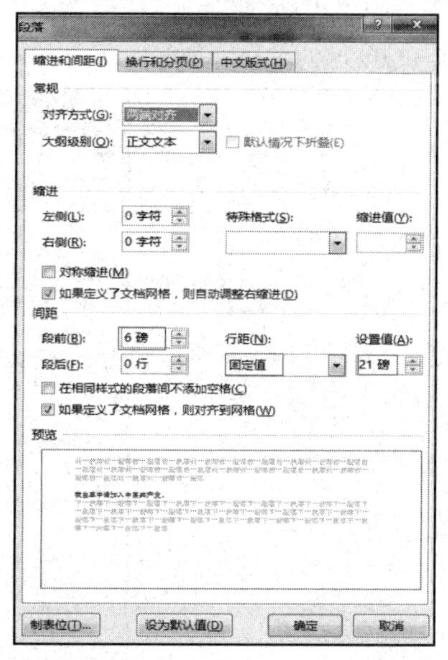

图 4-14　设置正文段落段间距和行距

选中正文第 2 段至正文倒数第 2 段（“我自愿申请加入……此致”），单击“开始”选项卡“段落”组右下角的对话框启动器按钮，弹出“段落”对话框后设置段落首行缩进 2 字符，如图 4-15 所示，单击“确定”按钮。

选中落款处的两段文本（全文最后两段），在选中的文本上单击鼠标右键（右击），在弹出的快捷菜单中选择“段落”命令，弹出“段落”对话框后按如图 4-16 所示设置段落的对齐方式及行距，单击“确定”按钮。

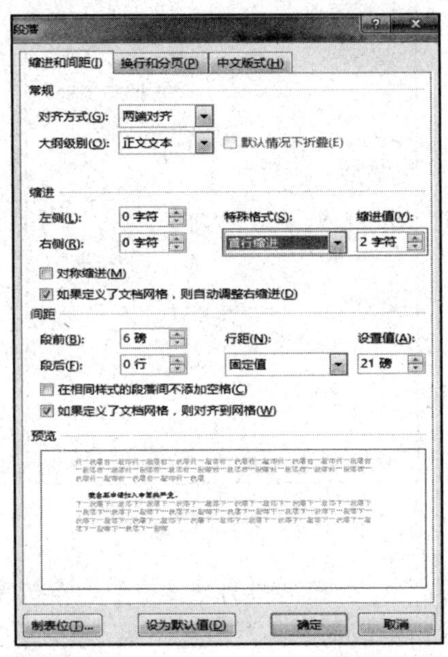

图 4-15 设置正文第 2 段至正文倒数第 2 段首行缩进

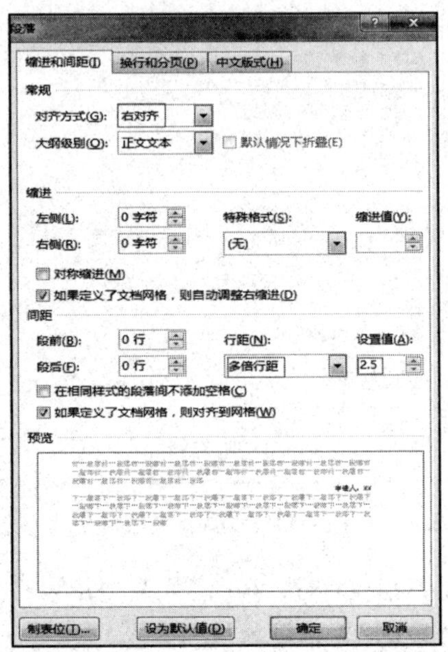

图 4-16 落款段落对齐方式及行距设置

右击（单击鼠标右键）落款的第 1 段（“申请人：××”），在弹出的快捷菜单中选择“段落”命令，弹出“段落”对话框后按如图 4-17 所示设置段落右缩进，最后单击“确定”按钮即可。

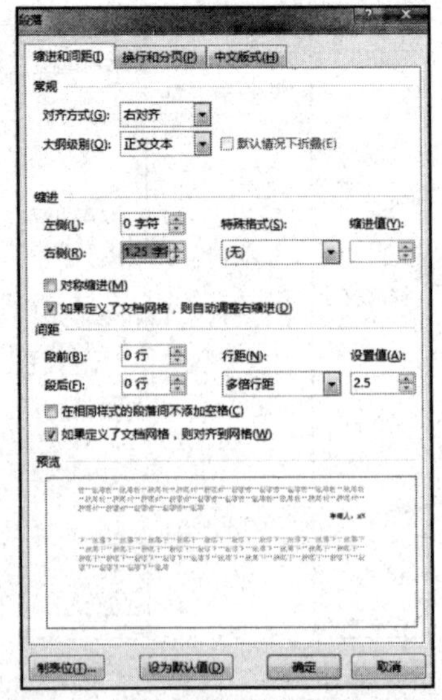

图 4-17 设置落款的第 1 段右缩进

（7）选中正文第 6～9 段（“在学习方面……实现自身价值的理念。”），单击“开始”选项卡“段落”组中的“编号”按钮右侧的倒三角按钮，在弹出的下拉列表中选择编号库中的“1.、2.、3.”，如图 4-18 所示。

选中所有带有编号的段落，单击鼠标右键，在弹出的快捷菜单中选择“段落”命令，弹出“段落”对话框后更改段落的缩进项，按如图 4-19 所示进行设置，最后单击“确定”按钮即可。

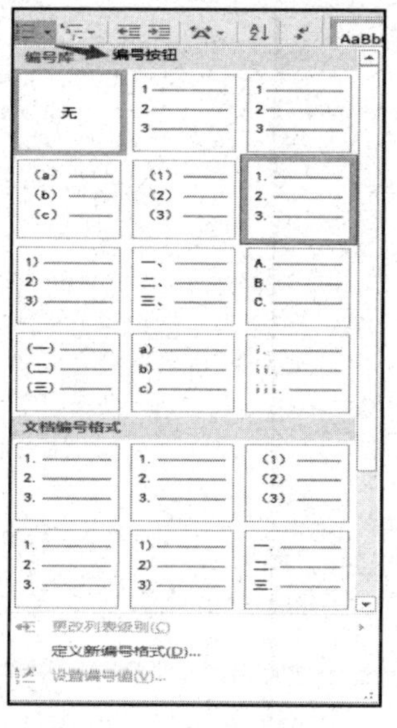

图 4-18　设置段落编号

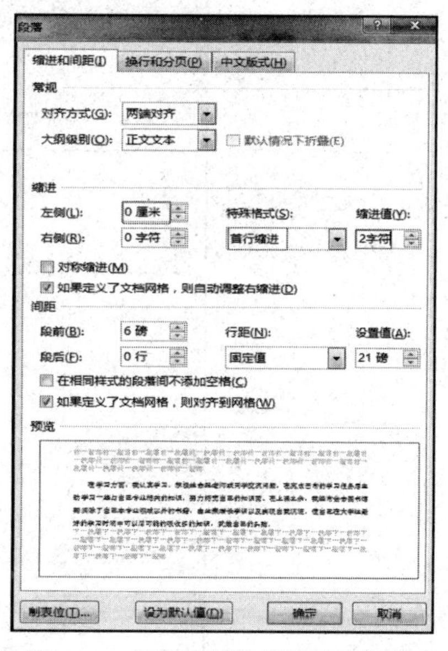

图 4-19　设置编号段落的缩进格式

（8）单击“布局”选项卡“页面设置”组右下角的对话框启动器按钮，弹出“页面设置”对话框，单击“页边距”选项卡，在“上”“下”“左”“右”框内分别设置页边距的值，如图 4-20（a）所示。切换至“版式”选项卡，设置页眉及页脚距边界的值，如图 4-20（b）所示。

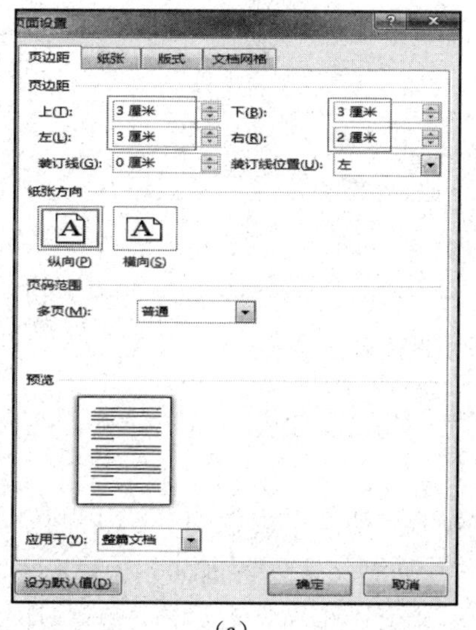

（a）

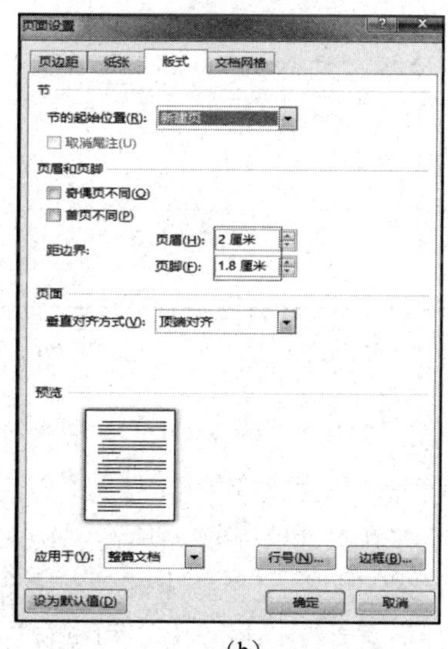

（b）

图 4-20　设置页面格式

（9）单击“插入”选项卡“页眉和页脚”组中的“页眉”按钮，在展开的列表中选择内置“空白”样式，如图4-21所示。在“[在此处键入]”处输入文字“××入党申请书”，将光标定位在页眉下面的空段，按Delete键删除，如图4-22所示。

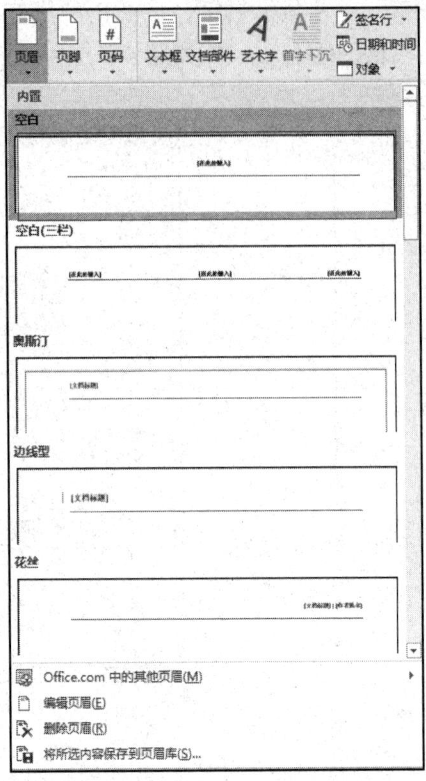

图4-21　页眉列表

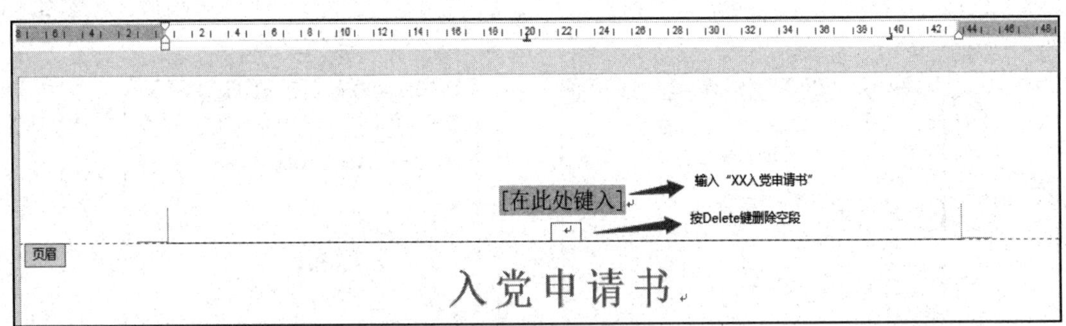

图4-22　页眉设置

选中页眉文字“××入党申请书”，按快捷键Ctrl+L设置段落左对齐，并在“字体”对话框中设置字体为“宋体”，字号为“小四”。

光标定位在页眉文字前，单击“插入”选项卡“插图”组中的“图片”按钮，将“实训教程素材\模块四”文件夹中的“党徽.jpg”图片插到文字内容前面。鼠标右键单击图片，在弹出的快捷菜单中选择“大小和位置”命令，弹出“布局”对话框，在“大小”选项卡中将“缩放”比例设置为5%，如图4-23所示，最后单击“确定”按钮即可。

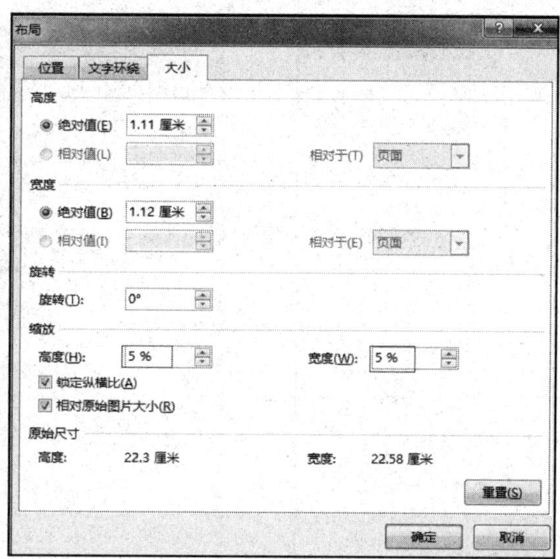

图 4-23 设置页眉图片大小

单击“页眉和页脚工具-设计”选项卡“导航”组中的“转至页脚”按钮，将光标移至页脚处，单击“页眉和页脚工具-设计”选项卡“页面和页脚”组中的“页码”按钮，在弹出的菜单中选择“当前位置”→“X/Y 加粗显示的数字”选项，插入页码“1/2”，通过文字编辑改成“第 1 页，共 2 页”的格式，如图 4-24 所示。选中页脚内容，设置字体为宋体、小四号，加粗显示，按快捷键 Ctrl+R 设置段落右对齐。

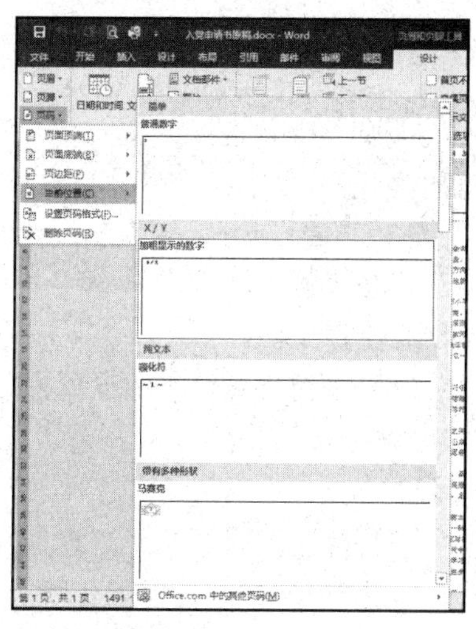

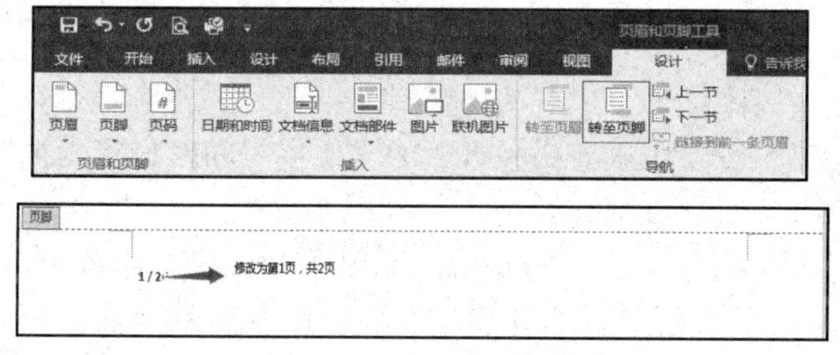

图 4-24 页脚处插入页码

选中页眉段落的回车符↵，单击“开始”选项卡“段落”组中的“边框”按钮右侧的下拉按钮，在弹出的下拉列表中选择“边框和底纹”命令，打开“边框和底纹”对话框，在“边框”选项卡的“样式”列表中选择上细下粗的线型，在“宽度”下拉列表中选择“2.25 磅”，在“预览”选区中单击“下框线”按钮直至添加所需样式的页眉线，如图 4-25 所示，最后单击“确定”按钮。

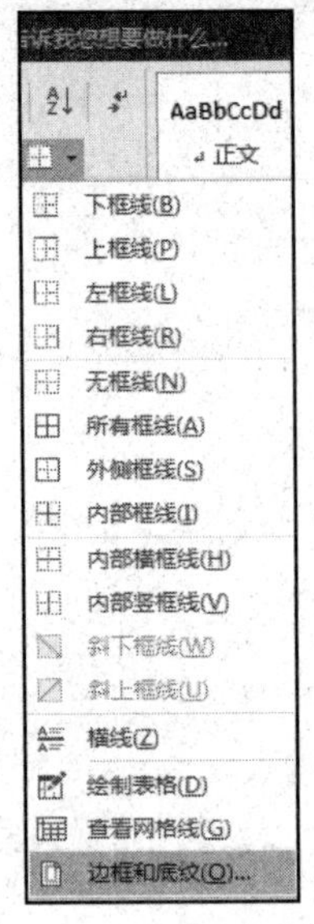

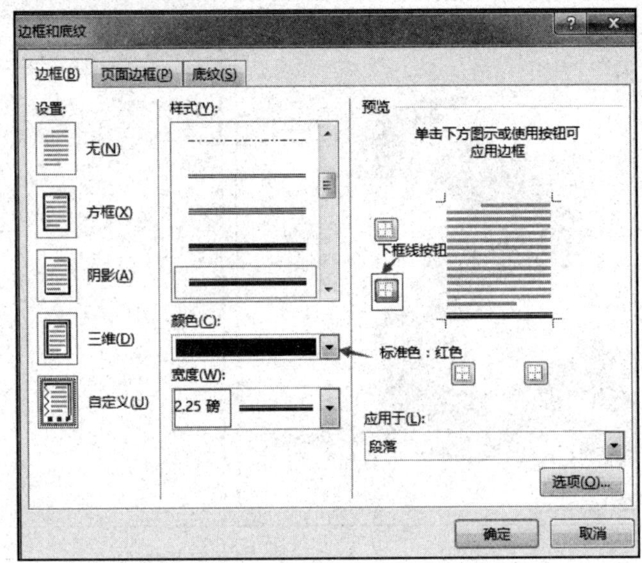

图 4-25　设置页眉线

单击“页眉和页脚工具-设计”选项卡“关闭”组中的“关闭页眉和页脚”按钮，退出页眉编辑状态。

（10）按快捷键 Ctrl+S 保存文档。

排版“散文欣赏-春.docx”，完成后文档效果如图 4-26 所示。

1．操作要求

打开“实训教程素材\模块四\例题\散文欣赏-春.docx”，按以下要求完成操作，并以原文件名保存文档。

（1）标题“春”字体设置为幼圆，小初，设置“填充-橄榄色，着色 3，锋利棱台”及“半映像，接触”的文本效果；正文第 1 段（盼望着……近了）文字字符间距设置为加宽 2 磅。

（2）标题段落（“春”）设置居中对齐，段后间距为 6 磅；正文第 5 段（“‘吹面不寒杨柳风’，……这时候也成天在嘹亮地响。”）设置悬挂缩进 2 字符，行距 1.75 倍；正文其余段落（除第 5 段外）设置首行缩进 2 字符，段前间距为 0.5 行，行距为 18 磅。

（3）正文中的第 1 个“春天”设置为隶书，四号，加粗并倾斜，字体颜色为深绿（RGB 值：18，144，93），添加双波浪下画线，下画线颜色为粉红（RGB 值：201，25，105）。

（4）利用格式刷复制第 1 段的“春天”格式到最后 3 段的“春天”。

（5）为正文最后 3 段（“春天像刚落地的娃娃……他领着我们上前去。”）添加项目符号❀，符号字体颜色为红色（标准色），字号为四号。

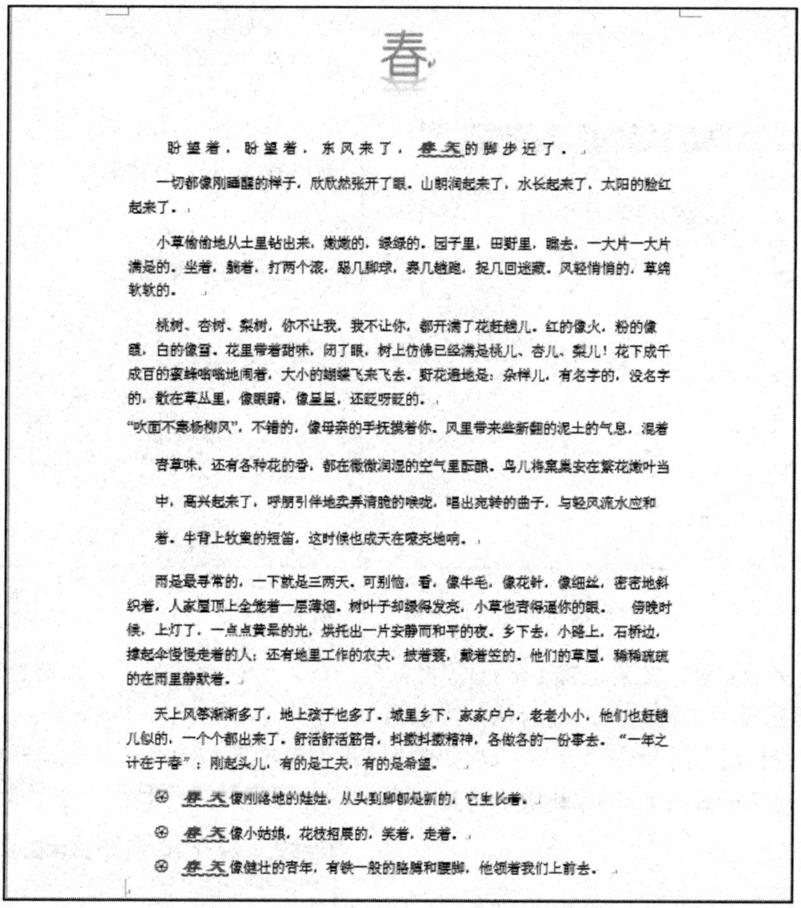

春

盼望着，盼望着，东风来了，春天的脚步近了。

一切都像刚睡醒的样子，欣欣然张开了眼。山朗润起来了，水长起来了，太阳的脸红起来了。

小草偷偷地从土里钻出来，嫩嫩的，绿绿的。园子里，田野里，瞧去，一大片一大片满是的。坐着，躺着，打两个滚，踢几脚球，赛几趟跑，捉几回迷藏。风轻悄悄的，草绵软软的。

桃树、杏树、梨树，你不让我，我不让你，都开满了花赶趟儿。红的像火，粉的像霞，白的像雪。花里带着甜味，闭了眼，树上仿佛已经满是桃儿、杏儿、梨儿！花下成千成百的蜜蜂嗡嗡地闹着，大小的蝴蝶飞来飞去。野花遍地是：杂样儿，有名字的，没名字的，散在草丛里，像眼睛，像星星，还眨呀眨的。

"吹面不寒杨柳风"，不错的，像母亲的手抚摸着你。风里带来些新翻的泥土的气息，混着青草味，还有各种花的香，都在微微润湿的空气里酝酿。鸟儿将窠巢安在繁花嫩叶当中，高兴起来了，呼朋引伴地卖弄清脆的喉咙，唱出宛转的曲子，与轻风流水应和着。牛背上牧童的短笛，这时候也成天在嘹亮地响。

雨是最寻常的，一下就是三两天。可别恼，看，像牛毛，像花针，像细丝，密密地斜织着，人家屋顶上全笼着一层薄烟。树叶子却绿得发亮，小草也青得逼你的眼。　傍晚时候，上灯了，一点点黄晕的光，烘托出一片安静而和平的夜。乡下去，小路上，石桥边，撑起伞慢慢走着的人；还有地里工作的农夫，披着蓑，戴着笠的。他们的草屋，稀稀疏疏的在雨里静默着。

天上风筝渐渐多了，地上孩子也多了。城里乡下，家家户户，老老小小，他们也赶趟儿似的，一个个都出来了。舒活舒活筋骨，抖擞抖擞精神，各做各的一份事去。"一年之计在于春"；刚起头儿，有的是工夫，有的是希望。

- 春天像刚落地的娃娃，从头到脚都是新的，它生长着。
- 春天像小姑娘，花枝招展的，笑着，走着。
- 春天像健壮的青年，有铁一般的胳膊和腰脚，他领着我们上前去。

图 4-26　例题 2 完成效果图

2. 涉及内容

（1）文档的打开与保存。
（2）字符的格式设置。
（3）段落的格式设置。
（4）添加项目符号。
（5）格式刷的使用。

3. 操作步骤

（1）选中标题"春"，在"开始"选项卡的"字体"组中设置字体和字号，单击"字体"组中的"文本效果和版式"按钮，在弹出的下拉菜单中选择第 2 行第 5 列的效果，然后再次单击"文本效果和版式"按钮，在弹出的下拉菜单中选择"映像"→"半映像，接触"按钮，如图 4-27 所示。

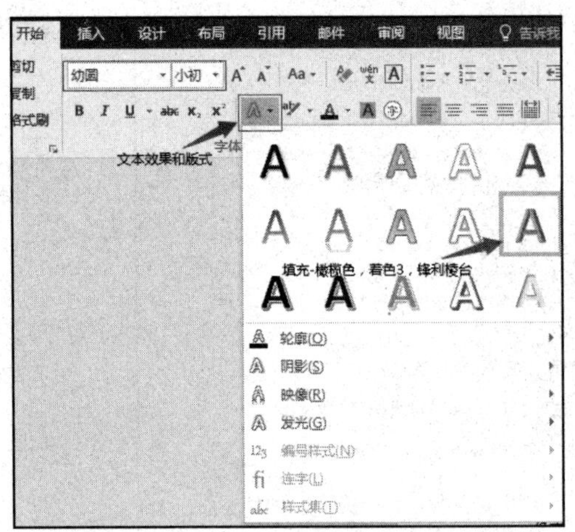
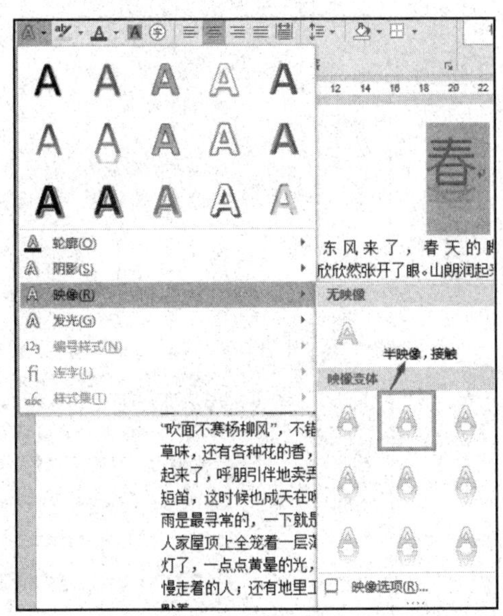

图 4-27　设置标题“春”的字符格式

选中正文第 1 段，按快捷键 Ctrl+D，打开“字体”对话框，单击“高级”选项卡，按如图 4-28 所示设置字符间距，最后单击“确定”按钮。

（2）选中标题段，单击“开始”选项卡“段落”组右下角的对话框启动器按钮，打开“段落”对话框后按如图 4-29 所示设置对齐方式及段后间距，最后单击“确定”按钮。

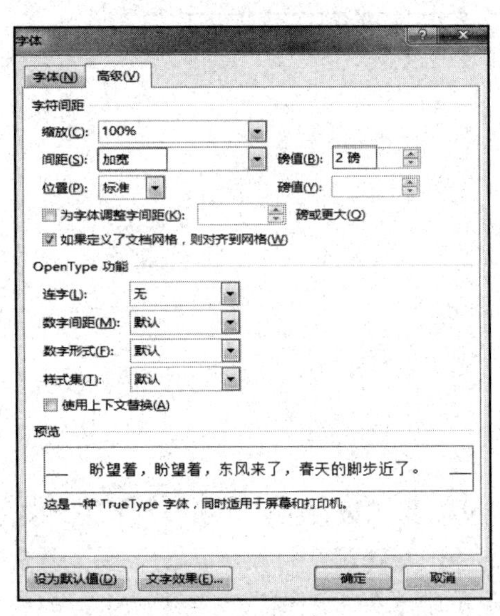

图 4-28　设置正文第 1 段字符间距

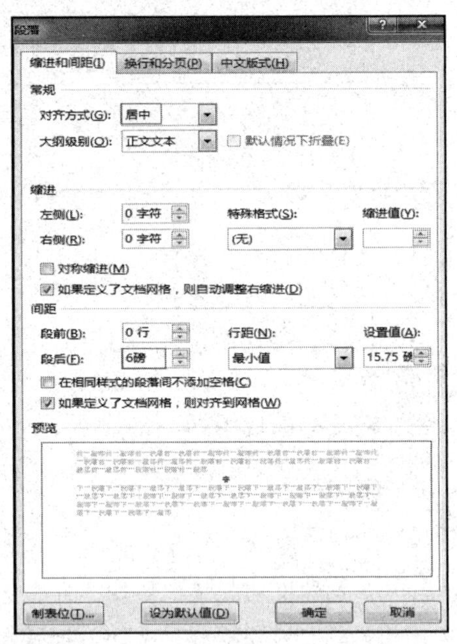

图 4-29　设置标题段的格式

选中正文第 5 段（“‘吹面不寒杨柳风’，……这时候也成天在嘹亮地响。”），单击“开始”选项卡“段落”组右下角的对话框启动器按钮，弹出“段落”对话框后按如图 4-30 所示设置悬挂缩进及行距。

选中正文其余段落（按住 Ctrl 键不放的同时按住鼠标左键拖动鼠标可以同时选中不连续的多段），右击选中的文本，在弹出的快捷菜单中选择“段落”命令，打开“段落”对话框，在对话框中设置首行缩进、段前间距和行距，如图 4-31 所示。

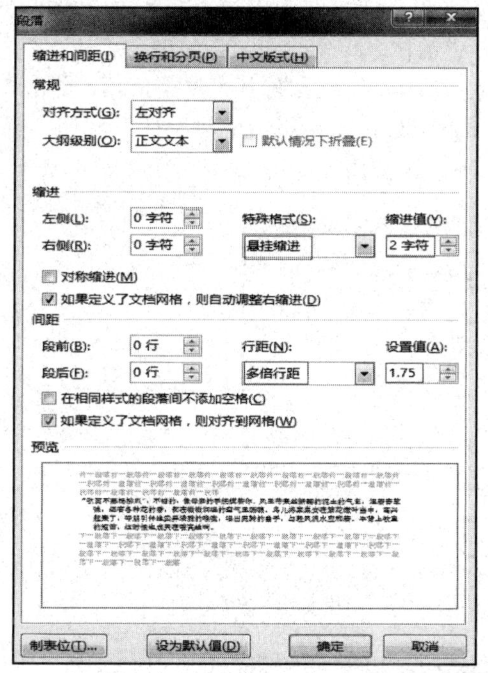

图 4-30　设置正文第 5 段的格式

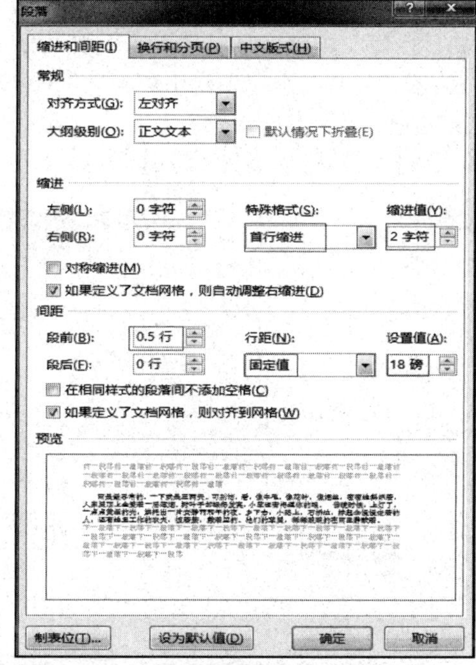

图 4-31　设置正文其余段落的格式

（3）选中正文第 1 个“春天”，按快捷键 Ctrl+D，打开“字体”对话框，在“字体”选项卡中设置字体、字号、字形以及字体颜色，同时设置下画线线型及下画线颜色，如图 4-32 所示。

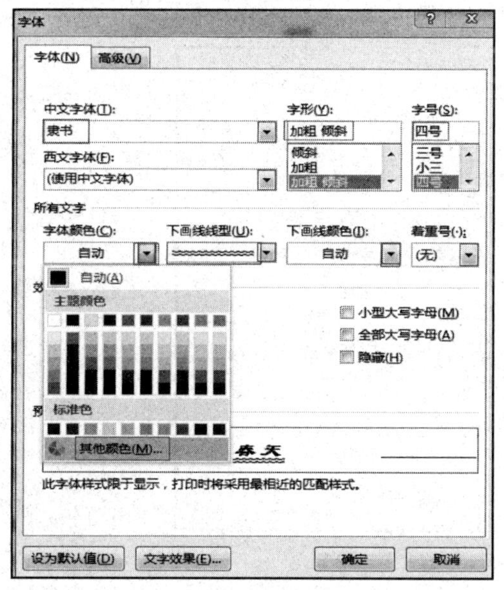

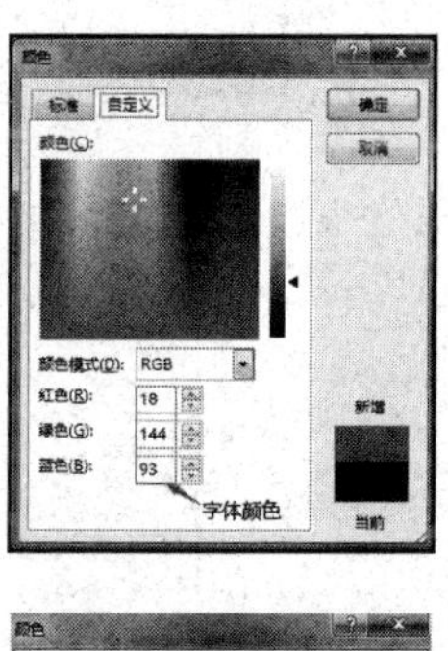

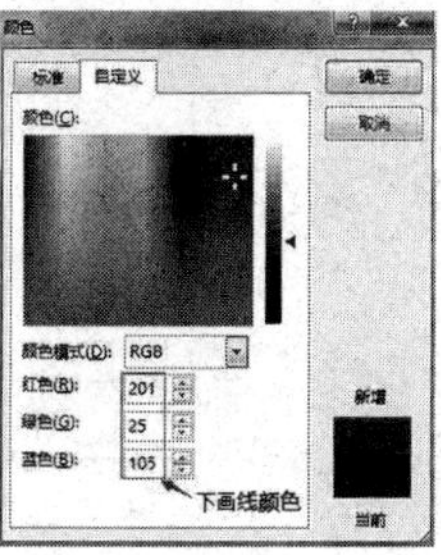

图 4-32　设置第 1 个“春天”的字符格式

（4）选中第 1 个设置好格式的“春天”，双击“开始”选项卡“剪贴板”组中的“格式刷”按钮 格式刷，按住鼠标左键分别刷过最后 3 段的几处“春天”。

（5）选中正文最后 3 段（“春天像刚落地的娃娃……他领着我们上前去。”），单击“开始”选项卡“段落”组中“项目符号”按钮旁的下拉按钮，在弹出的下拉菜单中单击“定义新项目符号”命令，弹出“定义新项目符号”对话框。单击“符号”按钮，弹出“符号”对话框，在“字体”下拉列表中选择“Wingdings”选项，在列表框中选择 ✿ 选项，单击“确定”按钮关闭“符号”对话框。单击“定义新项目符号”对话框中的“字体”按钮，弹出“字体”对话框，设置字体及字体颜色，单击“确定”按钮，如图 4-33 所示。

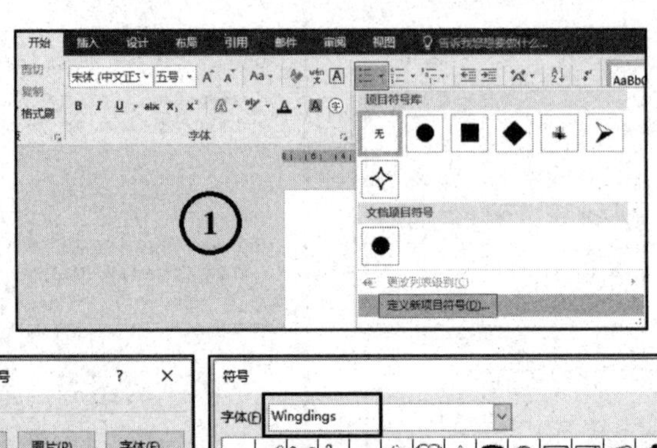

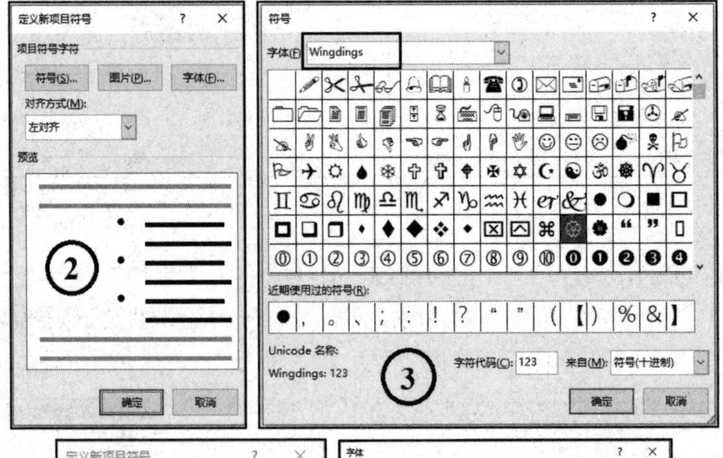

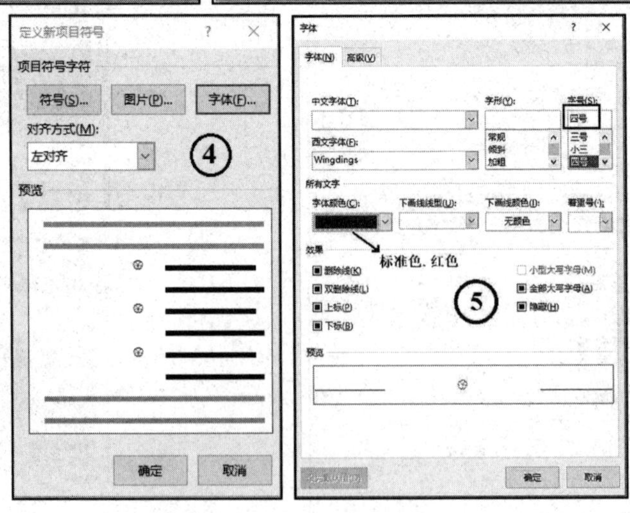

图 4-33　设置最后 3 段的项目符号

（6）按快捷键 Ctrl+S 保存文档。

三、上机练习

【上机练习 1】

（1）新建 Word 空白文档，输入如图 4-34 所示的请假条内容。其中，“×”的具体内容请根据自己的实际情况进行填写，要求请假条的请假时间为当前系统的日期和时间。

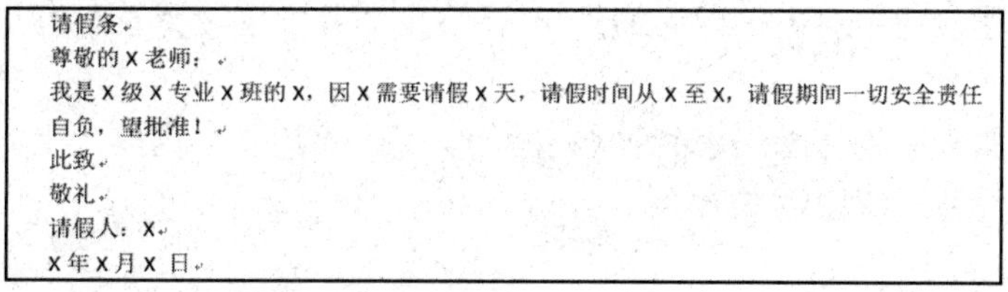

请假条

尊敬的 X 老师：

我是 X 级 X 专业 X 班的 X，因 X 需要请假 X 天，请假时间从 X 至 X，请假期间一切安全责任自负，望批准！

此致

敬礼

请假人：X

X 年 X 月 X 日

图 4-34　请假条内容

（2）设置纸张方向为横向，左、右边距为 3.5 厘米。

（3）标题“请假条”字体设置为黑体，字号设置为小一号，且设置文字加粗显示，字符间距加宽 8 磅。标题段居中对齐，段后间距 1.5 行。

（4）正文所有段落（“尊敬的……落款日期”）中文字体设置为华文行楷，西文字体设置为 Arial Black，字号设置为 15 磅，段前、段后间距都设置为 0.5 行。

（5）给正文所有的“×”内容处添加红色（标准色）粗下画线，为“请假期间一切安全责任自负”添加着重号。（提示：使用格式刷）

（6）设置正文第 2～3 段（“我是……此致”）首行缩进 2 字符，正文第 2 段（“我是……望批准！”）行距 40 磅。

（7）设置最后两段（请假人和请假时间）右对齐，设置倒数第 2 段（“请假人：×”）右缩进 1.25 字符。

（8）文件保存名为“××请假条.docx”，完成后的文档效果如图 4-35 所示。

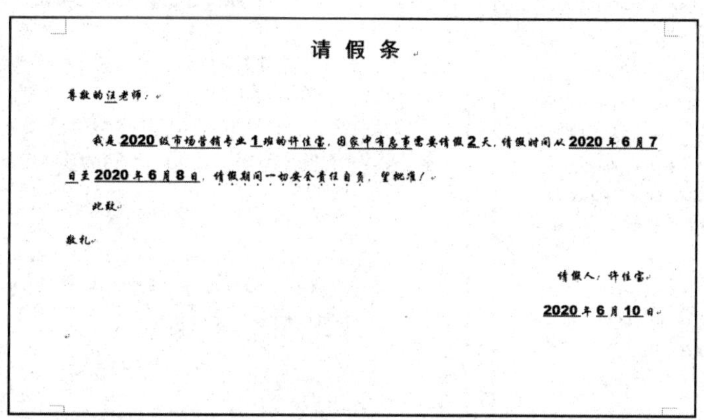

请 假 条

尊敬的汪老师：

我是 2020 级市场营销专业 1 班的许佳宝，因家中有急事需要请假 2 天，请假时间从 2020 年 6 月 7 日至 2020 年 6 月 8 日，请假期间一切安全责任自负，望批准！

此致

敬礼

请假人：许佳宝

2020 年 6 月 10 日

图 4-35　上机练习 1 参考效果图

【上机练习 2】

打开“实训教程素材\模块四\练习\上机练习 2.docx”，按以下要求完成操作并以原文件名保存文档。完成后文档效果如图 4-36 所示。

（1）将文档中所有的“机器”文本替换为“计算机”并添加双波浪下画线，下画线颜色为“橙色，个性色 6，深色 25%”。

（2）标题（“计算机翻译系统”）字体设置为隶书，字号设置为小一号。正文各段落（“计算机翻译属于……达 400 多万条”）中文字体设置为楷体，西文字体设置为 Arial Black，字号设置为四号。

（3）设置标题段居中对齐，段后间距 2 行。正文各段落设置首行缩进 2 字符，行距 1.75 倍。

（4）设置纸张大小为 B5，同时为文档添加页眉，页眉文字内容为“×的作业”，其中×为你的姓名，设置页眉段落左对齐。

【上机练习 3】

打开“实训教程素材\模块四\练习\上机练习 3-中文.docx”，按以下要求完成操作并以“上机练习 3.docx”为文件名保存文档。完成后文档效果如图 4-37 所示。

（1）删除“生活科普小知识”中文内容中的所有空格。（提示：用替换功能实现）

（2）第 1 行（“生活科普小知识”）字体设置为方正舒体，字号设置为四号。第 2 行（“三种老人不宜用手机”）字体设置为隶书，字号设置为二号，设置文本效果格式为“阴影-右上对角透视”，其中“三种老人”添加双下画线，下画线颜色为粉红（RGB：255，1，110）。正文第 1 段（“据杭州日报报道，……可加重病情。”）中文字体设置为仿宋，西文字体设置为 Arial Black，字号设置为 12 磅。最后 1 行（“摘自《生活时报》”）字体设置为幼圆，字号设置为 12 磅。

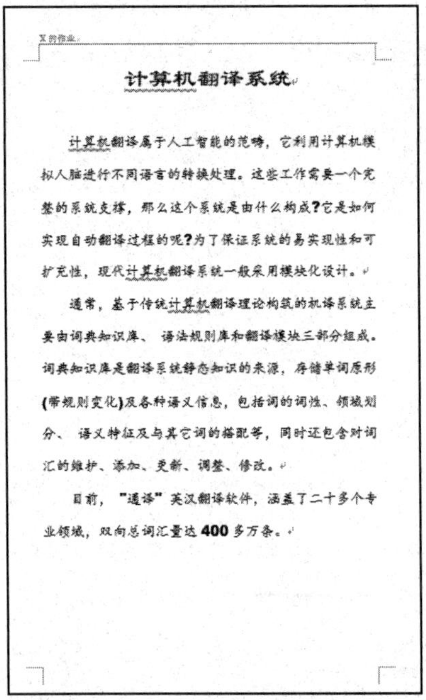

X 的作业

计算机翻译系统

计算机翻译属于人工智能的范畴，它利用计算机模拟人脑进行不同语言的转换处理。这些工作需要一个完整的系统支撑，那么这个系统是由什么构成?它是如何实现自动翻译过程的呢?为了保证系统的易实现性和可扩充性，现代计算机翻译系统一般采用模块化设计。

通常，基于传统计算机翻译理论构筑的机译系统主要由词典知识库、语法规则库和翻译模块三部分组成。词典知识库是翻译系统静态知识的来源，存储单词原形(带规则变化)及各种语义信息，包括词的词性、领域划分、语义特征及与其它词的搭配等，同时还包含对词汇的维护、添加、更新、调整、修改。

目前，"通译"英汉翻译软件，涵盖了二十多个专业领域，双向总词汇量达 400 多万条。

图 4-36　上机练习 2 参考效果图

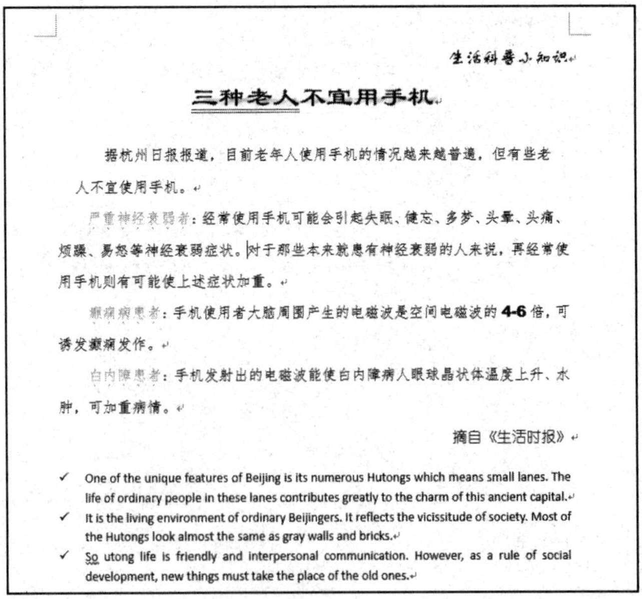

生活科普小知识

三种老人不宜用手机

据杭州日报报道，目前老年人使用手机的情况越来越普遍，但有些老人不宜使用手机。

严重神经衰弱者：经常使用手机可能会引起失眠、健忘、多梦、头晕、头痛、烦躁、易怒等神经衰弱症状。对于那些本来就患有神经衰弱的人来说，再经常使用手机则有可能使上述症状加重。

癫痫病患者：手机使用者大脑周围产生的电磁波是空间电磁波的 4-6 倍，可诱发癫痫发作。

白内障患者：手机发射出的电磁波能使白内障病人眼球晶状体温度上升、水肿，可加重病情。

摘自《生活时报》

- ✓ One of the unique features of Beijing is its numerous Hutongs which means small lanes. The life of ordinary people in these lanes contributes greatly to the charm of this ancient capital.
- ✓ It is the living environment of ordinary Beijingers. It reflects the vicissitude of society. Most of the Hutongs look almost the same as gray walls and bricks.
- ✓ So utong life is friendly and interpersonal communication. However, as a rule of social development, new things must take the place of the old ones.

图 4-37　上机练习 3 参考效果图

（3）正文第 2～4 段开头的“严重神经衰弱者”“癫痫病患者”“白内障患者”文本设置

加粗，添加着重号，文本效果与版式设置为“渐变填充-水绿色，着色 1，反射”。（提示：可使用格式刷）

（4）第 1 行（“生活科普小知识”）右对齐，第 2 行（“三种老人不宜用手机”）居中，最后 1 行（“摘自《生活时报》”）右对齐。

（5）正文第 1 段（“据杭州日报报道，……可加重病情。”）左、右各缩进 0.5 厘米；正文所有段落（“据杭州日报报道，……可加重病情。”）首行缩进 2 字符，行距 25 磅。

（6）第 2 行（“三种老人不宜用手机”）设置段后间距为 1 行，最后 1 行（“摘自《生活时报》”）段前间距为 0.5 行，段后间距为 1 行。

（7）将“上机练习 3-英文.docx”的文档内容复制到该文档的后面，并要求另起一段。

（8）改正英文中拼写错误的单词。（提示：审阅→校对→拼写和语法）

（9）为英文段落设置项目符号“✓”，并设置段落首行缩进 0.3 厘米。

【上机练习 4】

打开“实训教程素材\模块四\练习\上机练习 4.docx”，按以下要求完成操作并以原文件名保存文档。完成后文档效果如图 4-38 所示。

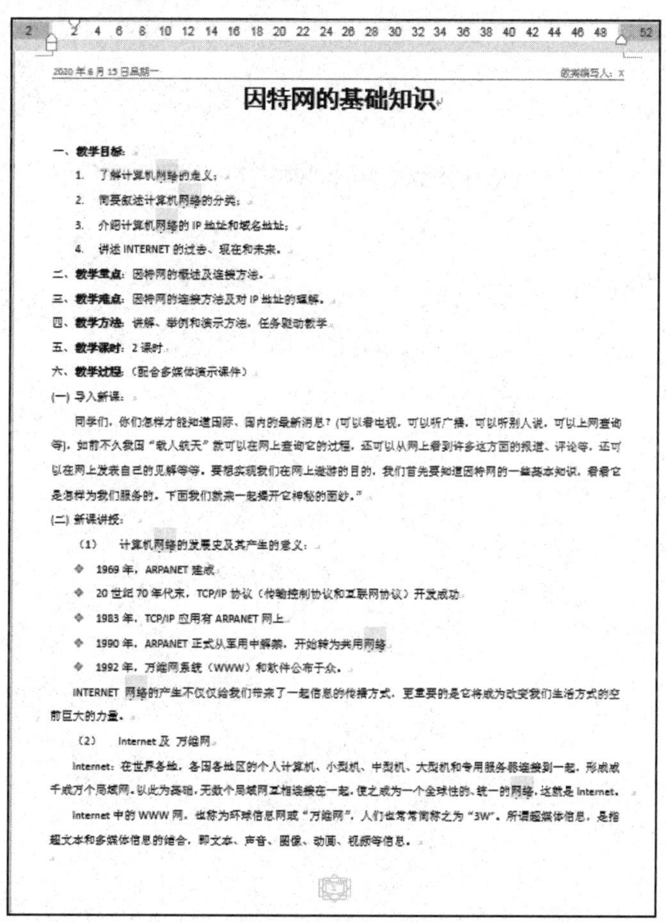

2020 年 6 月 15 日星期一　　　　教案编写人：X

因特网的基础知识

一、**教学目标**：

1. 了解计算机网络的定义；
2. 简要叙述计算机网络的分类；
3. 介绍计算机网络的 IP 地址和域名地址；
4. 讲述 INTERNET 的过去、现在和未来。

二、**教学重点**：因特网的概述及连接方法。

三、**教学难点**：因特网的连接方法及对 IP 地址的理解。

四、**教学方法**：讲解、举例和演示方法，任务驱动教学

五、**教学课时**：2 课时

六、**教学过程**：（配合多媒体演示课件）

(一) 导入新课：

同学们，你们怎样才能知道国际、国内的最新消息？(可以看电视，可以听广播，可以听别人说，可以上网查询等)，如前不久我国“载人航天”就可以在网上查询它的过程，还可以从网上看到许多这方面的报道、评论等，还可以在网上发表自己的见解等等。要想实现我们在网上遨游的目的，我们首先要知道因特网的一些基本知识，看看它是怎样为我们服务的，下面我们就来一起揭开它神秘的面纱。”

(二) 新课讲授：

（1）　计算机网络的发展史及其产生的意义：

- 1969 年，ARPANET 建成
- 20 世纪 70 年代末，TCP/IP 协议（传输控制协议和互联网协议）开发成功
- 1983 年，TCP/IP 应用有 ARPANET 网上
- 1990 年，ARPANET 正式从军用中解禁，开始转为共用网络
- 1992 年，万维网系统（WWW）和软件公布于众。

INTERNET 网络的产生不仅仅给我们带来了一起信息的传播方式，更重要的是它将成为改变我们生活方式的空前巨大的力量。

（2）　Internet 及 万维网

Internet：在世界各地，各国各地区的个人计算机、小型机、中型机、大型机和专用服务器连接到一起，形成成千成万个局域网。以此为基础，无数个局域网互相连接在一起，使之成为一个全球性的、统一的网络，这就是 Internet。

Internet 中的 WWW 网，也称为环球信息网或“万维网”，人们也常常简称之为“3W”。所谓超媒体信息，是指超文本和多媒体信息的结合，即文本、声音、图像、动画、视频等信息。

图 4-38　上机练习 4 参考效果图

（1）将文中所有的“网络”文本添加着重号并突出显示。（提示：使用替换功能完成）

（2）设置标题（“因特网的基础知识”）字体为黑体，字号为二号，加粗显示。

（3）设置标题段（“因特网的基础知识”）段落居中对齐，段后间距 18 磅。

（4）设置正文所有段落（“教学目标……视频等信息”）行距 22 磅。

（5）为“教学目标”“教学重点”“教学难点”“教学方法”“教学课时”“教学过程”这几段添加“一、”“二、”“三、”“四、”“五、”“六、”的编号，设置这几处文本加粗。为“教学目标”下面的 4 段添加“1.、2.、3.、4.”的编号；“教学过程”下面的“导入新课”“新课讲授”设置“(一)、(二)”的编号；将“新课讲授”下的“计算机网络的发展史及其产生的意义”以及“Internet 及 万维网”段落添加“(1)、(2)、(3)”的编号。为“讲授新课”下面的五段以及“Internet 及万维网”下面的两段添加❖项目符号，❖颜色为“浅蓝（RGB：102，118，240)”。

（6）正文除设置了“一、”“二、”“三、”“四、”“五、”“六、”编号的段落外，均设置首行缩进 2 字符。

（7）为文档添加空白三栏的页眉，左侧文字为“日期和时间”(要求插入系统的时间)，右侧文字为“教案编写人：×”，其中“×”为你的姓名。

（8）在页脚处插入“马赛克”样式的页码。

（9）调整页边距为“窄”。

Word 文档排版进阶

一、实训内容

（1）页面格式的设置：页边距、纸张大小、纸张方向等。

（2）边框和底纹的设置：文字边框和底纹，段落边框和底纹，页面边框及页面颜色。

（3）首字下沉。

（4）分栏。

（5）脚注及尾注。

（6）页眉页脚、页码的设置：设置不同的页眉页脚；页码格式设置。

（7）文档水印的设置。

（8）制表位的使用。

二、操作实例

排版论文“浅谈 CODE RED 蠕虫病毒”，完成后文档效果如图 5-1 所示。

1. 操作要求

打开“实训教程素材\模块五\例题\浅谈 CODE RED 蠕虫病毒.docx”，完成以下操作并以原文件名保存文档。

（1）标题“浅谈 CODE RED 蠕虫病毒”设置为黑体、三号，居中对齐，字符间距加宽 2 磅，副标题（作者一行）设置为宋体、五号字，居中对齐；标题及副标题均设置段后间距 6 磅。

（2）设置“摘要”及“关键词”所在段落为仿宋、小五，左右各缩进 2 字符，并给这两个词加上鱼尾号（实心方头括号）“【】”。

（3）将文中所有的“WORM”替换为“蠕虫”。

（4）设置正文（“蠕虫是一种通过网络传播的恶性病毒，……基础上演变过来的。”）所有段落的中文字体为宋体，西文字体为 Times New Roman，1.2 倍行距，首行缩进 2 字符，摘要、关键词及参考文献设置为加粗。

（5）使用项目符号和编号功能自动生成参考文献各项的编号“[1]、[2]、[3]”。

（6）正文第 1 段（“蠕虫是一种……病毒所能比拟的”）设置为首字下沉，字体为华文行楷，行数 2，距正文 0.4 厘米。

（7）将正文第 3～4 段（“从 2001 年爆发的 Code Red……下载并运行 Msblast.exe。”）分两栏，栏间加分隔线，第 1 栏栏宽 12 字符，栏间距为 2 字符。

（8）为首字下沉的“蠕”添加字符边框及字符底纹。

（9）为正文第 6 段（“蠕虫这个生物……other machines. ）。”）设置 2.25 磅蓝色阴影边框，并设置“橄榄色，个性 3，淡色 80%”的底纹，图案样式为 5%，颜色为紫色（RGB：202，52，170）。

（10）为正文最后 1 段（“在探讨计算机病毒的定义时，……演变过来的。”）中的“David Gerrold”加脚注，内容为“born January 24，1944，is an American science fiction screenwriter ”。

（11）为文档设置页眉，奇数页内容为“科技论文”，偶数页内容为“浅谈蠕虫病毒”。在页面底端插入页码，页码格式为“-1-”，奇数页页眉和页码为右对齐，偶数页页眉和页码为左对齐。

（12）将文档上、下、左、右页边距均设置为 2.5 厘米。

（13）设置文档页面颜色为“预设颜色-金色年华”。为文档设置如图 5-1 所示的艺术性边框，线宽 20 磅，颜色为深红（标准色）。

（14）为文档每一页添加水印文字“机密”，字体为华文新魏，颜色为红色。

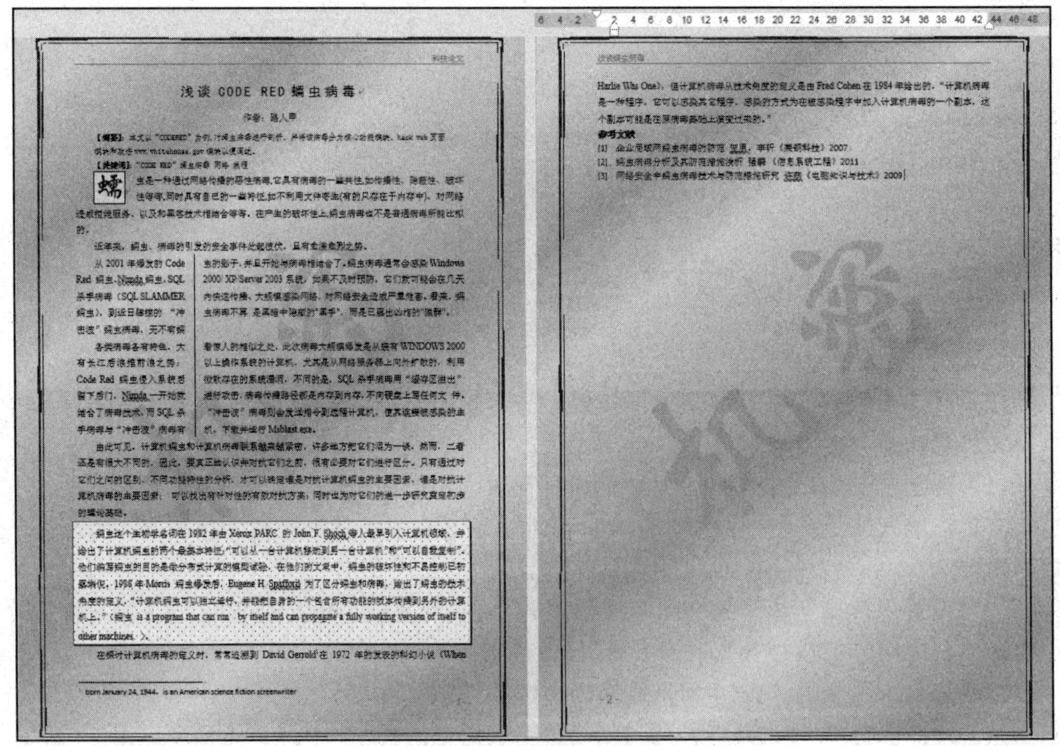

图 5-1　例题 1 完成效果图

2．涉及内容

（1）文本的替换。
（2）字符、段落的格式设置。
（3）页面设置。
（4）首字下沉。
（5）分栏。
（6）边框及底纹。
（7）脚注和尾注。
（8）页眉和页码。
（9）水印。

3．操作步骤

（1）～（4）操作步骤省略（模块四已有相关介绍）。

（5）选中“参考文献”下方的 3 段文字，单击“开始”选项卡“段落”组中“编号”右侧的倒三角按钮，在弹出的下拉菜单中单击“定义新编号格式”命令，打开“定义新编号格式”对话框，在“编号格式”文本框内添加中括号，如图 5-2 所示，单击“确定”按钮。

（6）将光标定位在正文第 1 段（“蠕虫是一种……病毒所能比拟的”），单击“插入”选项卡“文本”组中的“首字下沉”按钮，在弹出的菜单中选择“首字下沉选项”命令，打开“首字下沉”对话框，在“位置”选区中单击“下沉”按钮，分别设置字体、下沉行数及距正文的距离，如图 5-3 所示，单击“确定”按钮。

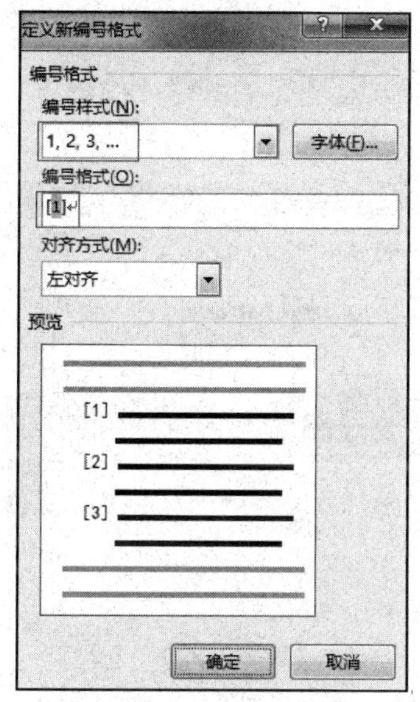

图 5-2　定义新编号格式

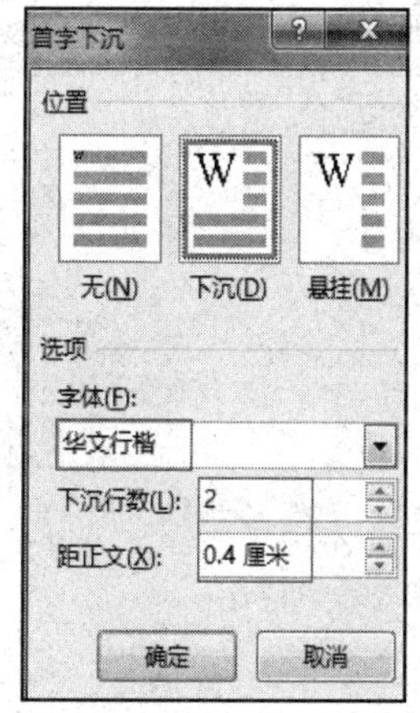

图 5-3　“首字下沉”对话框

（7）选中正文第 3～4 段（“从 2001 年爆发的 Code Red……下载并运行 Msblast.exe。”），单击“布局”选项卡“页面设置”组中的“分栏”按钮，在弹出的菜单中选择“更多分栏”

命令，打开“分栏”对话框，在“栏数”中设置 2，取消对“栏宽相等”复选框的选择，分别设置第 1 栏宽度和间距，如图 5-4 所示，单击“确定”按钮。

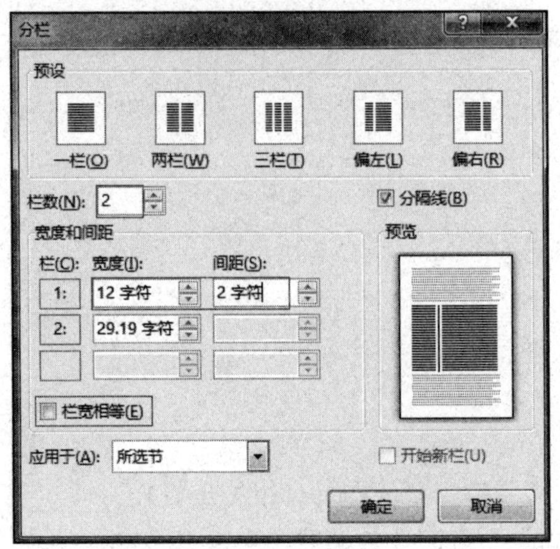

图 5-4　设置“分栏”

（8）选中首字下沉的“蠕”字，分别单击“开始”选项卡“字体”组中的“字符边框”按钮和“字符底纹”按钮。

（9）选中正文第 6 段，单击“开始”选项卡“段落”组中的“边框”按钮右侧的倒三角按钮，在弹出的下拉菜单中单击“边框和底纹”命令，打开“边框和底纹”对话框，在“边框”选项卡的“设置”选项区选择“阴影”，设置边框线颜色和线的宽度，如图 5-5 左图所示（注意：应用于“段落”）。

单击“底纹”选项卡，在“填充”下拉列表中设置第 6 段的底纹颜色，在“图案”选项区的“样式”及“颜色”下拉列表中分别设置样式及图案的颜色，如图 5-5 右图所示，单击“确定”按钮。

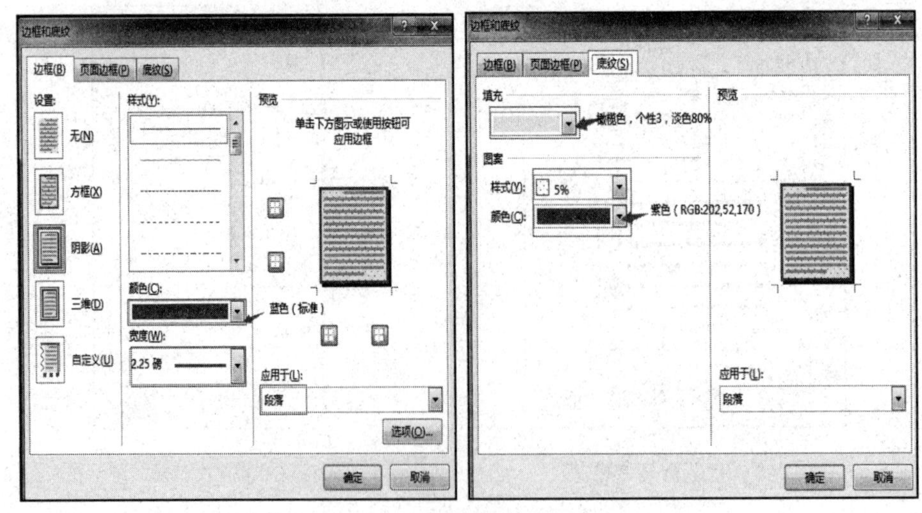

图 5-5　设置段落边框和底纹

（10）将光标移至最后 1 段中的“David Gerrold”后面，单击“引用”选项卡“脚注”

组中的“插入脚注”按钮，在文档底端横线下方输入脚注内容，如图 5-6 所示。

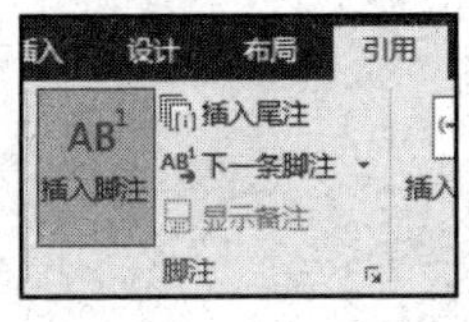

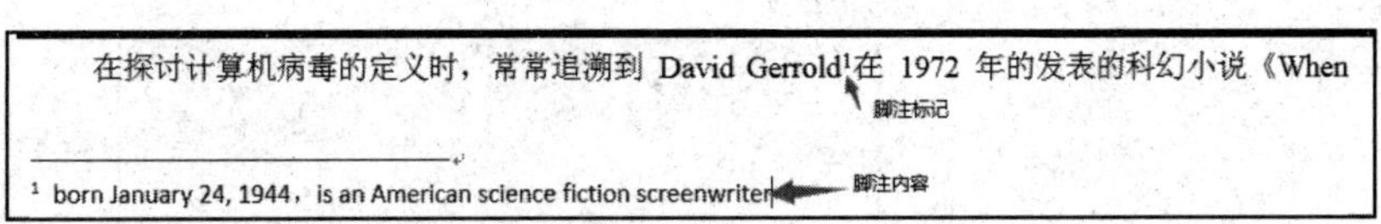

图 5-6 设置脚注

（11）单击“插入”选项卡“页眉和页脚”组中的“页眉”按钮，在弹出的列表中单击“内置”选区中的“空白”样式，在“页眉和页脚工具-设计”选项卡的“选项”组中，勾选“奇偶页不同”复选框，如图 5-7 所示，然后分别在第 1 页和第 2 页页眉处输入“科技论文”和“浅谈蠕虫病毒”，同时设置奇数页页眉右对齐、偶数页页眉左对齐。

单击“页眉和页脚工具-设计”选项卡“页眉和页脚”组中的“页码”按钮，在弹出的菜单中单击“设置页码格式”命令，打开“页码格式”对话框，在“编号格式”下拉列表中选择需要的格式，如图 5-8 所示，单击“确定”按钮。再次单击“页眉和页脚工具-设计”选项卡“页眉和页脚”组中的“页码”按钮，在弹出的菜单中单击“页面底端”→“简单”→“普通数字 3”样式，如图 5-9 所示。将光标移至“偶数页页脚”处，设置页码格式后插入页码，按快捷键 Ctrl+L 设置偶数页页码为左对齐。

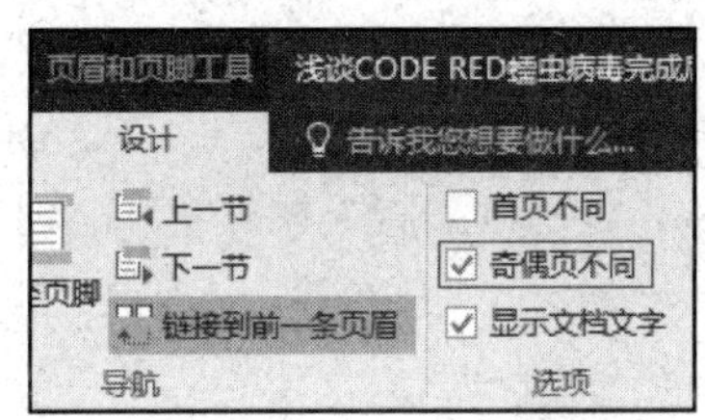

图 5-7 设置“奇偶页不同”的页眉

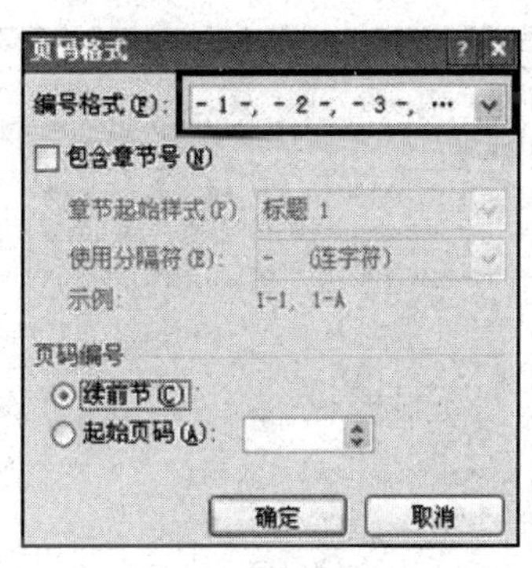

图 5-8 页码格式设置

（12）单击“布局”选项卡“页面设置”组中的“页边距”按钮，在弹出的菜单中单击“自定义边距”命令，弹出“页面设置”对话框，在“页边距”选项卡中分别设置上、下、左、右的边距值，单击“应用于”下拉按钮，选择“整篇文档”，如图 5-10 所示，单击“确定”按钮。

（13）单击“设计”选项卡“页面背景”组中的“页面颜色”按钮，在弹出的菜单中单击“填充效果”命令，弹出“填充效果”对话框，在“渐变”选项卡的“颜色”选区单击“预设”单选按钮，在“预设颜色”下拉列表中选择“金色年华”选项，如图 5-11 所示，单击“确定”按钮。

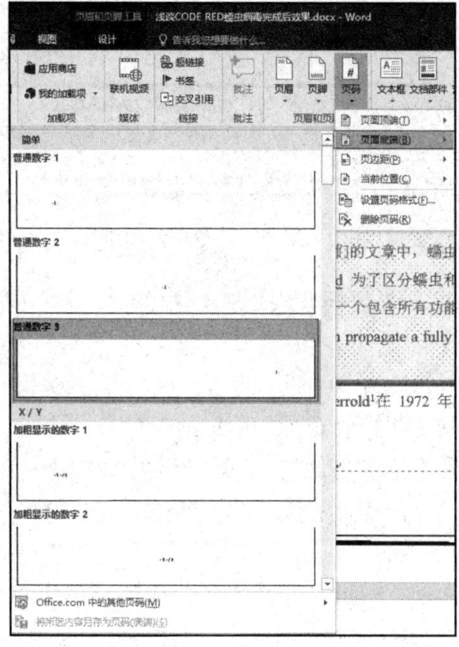

图 5-9　在页面底端插入页码

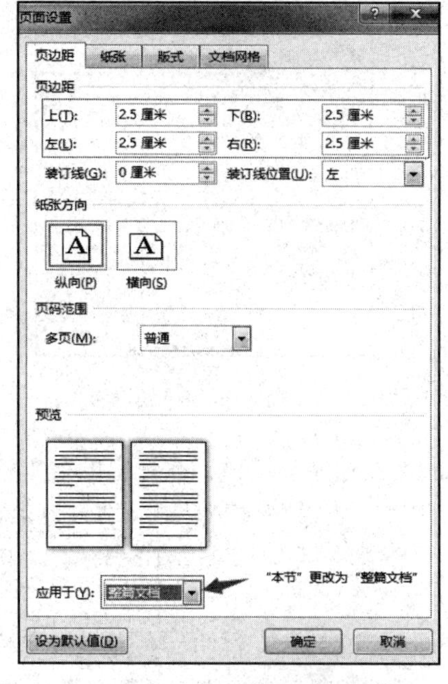

图 5-10　设置页边距

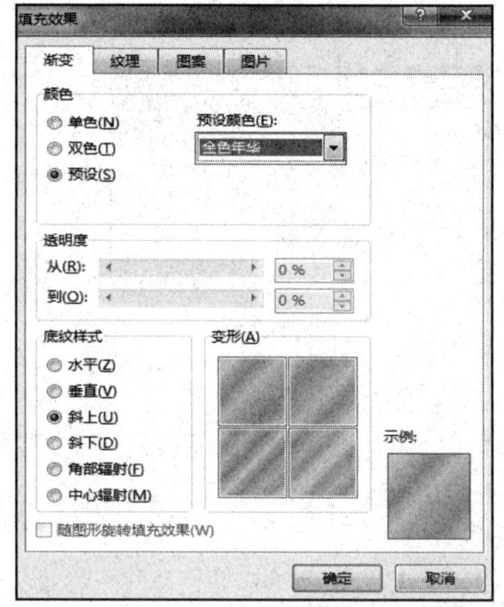

图 5-11　设置页面颜色

单击“设计”选项卡“页面背景”组中的“页面边框”按钮，弹出“边框和底纹”对话框，在“页面边框”选项卡的“艺术型”下拉列表中选择需要的样式，宽度设置为 20 磅，颜色设置为“深红（标准色）”，如图 5-12 所示，单击“确定”按钮。

（14）单击“设计”选项卡“页面背景”组中的“水印”按钮，在弹出的菜单中单击“自定义水印”命令，弹出“水印”对话框。选定“文字水印”单选按钮，在“文字”文本框中输入内容“机密”，“字体”下拉列表中选择“华文新魏”，“颜色”下拉列表中选择“红色（标准色）”选项，如图 5-13 所示，最后单击“确定”按钮。

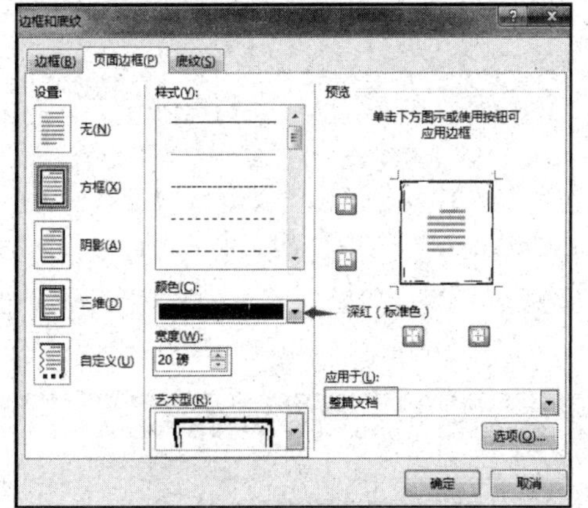

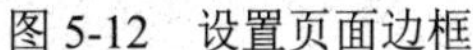
图 5-12　设置页面边框

图 5-13　设置水印

（15）按快捷键 Ctrl+S 保存文件。

制作目录

1．操作要求

打开“实训教程素材\模块五\例题\项目计划书目录.docx”，制作如图 5-14 所示的目录，完成后以原文件名保存文档。

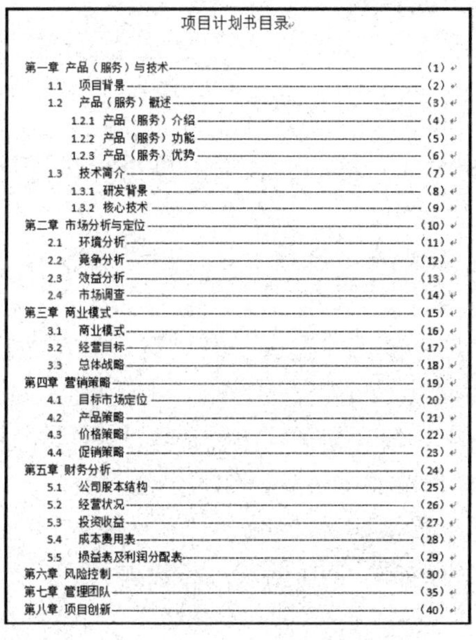

项目计划书目录

图 5-14　目录完成后效果

2．涉及内容

（1）设置多级编号。

（2）设置制表位。

3．操作步骤

（1）将光标定位在第 2 段（产品（服务）与技术），单击“开始”选项卡“段落”组中的“多级列表”按钮，如图 5-15 所示，在弹出的菜单中单击“定义新的多级列表”命令，打开“定义新多级列表”对话框，设置“输入编号的格式”为“第一章”，单击“更多”按钮，设置如图 5-16 所示参数。

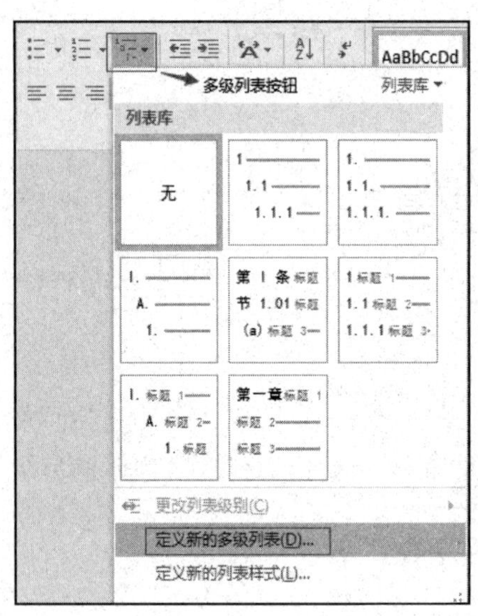

图 5-15 “多级列表”按钮

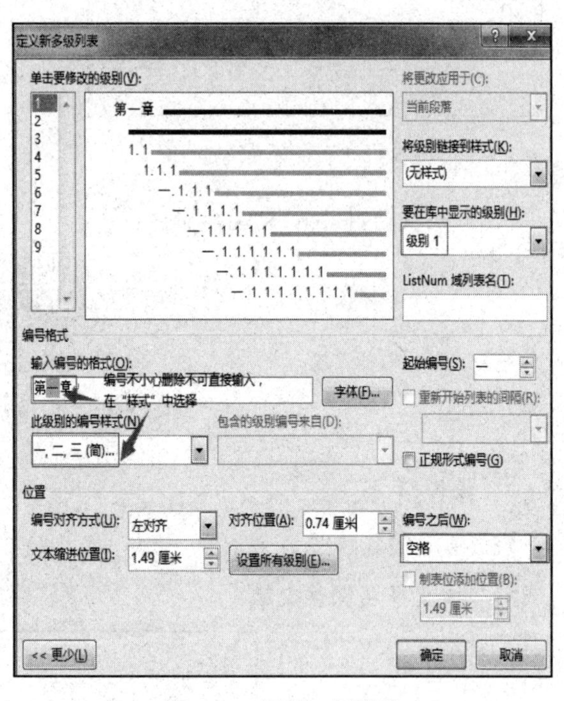

图 5-16 设置一级编号

（2）在“单击要修改的级别”左侧列表框中单击“2”级编号，设置如图 5-17 所示参数。

（3）同上操作设置“3”级编号，设置如图 5-18 所示参数。

（4）单击“确定”按钮后，编号如图 5-19（a）所示，按两次快捷键 Shift+Tab，减少段落的缩进量，从而将第 1 段的编号设置成一级“第一章”，如图 5-19（b）所示。

（5）将光标定位至第 3 段（项目背景）段前，按退格键“Backspace”将该段落与第 1 段合并后再按“Enter”键另起一段，则在该段的前面产生了编号“第二章”，如图 5-20（a）所示，按一次“Tab”键增加该段的缩进量，编号变成“1.1”，如图 5-20（b）所示。

（6）同上操作设置后面的段落编号（注意：快捷键 Shift+Tab 减少缩进量，Tab 键增加缩进量），各段落编号样式参照如图 5-14 所示进行设置。

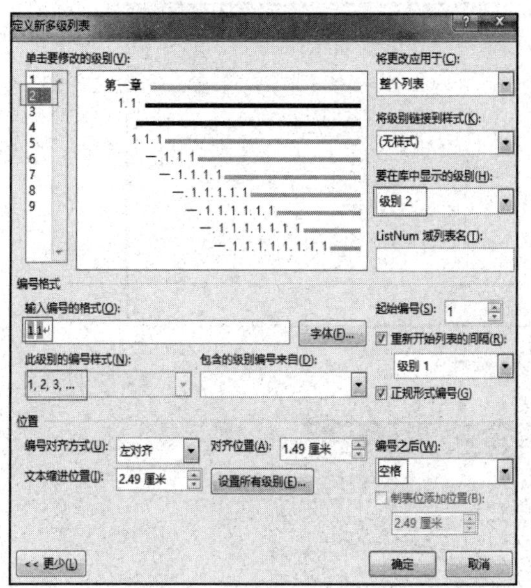

图 5-17　设置二级编号

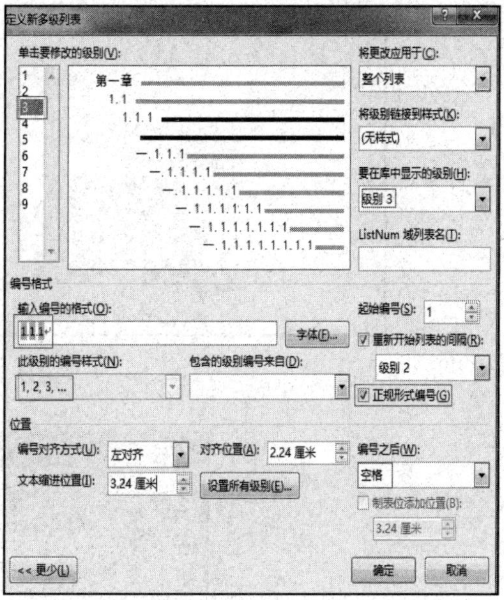

图 5-18　设置三级编号

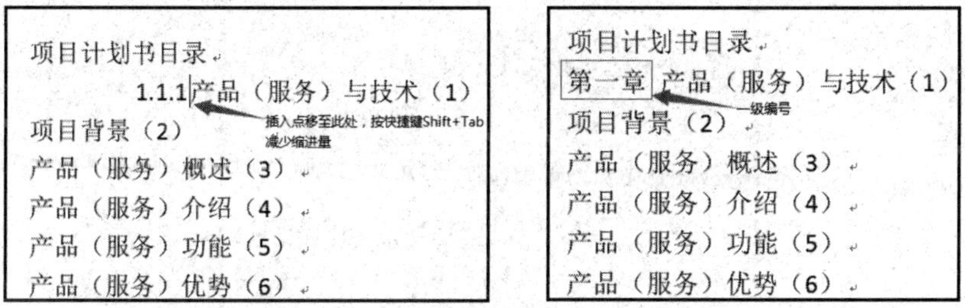

(a)

项目计划书目录

1.1.1 产品（服务）与技术（1）

插入点移至此处，按快捷键Shift+Tab减少缩进量

项目背景（2）

产品（服务）概述（3）

产品（服务）介绍（4）

产品（服务）功能（5）

产品（服务）优势（6）

(b)

项目计划书目录

第一章 产品（服务）与技术（1）

一级编号

项目背景（2）

产品（服务）概述（3）

产品（服务）介绍（4）

产品（服务）功能（5）

产品（服务）优势（6）

图 5-19　更改编号级别

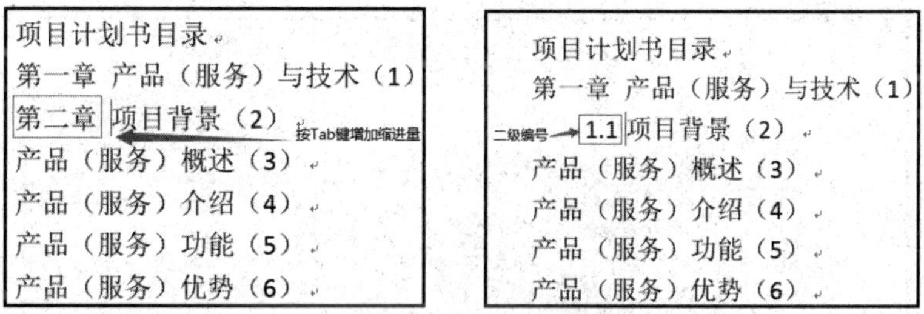

(a)

项目计划书目录

第一章 产品（服务）与技术（1）

第二章 项目背景（2）

按Tab键增加缩进量

产品（服务）概述（3）

产品（服务）介绍（4）

产品（服务）功能（5）

产品（服务）优势（6）

(b)

项目计划书目录

第一章 产品（服务）与技术（1）

二级编号 1.1 项目背景（2）

产品（服务）概述（3）

产品（服务）介绍（4）

产品（服务）功能（5）

产品（服务）优势（6）

图 5-20　应用二级编号

（7）选中带编号的所有段落，单击“水平标尺”添加制表位（如未显示标尺，则勾选“视图”选项卡“显式”组中的“标尺”复选框），如图 5-21 所示。右击选定的段落，在弹出的快捷菜单中选择“段落”命令，打开“段落”对话框。单击“制表位”按钮，打开“制表位”对话框，在该对话框中更改制表位对齐方式以及设置前导符，设置参数如图 5-22 所示，最后单击“确定”按钮。更改设置后水平标尺上则设置成了“右对齐”制表位，如图 5-23 所示。

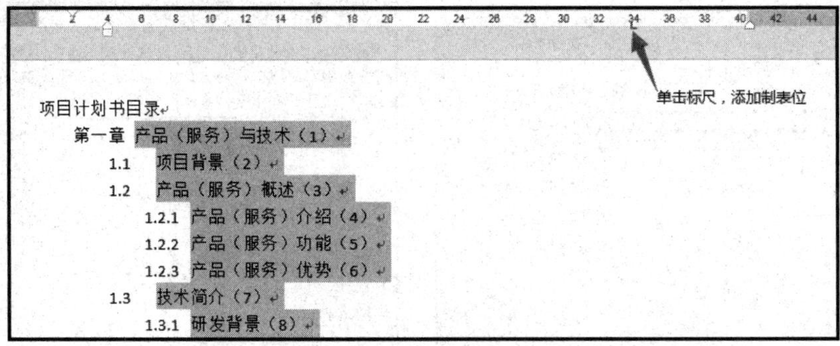

图 5-21 添加制表位

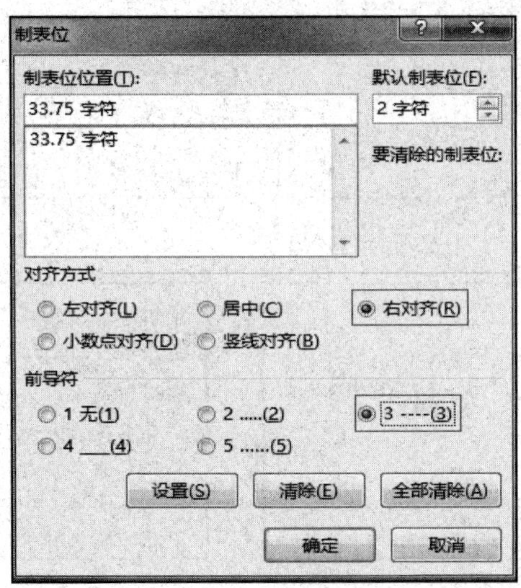

图 5-22 设置制表位

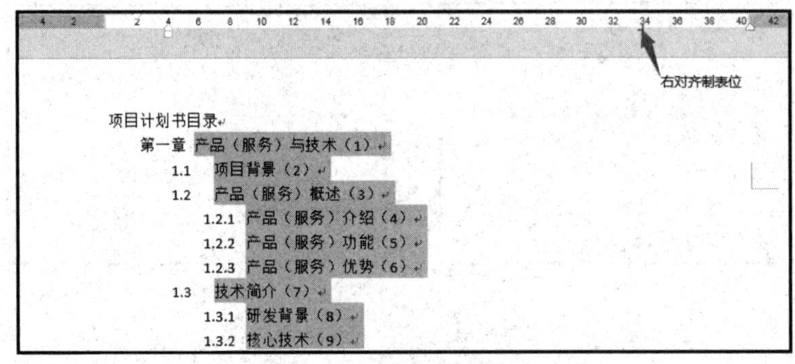

图 5-23 “右对齐”制表位

（8）将光标分别定位在序号“（1），（2），（3）…”的前面，按下“Tab”键，设置序号（页码）对齐到制表位位置，选定设置制表位对齐的所有段落，可以在水平标尺上拖动“右对齐”制表位调整制表位的位置。

（9）设置标题“项目计划书目录”格式为宋体、四号、居中对齐、段后间距 1 行。

（10）按快捷键 Ctrl+S 保存文档。

例题 3

排版求职信

1．操作要求

打开“实训教程素材\模块五\例题\求职信.docx”文档，按以下要求完成操作。

（1）为文档添加页眉，第 1 页页眉内容如图 5-24 所示，同时为页眉添加下框线。

图 5-24　第 1 页页眉

（2）将第 2 页页眉中的“求职信”改为“个人简历”，而第 3 页的页眉内容改为“成绩表”。

（3）为“成绩表”插入尾注（文档结尾），内容为“该成绩表情况属实，可在学籍网查询”，最后保存文件。

2．涉及内容

（1）插入分节符。

（2）添加页眉。

（3）插入页码。

（4）插入尾注。

3．操作步骤

（1）单击“插入”选项卡“页眉和页脚”组中的“页眉”按钮，在下拉菜单中单击内置“空白（三栏）”样式，如图 5-25 所示，单击页眉中左边的“[在此处键入]”，输入“个人求职资料（求职信）”；单击中间的“[在此处键入]”，按 Delete 键删除；单击右侧的“[在此处键入]”，单击“页眉和页脚工具-设计”选项卡“页眉和页脚”组中的“页码”按钮，在弹出的菜单中单击“当前位置”，在下拉列表中选择“X/Y”下的“加粗显示的数字”样式。

选中页眉段落，单击“开始”选项卡“段落”组中的“边框”按钮，为页眉添加下框线，双击文档正文处，关闭页眉和页脚。

（2）将光标分别定位至第 2 页“个人简历”和第 3 页“成绩表”的前面，单击“布局”选项卡“页面设置”组中的“分隔符”按钮，在弹出的菜单中单击“分节符”中的“下一页”。

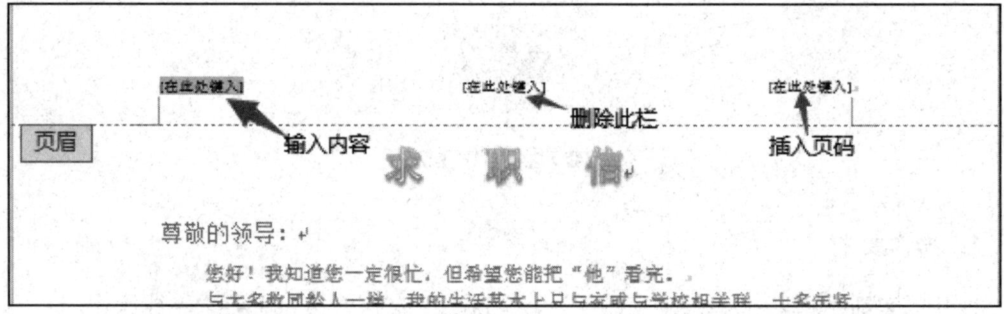

图 5-25 设置页眉

双击页眉，此时可以发现页眉处显示“第 1 节，第 2 节，第 3 节”的文字标记，如图 5-26 所示。单击第 2 节页眉处，单击“页眉和页脚工具-设计”选项卡“导航”组中的“链接到前一条页眉”按钮，则该页页眉右下方的“与上一节相同”几个字消失，更改第 2 页页眉内容为“个人求职资料（个人简历）”。再将光标定位在第 3 页页眉处，同上操作单击“链接到前一条页眉”按钮，然后修改页眉内容为“个人求职资料（成绩表）”，完成后效果如图 5-27 所示，单击“关闭页眉和页脚”按钮。

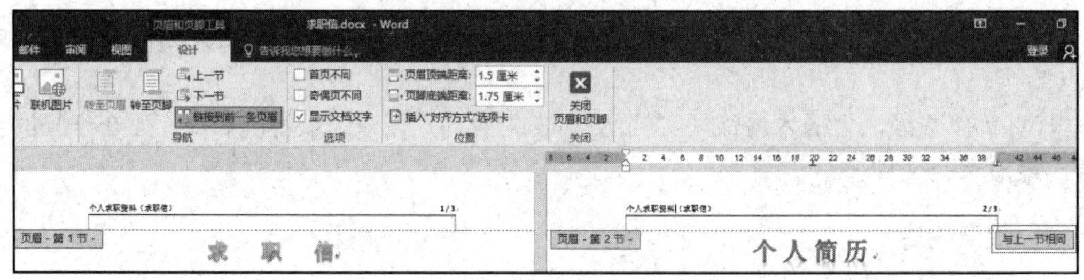

图 5-26 链接到前一条页

图 5-27 页眉效果

（3）将光标定位在第 3 页“成绩表”后，单击“引用”选项卡“脚注”组中的“插入尾注”按钮，在文档结尾处的横线（尾注分隔符）下方的光标处输入尾注内容，如图 5-28 所示。按快捷键 Ctrl+S 保存文档。

实践	毕业论文	实践	6	3 周	6.0	85
	管理与软件实习	实践	6	6 周	5.0	86

i 该成绩表情况属实，可在学籍网查询

图 5-28 尾注设置

三、上机练习

【上机练习 1】

打开“实训教程素材\模块五\练习\上机练习 1.doc”，按以下要求完成操作，完成后效果如图 5-29 所示，注意保存文档。

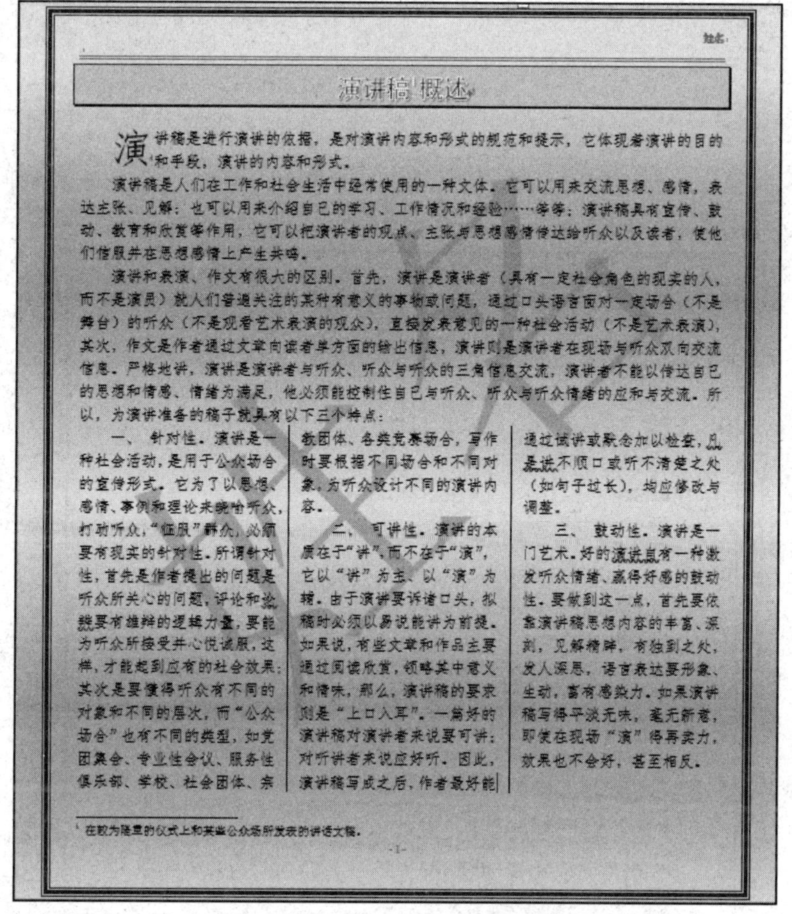

姓名

演讲稿[1]概述

演讲稿是进行演讲的依据，是对演讲内容和形式的规范和提示，它体现着演讲的目的和手段，演讲的内容和形式。

演讲稿是人们在工作和社会生活中经常使用的一种文体。它可以用来交流思想、感情，表达主张、见解；也可以用来介绍自己的学习、工作情况和经验……等等；演讲稿具有宣传、鼓动、教育和欣赏等作用，它可以把演讲者的观点、主张与思想感情传达给听众以及读者，使他们信服并在思想感情上产生共鸣。

演讲和表演、作文有很大的区别。首先，演讲是演讲者（具有一定社会角色的现实的人，而不是演员）就人们普遍关注的某种有意义的事物或问题，通过口头语言面对一定场合（不是舞台）的听众（不是观看艺术表演的观众），直接发表意见的一种社会活动（不是艺术表演）。其次，作文是作者通过文章向读者单方面的输出信息，演讲则是演讲者在现场与听众双向交流信息。严格地讲，演讲是演讲者与听众、听众与听众的三角信息交流，演讲者不能以传达自己的思想和情感、情绪为满足，他必须能控制住自己与听众、听众与听众情绪的应和与交流。所以，为演讲准备的稿子就具有以下三个特点：

一、针对性。演讲是一种社会活动，是用于公众场合的宣传形式。它为了以思想、感情、事例和理论来晓喻听众，打动听众，“征服”群众，必须要有现实的针对性。所谓针对性，首先是作者提出的问题是听众所关心的问题，评论和论辩要有雄辩的逻辑力量，要能为听众所接受并心悦诚服，这样，才能起到应有的社会效果；其次是要懂得听众有不同的对象和不同的层次，而“公众场合”也有不同的类型，如党团集会、专业性会议、服务性俱乐部、学校、社会团体、宗教团体、各类竞赛场合，写作时要根据不同场合和不同对象，为听众设计不同的演讲内容。

二、可讲性。演讲的本质在于“讲”，而不在于“演”，它以“讲”为主、以“演”为辅。由于演讲要诉诸口头，拟稿时必须以易说能讲为前提。如果说，有些文章和作品主要通过阅读欣赏，领略其中意义和情味，那么，演讲稿的要求则是“上口入耳”。一篇好的演讲稿对演讲者来说要可讲；对听讲者来说应好听。因此，演讲稿写成之后，作者最好能通过试讲或默念加以检查，凡是说不顺口或听不清楚之处（如句子过长），均应修改与调整。

三、鼓动性。演讲是一门艺术。好的演讲自有一种激发听众情绪、赢得好感的鼓动性。要做到这一点，首先要依靠演讲稿思想内容的丰富、深刻，见解精辟，有独到之处，发人深思，语言表达要形象、生动，富有感染力。如果演讲稿写得平淡无味，毫无新意，即使在现场“演”得再卖力，效果也不会好，甚至相反。

1 在较为隆重的仪式上和某些公众场所发表的讲话文稿。

-1-

图 5-29　上机练习 1 参考效果图

（1）页面纸张大小为自定义大小，宽 24 厘米，高 29 厘米，页边距“适中”。

（2）标题（“演讲稿概述”）：字体设置为黑体、二号，文本效果为“填充-黑色，文本 1，轮廓-背景 1，清晰阴影-着色 1”，标题居中，段后间距 1 行。

（3）正文（“演讲稿是进行演讲的依据…甚至相反。”）：仿宋，四号，各段落首行缩进 2 字符，行距 20 磅。

（4）为标题段（“演讲稿概述”）设置酸橙色（RGB：216，227，73）底纹，红色（标准色）阴影边框，边框宽度为 1.5 磅。

（5）给正文 4～6 段（“针对性…甚至相反。”）添加“一、二、三”的项目编号（注意：需重新设置段落缩进），分成等宽的 3 栏，栏间距为 2 字符，栏间加分隔线。

（6）为正文第 1 段设置首字下沉，下沉 2 行，距正文 0.1 厘米。

（7）添加空白样式页眉，文字内容为你的姓名，并设置右对齐。

（8）在页面底端以“普通数字 2”的格式插入页码“-1-”。

（9）给文档设置如图 5-29 所示效果的页面边框，边框颜色“红色（标准色）”，框线“4.5 磅”。

（10）为页面背景设置“麦浪滚滚”的渐变填充效果，并把自己的姓名设置成水印，字体及字体颜色可自行设置。

（11）为标题的“演讲稿”插入尾注，尾注内容为“在较为隆重的仪式上和某些公众场所发表的讲话文稿”。

【上机练习 2】

打开“实训教程素材\模块五\练习\上机练习 2.doc”，按以下要求完成操作，完成后效果如图 5-30 所示，注意保存文档。

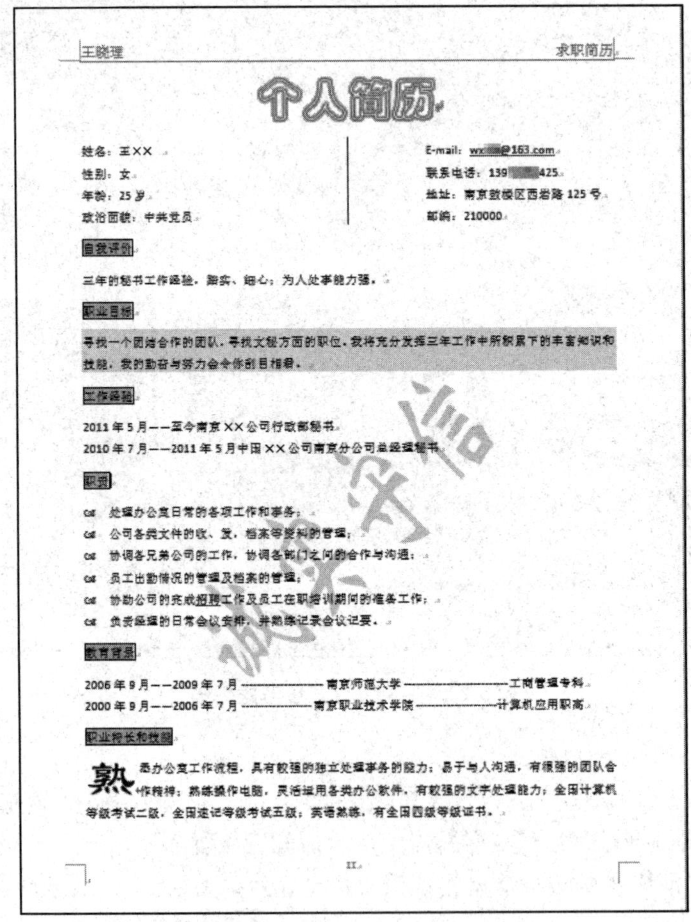

王晓理 求职简历

个人简历

姓名：王××
性别：女
年龄：25 岁
政治面貌：中共党员

E-mail：wx■■@163.com
联系电话：139■■■425
地址：南京鼓楼区西岩路 125 号
邮编：210000

自我评价

三年的秘书工作经验，踏实、细心；为人处事能力强。

职业目标

寻找一个团结合作的团队，寻找文秘方面的职位，我将充分发挥三年工作中所积累下的丰富知识和技能，我的勤奋与努力会令你刮目相看。

工作经验

2011 年 5 月——至今南京××公司行政部秘书
2010 年 7 月——2011 年 5 月中国××公司南京分公司总经理秘书

职责

- 处理办公室日常的各项工作和事务；
- 公司各类文件的收、发，档案等资料的管理；
- 协调各兄弟公司的工作，协调各部门之间的合作与沟通；
- 员工出勤情况的管理及档案的管理；
- 协助公司的完成招聘工作及员工在职培训期间的准备工作；
- 负责经理的日常会议安排，并熟练记录会议记要。

教育背景

2006 年 9 月——2009 年 7 月 ---------- 南京师范大学 ---------- 工商管理专科
2000 年 9 月——2006 年 7 月 ---------- 南京职业技术学院 ---------- 计算机应用职高

职业特长和技能

熟悉办公室工作流程，具有较强的独立处理事务的能力；易于与人沟通，有很强的团队合作精神；熟练操作电脑，灵活运用各类办公软件，有较强的文字处理能力；全国计算机等级考试二级，全国速记等级考试五级；英语熟练，有全国四级等级证书。

II

图 5-30　上机练习 2 参考效果图

（1）上、下、左、右页边距均设置为 2 厘米，页眉、页脚距边界距离均为 1.4 厘米，纸张大小为 16K（197×273）。

（2）标题：字体为“华文彩云”，字号“小初”，文本效果为“填充-白色，轮廓-着色 1，发光-着色 1”，居中对齐。

（3）将第 1～8 段（姓名……邮编：210000）分成等宽的两栏，栏宽 15 字符，栏间加分隔线。

（4）正文所有段落设置行距为 18 磅。

（5）为“自我评价”“职业目标”“工作经验”“职责”“教育背景”“职业特长和技能”6 段文字设置“水绿色，个性色 5，淡色 40%”的底纹及字符边框（文字），将此 6 段设置段前、段后间距各为 0.5 行。为“职业目标”下面的一段文字设置底纹（段落）：图案样式 10%。（提示：使用格式刷）

（6）为“职责”下面的 6 段文字添加项目符号“☙”（Wingdings）。

（7）设置最后 1 段首字下沉，字体为隶书，下沉行数 2 行，距正文 0.1 厘米。

（8）利用制表符将“教育背景”下面的两段内容设置成如图 5-30 所示的三列文本。（提示：添加居中对齐、右对齐制表位）

（9）为文档添加如图 5-30 所示的页眉，并添加页眉段落的下框线。

（10）为文档页面底端添加页码“Ⅱ”，字体设置为宋体。

（11）为文档添加水印，水印文字“诚实守信”，字体及字体颜色可自行设置。

【上机练习 3】

打开“实训教程素材\模块五\练习\上机练习 3.doc”，按以下要求完成操作，完成后效果如图 5-31 所示，注意保存文档。

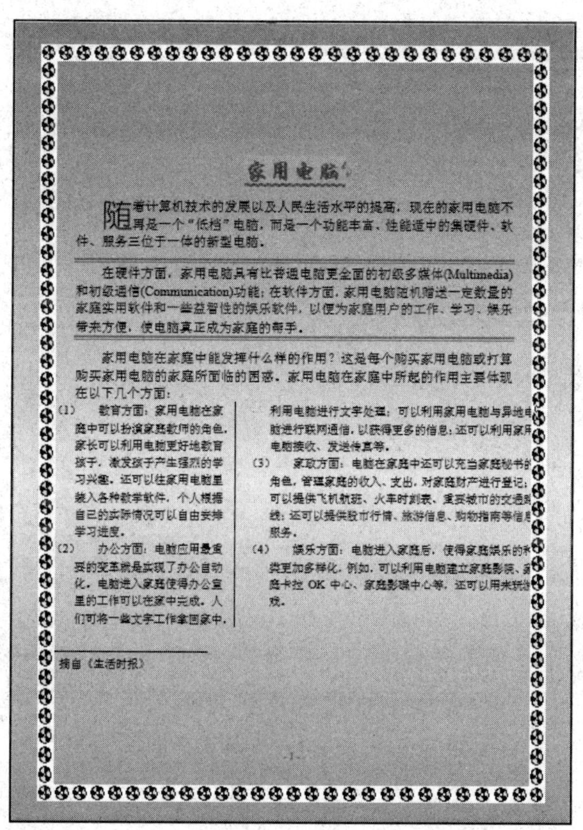

家用电脑

随着计算机技术的发展以及人民生活水平的提高，现在的家用电脑不再是一个“低档”电脑，而是一个功能丰富、性能适中的集硬件、软件、服务三位于一体的新型电脑。

在硬件方面，家用电脑具有比普通电脑更全面的初级多媒体(Multimedia)和初级通信(Communication)功能；在软件方面，家用电脑随机赠送一定数量的家庭实用软件和一些益智性的娱乐软件，以便为家庭用户的工作、学习、娱乐带来方便，使电脑真正成为家庭的帮手。

家用电脑在家庭中能发挥什么样的作用？这是每个购买家用电脑或打算购买家用电脑的家庭所面临的困惑。家用电脑在家庭中所起的作用主要体现在以下几个方面：

（1） 教育方面：家用电脑在家庭中可以扮演家庭教师的角色，家长可以利用电脑更好地教育孩子，激发孩子产生强烈的学习兴趣，还可以往家用电脑里装入各种教学软件，个人根据自己的实际情况可以自由安排学习进度。

（2） 办公方面：电脑应用最重要的变革就是实现了办公自动化，电脑进入家庭使得办公室里的工作可以在家中完成。人们可将一些文字工作拿回家中，利用电脑进行文字处理；可以利用家用电脑与异地电脑进行联网通信，以获得更多的信息；还可以利用家用电脑接收、发送传真等。

（3） 家政方面：电脑在家庭中还可以充当家庭秘书的角色，管理家庭的收入、支出，对家庭财产进行登记；可以提供飞机航班、火车时刻表、重要城市的交通路线；还可以提供股市行情、旅游信息、购物指南等信息服务。

（4） 娱乐方面：电脑进入家庭后，使得家庭娱乐的种类更加多样化，例如，可以利用电脑建立家庭影院、家庭卡拉 OK 中心、家庭影碟中心等，还可以用来玩游戏。

摘自《生活时报》

- I -

图 5-31 上机练习 3 参考效果图

（1）纸型 B5，页边距为“窄”，页面垂直对齐方式为“居中”。

（2）文档标题（“家用电脑”）设置为华文行楷、二号、加粗、蓝色、波浪线，水平居中。

（3）将第 1～3 段设置为小四号字，首行缩进 2 个字符，左右各缩进 2 个字符，段前 0.5 行。

（4）将第 1 段设置首字下沉 2 行，字体为幼圆。

（5）将第 4～7 段（“教育方面：……用来玩游戏。”）设置为四号仿宋，行距为 16 磅，并设置项目编号“（1）（2）（3）…”。

（6）将第 4～7 段分成两栏，第 1 栏栏宽为 15 字符，间距为 2 字符，加分隔线。

（7）为标题文字设置浅绿色的底纹，为正文第 2 段设置上、下边框线，线型为上粗下细，颜色为“橙色，个性 6，深色 25%”，线宽 3 磅。

（8）在页脚居中位置插入页码“-1-”，字体加粗。

（9）给标题插入尾注，内容为“摘自《生活时报》”。

（10）为文档设置“渐变-预设颜色-雨后初晴”的背景颜色。

（11）为文档设置任一艺术型页面边框。

（12）为文档设置文字水印，文字内容为你的姓名，字体格式自由设置。

【上机练习 4】

打开“实训教程素材\模块五\练习\上机练习 4.doc”，按以下要求完成操作，完成后效果如图 5-32 所示，注意保存文档。

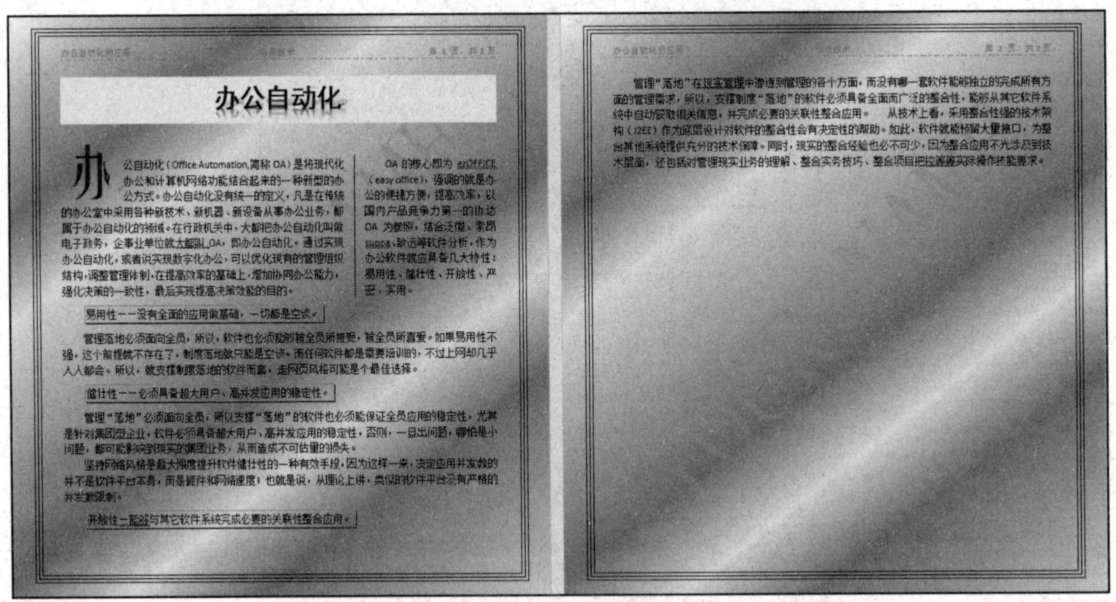

办公自动化

办公自动化（Office Automation,简称 OA）是将现代化办公和计算机网络功能结合起来的一种新型的办公方式。办公自动化没有统一的定义，凡是在传统的办公室中采用各种新技术、新机器、新设备从事办公业务，都属于办公自动化的领域。在行政机关中，大都把办公自动化叫做电子政务，企事业单位就大都叫 OA，即办公自动化。通过实现办公自动化，或者说实现数字化办公，可以优化现有的管理组织结构，调整管理体制，在提高效率的基础上，增加协同办公能力，强化决策的一致性，最后实现提高决策效能的目的。

OA 的核心即为 ezOFFICE（easy office），强调的就是办公的便捷方便，提高效率，以国内产品竞争力第一的协达 OA 为参照，结合泛微、紫昂 super、致远等软件分析，作为办公软件就应具备几大特性：易用性、健壮性、开放性、严密、实用。

易用性——没有全面的应用做基础，一切都是空谈。

管理落地必须面向全员，所以，软件也必须能够被全员所接受，被全员所喜爱。如果易用性不强，这个前提就不存在了，制度落地就只能是空谈。而任何软件都是需要培训的，不过上网却几乎人人都会。所以，就支撑制度落地的软件而言，走网页风格可能是个最佳选择。

健壮性——必须具备超大用户、高并发应用的稳定性。

管理“落地”必须面向全员，所以支撑“落地”的软件也必须能保证全员应用的稳定性，尤其是针对集团型企业，软件必须具备超大用户、高并发应用的稳定性，否则，一旦出问题，哪怕是小问题，都可能影响到现实的集团业务，从而造成不可估量的损失。

坚持网络风格是最大限度提升软件健壮性的一种有效手段，因为这样一来，决定应用并发数的并不是软件平台本身，而是硬件和网络速度；也就是说，从理论上讲，类似的软件平台没有严格的并发数限制。

开放性——能够与其它软件系统完成必要的关联性整合应用。

管理“落地”在现实管理中渗透到管理的各个方面，而没有哪一套软件能够独立的完成所有方面的管理需求，所以，支撑制度“落地”的软件必须具备全面而广泛的整合性，能够从其它软件系统中自动获取相关信息，并完成必要的关联性整合应用。 从技术上看，采用整合性强的技术架构（J2EE）作为底层设计对软件的整合性会有决定性的帮助。如此，软件就能预留大量接口，为整合其他系统提供充分的技术保障。同时，现实的整合经验也必不可少，因为整合应用不光涉及到技术层面，还包括对管理现实业务的理解、整合实务技巧、整合项目把控等等实际操作技能要求。

图 5-32　上机练习 4 参考效果图

（1）设置页边距为适中；页眉、页脚距边界为 1.5 厘米；纸张大小：高 21 厘米，宽 19.5 厘米。

（2）设置标题文字（“办公自动化”）为黑体，一号，加粗，文本效果为“紧密映像，接触”，居中对齐，为标题段添加黄色（标准色）底纹。

（3）设置正文第 1 段首字下沉，下沉行数为 4 行，字体为方正姚体，距正文 0.2 厘米。

（4）为正文中的“易用性……”“健壮性……”“开放性……”文字设置淡紫色（RGB：228，118，225），1.5 磅阴影边框。

（5）将正文第 1～2 段分成偏右的两栏，加分隔线。

（6）页眉下边框线为 1 磅点画线，内容为“办公自动化的应用　信息技术　第 1 页，共 2 页”，设置效果如图 5-33 所示。

图 5-33　页眉样式

（7）为文档设置页面颜色及页面边框（格式不限定）。

（8）水印：给文档制作文字水印，文字内容为你的姓名，字体格式不限。

【上机练习 5】

打开“实训教程素材\模块五\练习\上机练习 5.doc”，按以下要求完成操作，完成后效果如图 5-34 所示，注意保存文档。

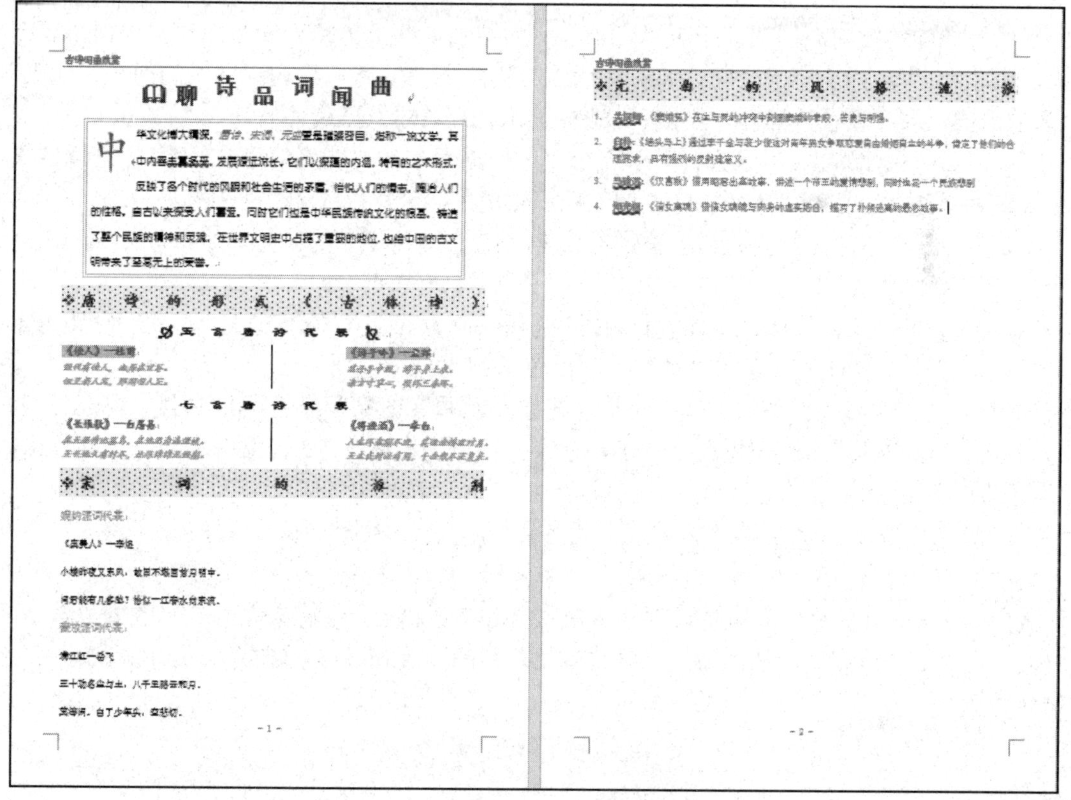

图 5-34　上机练习 5 参考效果图

（1）将纸张设置成A4，上、下、左、右页边距均为2厘米，页眉、页脚距边界也为2厘米。

（2）在标题前插入一个符号“🕮”（Wingdings），并把整个标题字体设置成黑体、加粗、小一号、褐色（RGB：153，51，0），字间距加宽 10 磅、居中对齐。其中，标题中“诗”“词”“曲”字符提升10磅。

（3）将小标题“唐诗的形式（古体诗）”字体设置为楷体、三号、加粗、红色（RGB：255，0，0）；设置小标题段落的底纹为浅绿色（RGB：204，255，204），图案样式为10%；段前间距0.5行，分散对齐，并在该标题前加上项目符号“❖”（Wingdings）。同时，将小标题“宋词的派别”和“元曲的风格流派”设置成与其相同的格式。（注意：格式刷的使用）

（4）将小标题“五言唐诗代表”字体设置为隶书、小三、加粗、深红色（RGB：128，0，0），字符间距10磅，居中对齐，并在该标题前后分别插入符号“🙜”和“🙞”（Wingdings）。同时，将小标题“七言唐诗代表”设置成与其相同的格式。

（5）将四首唐诗的标题字体都设置为楷体、小四、加粗、深黄色（RGB：128，128，0），并给其中的两首五言唐诗的标题文字加上橙色（RGB值：250，191，143）底纹。（注意：运用格式刷）

（6）将四首唐诗的正文字体都设置为楷体、五号、加粗并倾斜、淡紫色（RGB：204，153，255）。（注意：运用格式刷）

（7）将两首五言唐诗及两首七言唐诗分别分成等宽的两栏，栏宽为15字符。（参照效果图）

（8）选中“婉约派词代表”至“三十功名尘与土，八千里路云和月。莫等闲白了少年头，空悲切。”之间所有的文字，将行距设置为固定值 30 磅。将副标题“婉约派词代表”“豪放派词代表”设置为黑体、小四、浅橙色（RGB：255，153，0）。

（9）将“关汉卿：《窦娥冤》……”至“……描写了扑朔迷离的悬念故事。”之间的文字设置为黑体、五号、字体颜色（主题颜色：橄榄色，个性色3，深色25%），段前、段后间距都为0.5行，并在每段前加上编号样式为“1.，2.，3.…”的编号。将每段开头的人名变为红色（RGB值：255，0，0）、加粗、加着重号。

（10）正文第1段格式：字体设置为幼圆、小四，段落左右各缩进3个字符，行距为多倍行距1.75，并添加0.75磅、“橙色”（标准色）、双线段落边框。

（11）将正文第1段中的文本“唐诗、宋词、元曲”设置为橙色（RGB值：255，102，0）、倾斜，段首的“中”设置首字下沉的效果，字体为楷体，下沉3行，距正文0.2厘米，“蓝色”（标准色）。

（12）在页眉处插入文字“古诗词曲欣赏”，左对齐，宋体、五号、加粗。

（13）在页脚处插入页码“-1-，-2-，-3-，…”，居中对齐，宋体、五号。

（14）将文档中所有字体格式为标准色“红色”、加着重号的文本格式修改为“浅蓝”（标准色）、加下画线（双波浪线，下画线颜色：“红色”标准色）。（提示：利用查找与替换操作完成）

模块六

Word 中的表格

一、实训内容

1．创建表格

2．编辑表格

（1）选定表格。
（2）调整行高和列宽。
（3）插入行、列、单元格。
（4）删除行、列、单元格。
（5）拆分与合并单元格。
（6）表格的复制。
（7）表格的行或列交换。

3．表格的格式设置

（1）表格的自动套用格式。
（2）边框和底纹。
（3）设置表格和表格文本的对齐方式。

4．表格中的数据处理功能

（1）表格的计算。
（2）表格的排序。

5．表格与文本的转换

二、操作实例

例题 1

1．操作要求

制作如图 6-1 所示的个人简历表，文件保存名为“×个人简历.docx”，“×”为姓名。

（1）插入一个 13 行 7 列的表格。

（2）输入单元格内容。

（3）设置表格第 1 列和最后 1 列列宽为 3.2 厘米，其余列（2～6）列宽为 2 厘米；前 6 行行高为 0.7 厘米，后 7 行行高为 1 厘米。

（4）按样表合并（拆分）单元格。

（5）设置表格居中对齐，单元格内容对齐方式为水平居中。

（6）设置单元格文字方向。

（7）设置表格外框线为单实线，线宽 3 磅，颜色深红；内框线为单实线，线宽 1 磅，颜色浅蓝。

（8）将第 6 行的下框线和第 11 行的上框线设置为点画线，线宽 1 磅，颜色浅蓝。

（9）给相应单元格设置“蓝色，个性色 5，淡色 80%”的底纹。

个人简历表

<table>
<tr><td>姓名</td><td></td><td>性别</td><td></td><td>年龄</td><td></td><td rowspan="6">照片</td></tr>
<tr><td>学历</td><td></td><td>政治面貌</td><td></td><td>民族</td><td></td></tr>
<tr><td>毕业院校</td><td colspan="2"></td><td>毕业时间</td><td colspan="2"></td></tr>
<tr><td>专业</td><td colspan="2"></td><td>爱好特长</td><td colspan="2"></td></tr>
<tr><td>外语应用水平</td><td colspan="5"></td></tr>
<tr><td>计算机应用水平</td><td colspan="5"></td></tr>
<tr><td rowspan="4">工作经历</td><td>时间</td><td colspan="4">工作地点</td><td>职务</td></tr>
<tr><td></td><td colspan="4"></td><td></td></tr>
<tr><td></td><td colspan="4"></td><td></td></tr>
<tr><td></td><td colspan="4"></td><td></td></tr>
<tr><td>特殊要求</td><td colspan="6"></td></tr>
<tr><td rowspan="2">联系方式</td><td>移动电话</td><td colspan="2"></td><td>住址</td><td colspan="2"></td></tr>
<tr><td>固定电话</td><td colspan="2"></td><td>邮编</td><td colspan="2"></td></tr>
</table>

图 6-1　例题 1 最终效果图

2. 涉及内容

（1）表格制作。

（2）表格编辑。

（3）表格格式设置。

3. 操作步骤

（1）插入表格。单击“插入”选项卡“表格”组中的“表格”按钮，在打开的表格列表中单击“插入表格”命令，在打开的“插入表格”对话框中设置行数、列数（7 列 13 行），单击“确定”按钮，如图 6-2 所示。如果插入的表格行数不多于 8 行，列数不多于 10 列，可以在弹出的“插入表格”列表中拖动鼠标选择表格后插入，如图 6-3 所示。

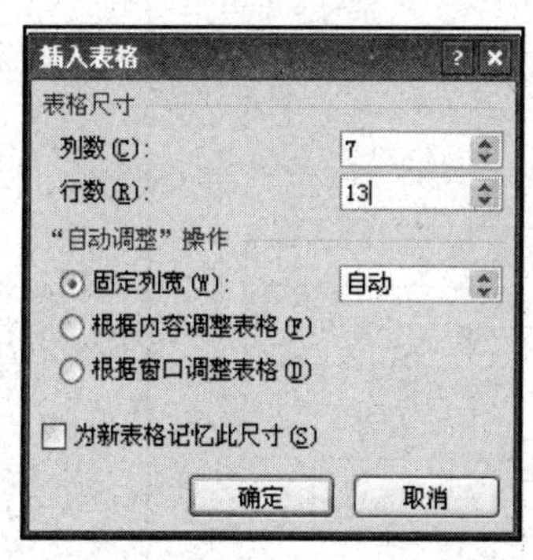

图 6-2 “插入表格”对话框

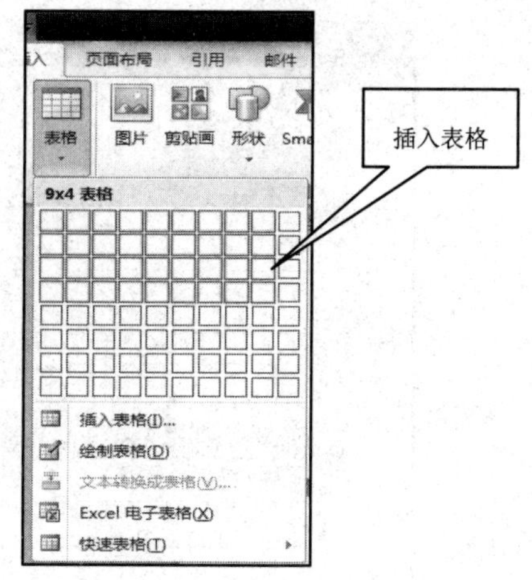

图 6-3 “表格”下拉列表

（2）输入表格内容，如图 6-4 所示。

姓名		性别		年龄		照片
学历		政治面貌		民族		
毕业院校			毕业时间			
专业			爱好特长			
外语应用水平						
计算机应用水平						
工作经历	工作地点					职务
特殊要求						
联系方式	移动电话			住址		
	固定电话			邮编		

图 6-4 表格内容

（3）设置单元格大小。

① 设置列宽。将光标移至第 1 列的单元格中，在“表格工具-布局”选项卡“单元格大小”组的“宽度”框中输入 3.2 厘米，如图 6-5 所示。同样的步骤设置最后 1 列列宽为 3.2 厘米，选定其余各列，设置列宽为 2 厘米。

② 设置行高。选定表格第 1～6 行，在“单元格大小”组的“高度”框中输入 0.7 厘米。同样的步骤设置后 7 行行高为 1 厘米。

（4）设置单元格合并或拆分。

① 利用鼠标拖动的方法选中需合并的单元格（如选中第 3 行的第 2～3 列单元格），右击所选的单元格，在弹出的快捷菜单中选择“合并单元格”命令，如图 6-6 所示。或者单击“表格工具-布局”选项卡“合并”组中的“合并单元格”按钮，如图 6-7 所示。

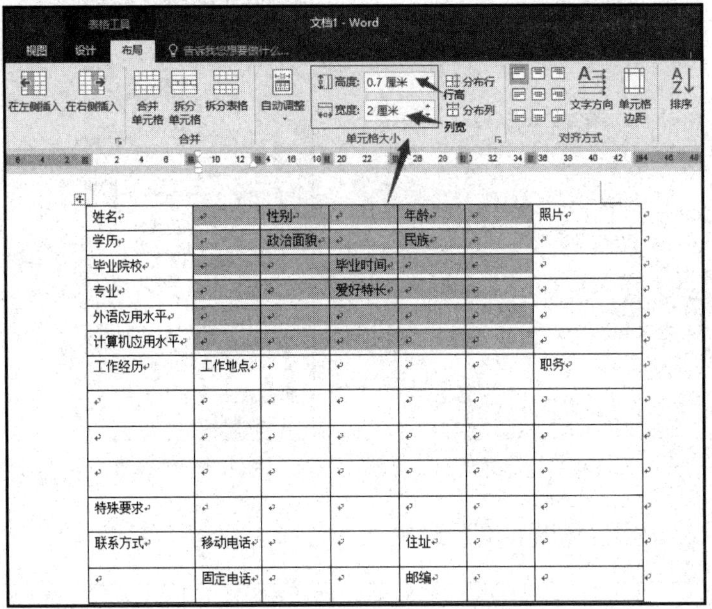

图 6-5　设置表格的行高和列宽

图 6-6　合并单元格方法 1

图 6-7　合并单元格方法 2

② 选定第 1 列第 7～10 行单元格，单击“表格工具-布局”选项卡“合并”组中的“拆分单元格”按钮，在打开“拆分单元格”对话框中，输入列数“2”，输入行数“4”，如图 6-8 所示，单击“确定”按钮。拆分后的第 2 列第 1 个单元格输入内容“时间”。

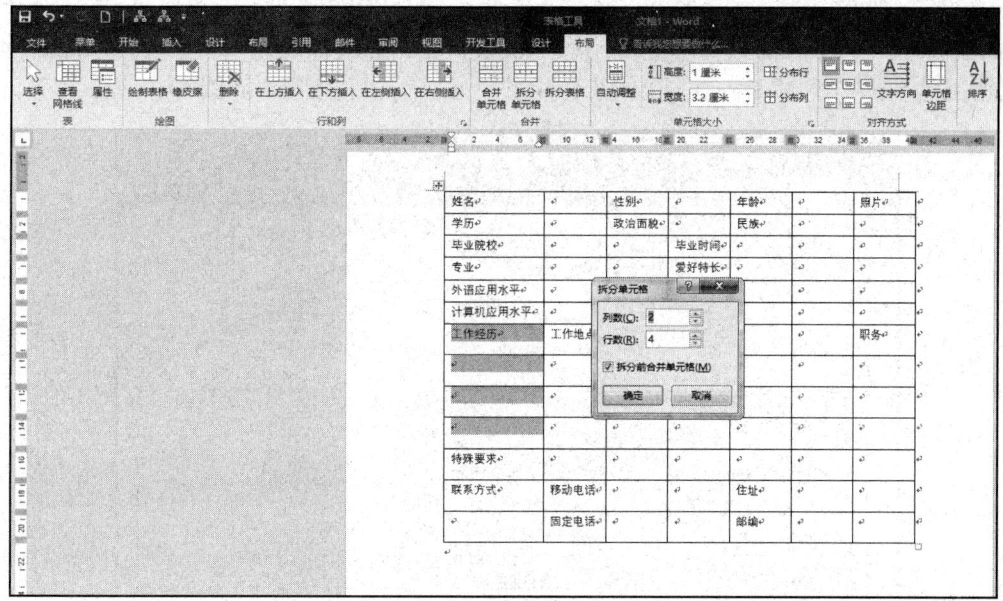

图 6-8　拆分单元格

③ 再按如图 6-9 所示将相关单元格进行合并。

<table>
<tr><td colspan="2">姓名</td><td></td><td>性别</td><td></td><td>年龄</td><td></td><td rowspan="6">照片</td></tr>
<tr><td colspan="2">学历</td><td></td><td>政治面貌</td><td></td><td>民族</td><td></td></tr>
<tr><td colspan="2">毕业院校</td><td colspan="2"></td><td>毕业时间</td><td colspan="2"></td></tr>
<tr><td colspan="2">专业</td><td colspan="2"></td><td>爱好特长</td><td colspan="2"></td></tr>
<tr><td colspan="2">外语应用水平</td><td colspan="5"></td></tr>
<tr><td colspan="2">计算机应用水平</td><td colspan="5"></td></tr>
<tr><td rowspan="4">工作经历</td><td>时间</td><td colspan="5">工作地点</td><td>职务</td></tr>
<tr><td></td><td colspan="5"></td><td></td></tr>
<tr><td></td><td colspan="5"></td><td></td></tr>
<tr><td></td><td colspan="5"></td><td></td></tr>
<tr><td colspan="2">特殊要求</td><td colspan="6"></td></tr>
<tr><td colspan="2" rowspan="2">联系方式</td><td>移动电话</td><td colspan="2"></td><td>住址</td><td colspan="2"></td></tr>
<tr><td>固定电话</td><td colspan="2"></td><td>邮编</td><td colspan="2"></td></tr>
</table>

图 6-9　合并相关单元格

④ 调整部分列的列宽。将光标置于表格的竖线上，拖动鼠标，即可调整表格的列宽。

（5）格式化表格。

① 设置表格居中。单击表格左上角的控制按钮选定表格，按快捷键 Ctrl+E 即可将表格设置为居中对齐。

② 设置单元格内容水平居中。同样单击表格左上角的控制按钮选定表格，然后单击“表格工具-布局”选项卡“对齐方式”组中的“水平居中”按钮，如图 6-10 所示。

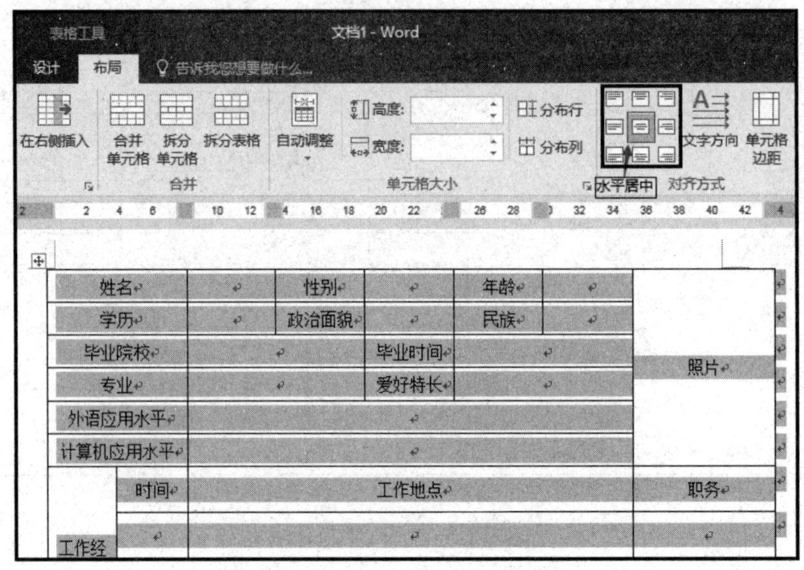

图 6-10　单元格内容对齐方式设置

（6）设置文字方向。选定“工作经历”及“照片”单元格（按 Ctrl 键选定不连续单元格），单击“表格工具-布局”选项卡“对齐方式”组中的“文字方向”按钮，文字由横排变成竖排。

（7）设置边框和底纹。

① 设置表格边框。选中表格，单击“开始”选项卡“段落”组中的工具右侧的下拉按钮，在下拉菜单中单击“边框和底纹”命令，弹出“边框和底纹”对话框，如图 6-11 所示。选择“边框”选项卡，在“设置”选区中单击“自定义”按钮。

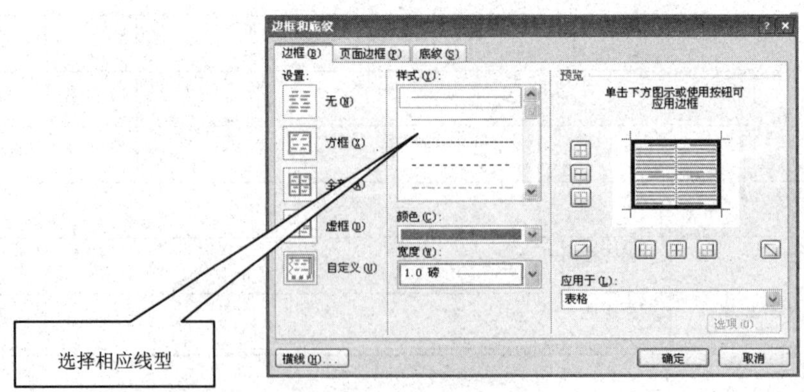

图 6-11　“边框和底纹”对话框

● 设置外框线。选择样式为“单实线”，颜色为“标准色-深红”，宽度设置为“3 磅”，在“预览”选区图示处单击相应位置更改外侧框线。

● 设置内框线。选择线型为“单实线”，颜色为“标准色-浅蓝”，宽度设置为“1 磅”，在“预览”选区图示处单击相应位置更改内框线，设置好后单击对话框中的“确定”按钮。

● 设置其他框线。光标移至单元格内，单击“表格工具-设计”选项卡“边框”组中的“笔样式”，在下拉列表中选择“点画线”，在“笔画粗细”下拉列表中选择“1 磅”，在“笔颜色”下拉列表中选择“浅蓝”，再单击“边框刷”按钮，如图 6-12 所示。当鼠标变为铅笔形状时，用该“笔”直接在表格相应框线上沿线绘制即可。

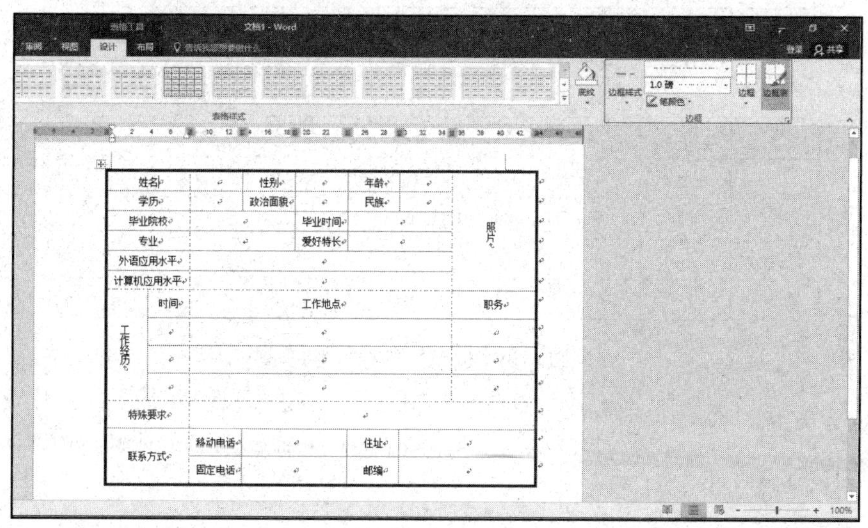

图 6-12 “绘图边框”组

② 设置底纹。选中所有需要设置底纹的单元格，单击“表格工具-设计”选项卡“表格样式”组中的“底纹”按钮，在“底纹”下拉列表中选择颜色为“蓝色，个性色 1，淡色 80%”，如图 6-13 所示。

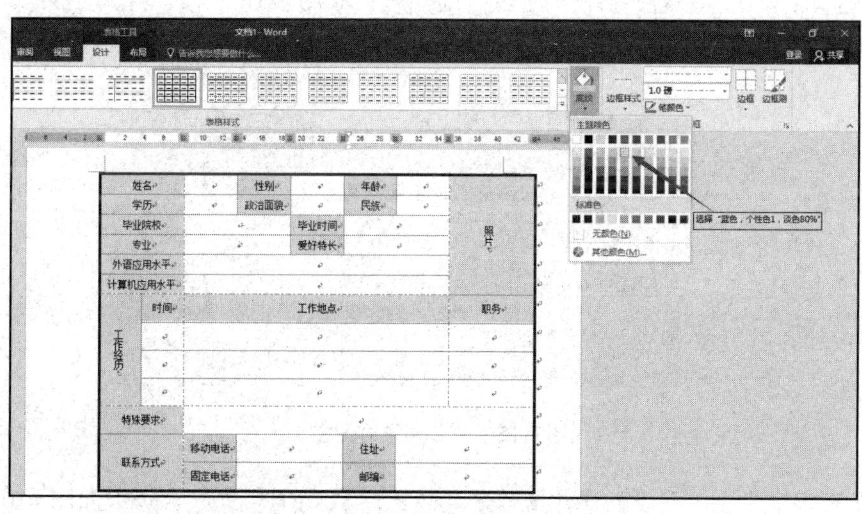

图 6-13 设置底纹

例题 2

1．操作要求

打开“实训教程素材\模块六\例题\6-2.docx”，文件另存为“成绩统计表.docx”，按以下要求完成操作，完成后效果如图 6-14 所示。

（1）计算表格中各学生的总分、平均分、最高分、最低分。

（2）排序：主要关键字“总分”，降序排列；次要关键字“数学”，降序排列。

学号	姓名	课程				总分	平均分
		英语	数学	物理	计算机基础		
2	乙	89	85	92	95	361	90.25
4	丁	84	54	69	90	297	74.25
1	甲	65	77	73	68	283	70.75
3	丙	65	60	75	61	261	65.25
最高分		89	85	92	95		
最低分		65	54	69	61		

图 6-14　例题 2 最终结果

2．涉及内容

（1）表格计算。

（2）表格排序。

3．操作步骤

（1）计算每个学生的总分。

① 将光标定位在“总分”列的第 1 个空单元格内，单击“表格工具-布局”选项卡“数据”组中的“*fx* 公式”按钮，弹出“公式”对话框，如图 6-15 所示。将其中的“ABOVE”改成“LEFT”，或将“ABOVE”改为“C3:F3”，单击“确定”按钮即可得到“甲”学生的总分。

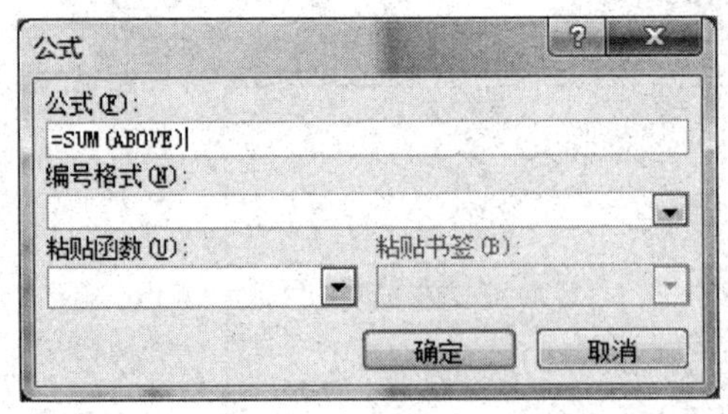

图 6-15　“公式”对话框

② 选中学生“甲”的总分单元格数字，按快捷键 Ctrl+C 复制，按快捷键 Ctrl+V 粘贴至下方其他单元格，依次右击后面 3 位学生的总分单元格数字，弹出快捷菜单，如图 6-16

所示。如果求总分时，公式框中的参数为“LEFT”，则在快捷菜单中单击“更新域”命令即可更新计算结果；如果公式框中的参数为“C3:F3”，则在快捷菜单中单击“切换域代码”命令，直接在单元格中更改公式括号中的参数，然后再次右击数字，在弹出的快捷菜单中单击“更新域”命令。

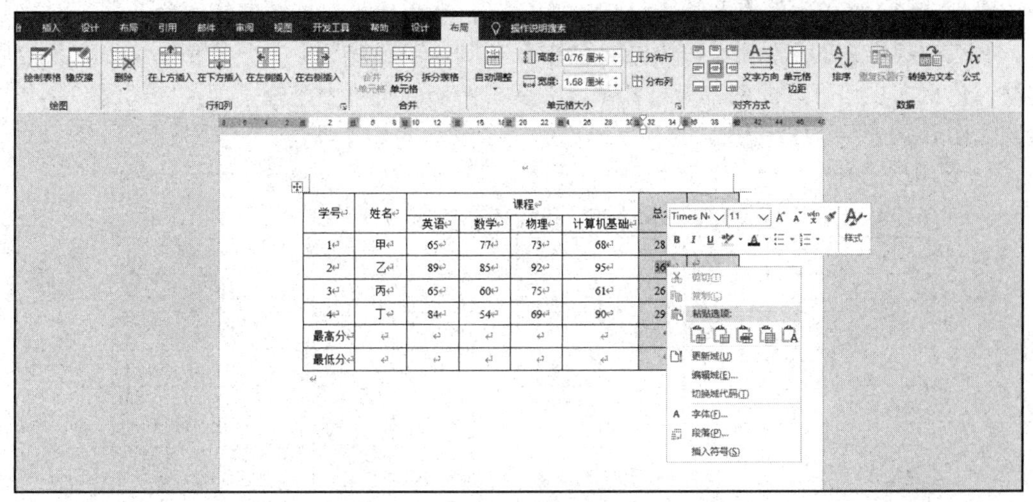

图 6-16 更新域

（2）计算每个学生的平均分。

① 将光标定位在“平均分”列的第 1 个空单元格内，单击“表格工具-布局”选项卡“数据”组中的“*fx* 公式”按钮，在弹出的“公式”对话框中，将“公式”文本框中的“=Sum (ABOVE)”等号后面的内容删除。单击“粘贴函数”下拉按钮，从下拉列表中选择“AVERAGE”函数，输入如图 6-17 所示括号内的参数，单击“确定”按钮，即求出学生“甲”的平均分。

② 选中“甲”学生的平均分，按快捷键 Ctrl+C 复制，再按快捷键 Ctrl+V 粘贴至下方其他单元格，依次右击后面 3 位学生的平均分单元格数字，在弹出的快捷菜单中单击“切换域代码”命令，如图 6-18 所示。在花括号内更改公式，然后再次右击域，在弹出的快捷菜单中单击“更新域”命令即可。

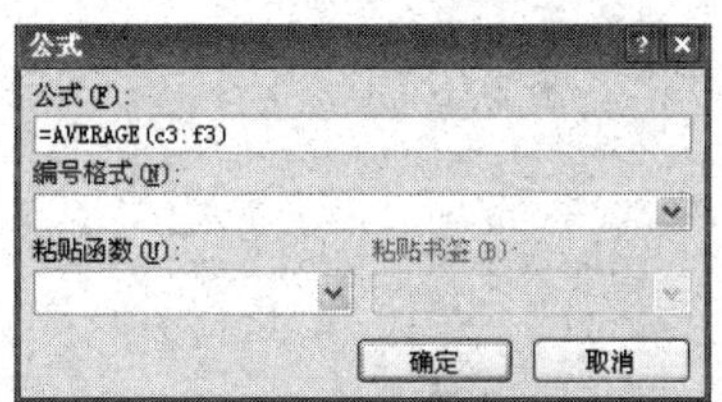

图 6-17 AVERAGE 函数求平均分

学号	姓名	课程				总分	平均分
		英语	数学	物理	计算机基础		
1	甲	65	77	73	68	283	70.75
2	乙	89	85	92	95	361	{ =AVERAGE(c4:f4) }
3	丙	65	60	75	61	261	{ =AVERAGE(c5:f5) }
4	丁	84	54	69	90	297	{ =AVERAGE(c6:f6) }
最高分							
最低分							

图 6-18 切换域代码更改“平均分”公式

（3）计算最高分。

将光标定位在 C7 单元格内，单击“表格工具-布局”选项卡“数据”组中的“*fx* 公式”按钮。在弹出的“公式”对话框中，将“公式”文本框中的“=Sum (ABOVE)”等号后面的内容删除，单击“粘贴函数”下拉按钮，从弹出的下拉列表中选择“MAX”函数，在括号内输入“ABOVE”，单击“确定”按钮，即求出英语成绩的最高分。其余列最高分计算只需执行“复制”→“粘贴”→“更新域”步骤，操作同上所述。

（4）计算最低分。

①将光标定位在 C8 单元格内，如上述方法打开“公式”对话框，将“公式”文本框中的“=Sum (ABOVE)”更改为“=MIN(C3:C6)”，即求出英语成绩的最低分。

②选中英语列的最低分，按快捷键 Ctrl+C 复制，再按快捷键 Ctrl+V 粘贴至下方其他单元格，依次右击该行后面的单元格数字，在弹出的快捷菜单中选择“切换域代码”命令，按照如图 6-19 所示更改公式，然后右击选择“更新域”命令即可。

学号	姓名	课程				总分	平均分
		英语	数学	物理	计算机基础		
1	甲	65	77	73	68	283	70.75
2	乙	89	85	92	95	361	90.25
3	丙	65	60	75	61	261	65.25
4	丁	84	54	69	90	283	74.25
最高分		89	85	92	95	361	90.25
最低分		{ =MIN(C3:C6) }	{ =MIN(D3:D6) }	{ =MIN(E3:E6) }	{ =MIN(F3:F6) }	{ =MIN(G3:G6) }	{ =MIN(H3:H6) }

图 6-19　切换域代码更改“最低分”公式

（5）排序。

① 选定表格第 3～6 行。

② 单击“表格工具-布局”选项卡“数据”组中的“排序”按钮，弹出如图 6-20 所示的“排序”对话框。

③ 在“主要关键字”选区中选择“列 7”选项，在“类型”下拉列表中选择“数字”选项，选中“降序”单选按钮。在“次要关键字”选区中选择“列 4”选项，在“类型”下拉列表中选择“数字”选项，选中“降序”单选按钮。在“列表”选区中选中“无标题行”单选按钮，最后单击“确定”按钮。

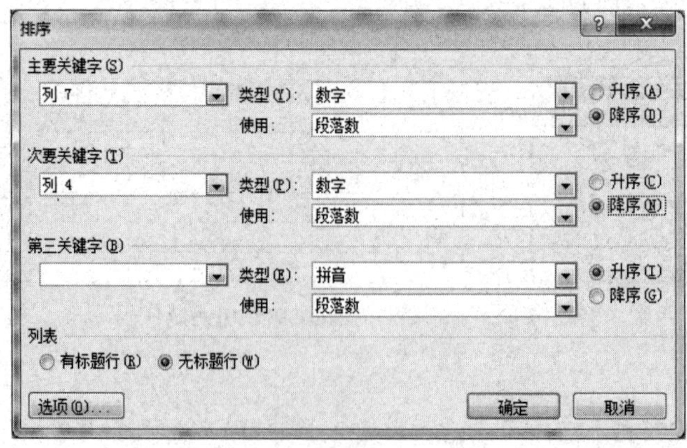

图 6-20　“排序”对话框

例题 2

1. 操作要求

输入下列文本，每个字段之间用一个空格隔开，将其转换成 4 行 5 列的表格，设置表格求出每个人的总分，并按总分升序排列，套用表格样式“清单表 4-着色 6”。

姓名 语文 数学 计算机 总分

张三 85 89 86

李四 75 75 69

王二 85 78 68

2. 涉及内容

（1）文本与表格的转换。

（2）表格样式的设置。

（3）公式计算。

（4）数据排序。

3. 操作步骤

（1）输入文本。逐行输入，每输入一个内容，按一次空格键，输完一行按回车键。

（2）将文本转换为表格。选定输入的 4 行内容，单击“插入”选项卡“表格”组中的“表格”按钮，在弹出的下拉列表中单击“文本转换成表格”命令，如图 6-21 所示。弹出“将文字转换成表格”对话框，如图 6-22 所示。在该对话框中输入列数 5，在“文字分隔位置”选区中选择“空格”单选按钮，单击“确定”按钮即可转为 4 行 5 列的表格。

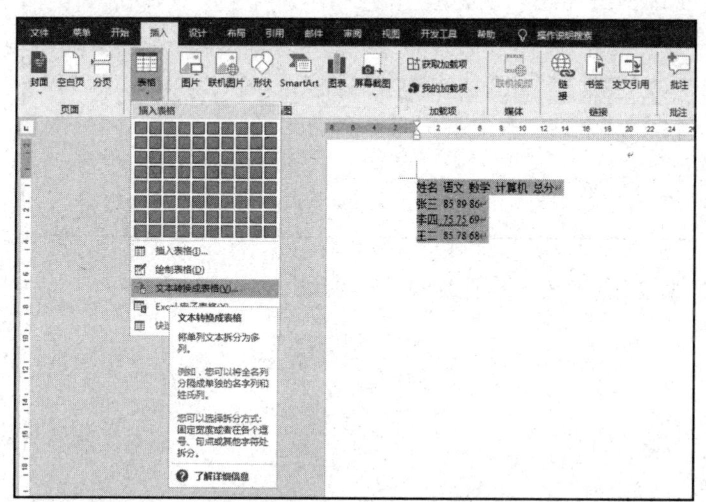

图 6-21 “文本转换表格”命令

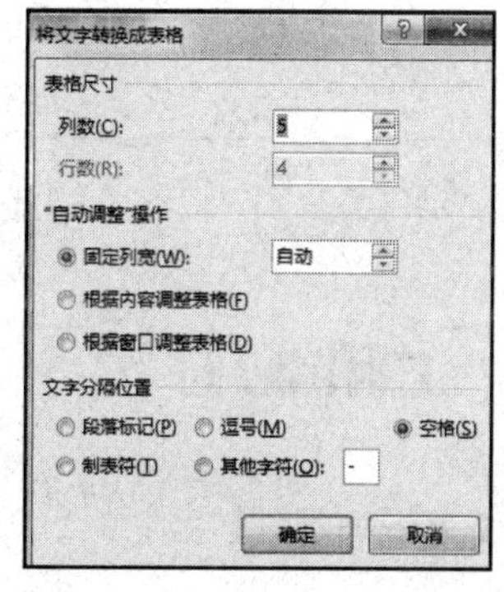

图 6-22 “将文字转换成表格”对话框

（3）求和。将光标定位在 E4 单元格中，单击“表格工具-布局”选项卡“数据”组中的“*fx* 公式”按钮，弹出“公式”对话框，如图 6-23 所示，最后单击“确定”按钮。复制计算结果至其他总分单元格，依次右击 E3、E2 单元格数字，在弹出的快捷菜单中单击“更新域”命令即可。

（4）排序。将光标置于表格中任一单元格，单击“表格工具-布局”选项卡“数据”组中的“排序”按钮，弹出如图 6-24 所示的“排序”对话框。在“主要关键字”选区中选择“总分”选项，在“类型”下拉列表中选择“数字”选项，然后再选中“升序”单选按钮；在“列表”选区选中“有标题行”单选按钮，最后单击“确定”按钮即可。

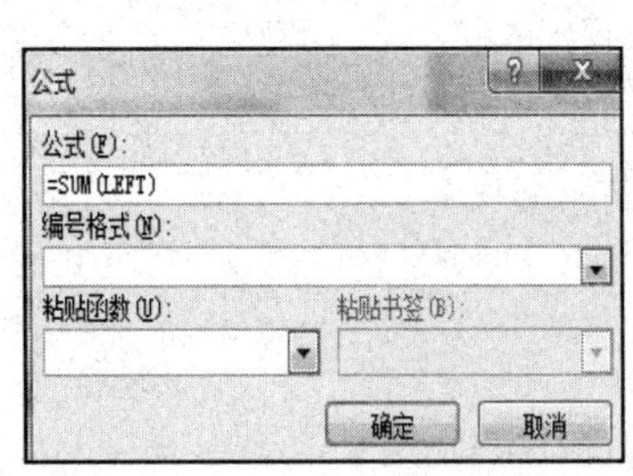

图 6-23　“公式”对话框

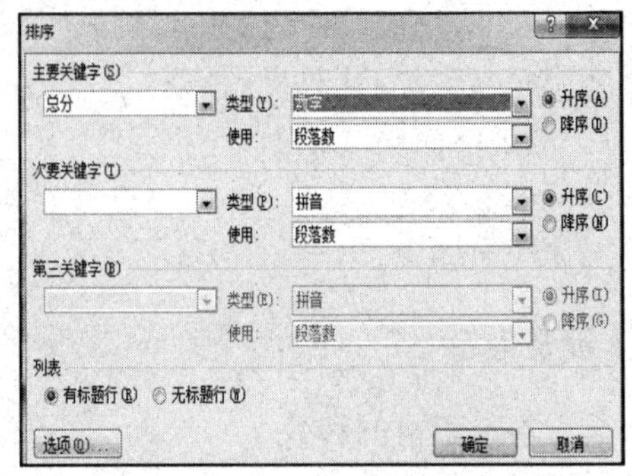

图 6-24　“排序”对话框

（5）套用表格样式。将光标移至表格单元格内，单击“表格工具-设计”选项卡“表格样式”组中的“其他”按钮，在弹出的下拉列表中选择需要的样式，如图 6-25 所示。

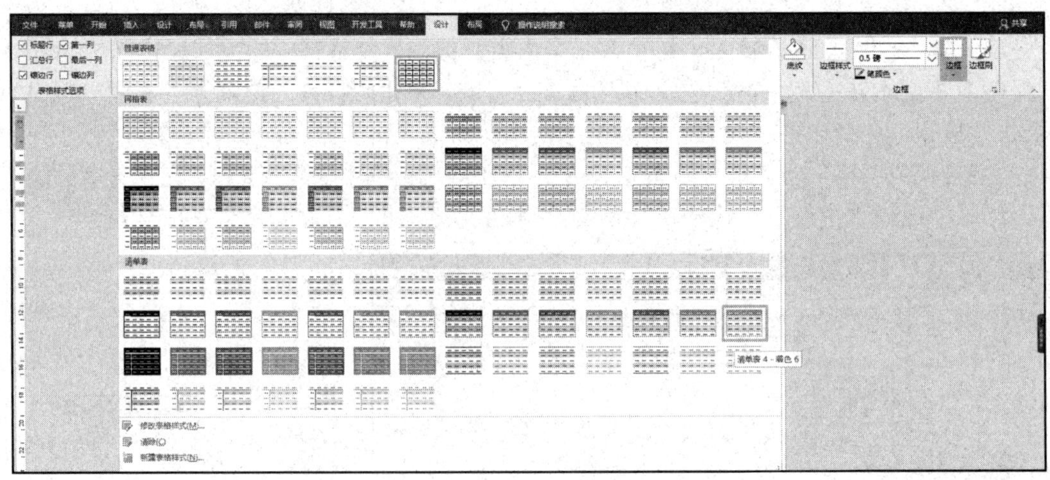

图 6-25　“表格样式”列表

三、上机练习

【上机练习 1】

制作如图 6-26 所示的借款单，文件保存名为“借款单.docx”。

借 款 单

资金性质：＿＿＿＿＿＿　　年　月　日　　合同号：＿＿＿＿

<table>
<tr><td>借款人</td><td></td><td>部门</td><td></td><td colspan="9">主管经理签字</td><td colspan="2"></td></tr>
<tr><td>用途</td><td colspan="3"></td><td colspan="9">总经理签字</td><td colspan="2"></td></tr>
<tr><td rowspan="2">金额（大写）</td><td rowspan="2" colspan="3"></td><td>百</td><td>十</td><td>万</td><td>千</td><td>百</td><td>十</td><td>元</td><td>角</td><td>分</td><td rowspan="2">支票号</td><td rowspan="2"></td></tr>
<tr><td></td><td></td><td></td><td></td><td></td><td></td><td></td><td></td><td></td></tr>
</table>

图 6-26　上机练习 1 参考效果

【上机练习 2】

制作如图 6-27 所示的散客订餐单，文件保存名为“订餐单.docx”。

散客定餐单

DINNER ORDER FORM　　NO.

<table>
<tr><td colspan="2">房号
Room No.</td><td colspan="2">姓名
Name</td><td>国籍
Nationality</td></tr>
<tr><td colspan="2"></td><td colspan="2"></td><td></td></tr>
<tr><td colspan="2">酒家
Name of restaurant</td><td colspan="2"></td><td></td></tr>
<tr><td colspan="2">用膳日期时间
Date&Time</td><td colspan="2"></td><td></td></tr>
<tr><td>人数
Persons</td><td></td><td>台数
Tables</td><td colspan="2"></td></tr>
<tr><td colspan="3">每人（台）标准
Price for each
Person(table)</td><td colspan="2"></td></tr>
<tr><td colspan="3">有何特殊要求
Special Preferences
Price</td><td colspan="2"></td></tr>
<tr><td>处理情况</td><td colspan="4">酒家承办人：

经手人：</td></tr>
</table>

年　月　日

图 6-27　上机练习 2 参考效果

【上机练习 3】

新建 Word 文档，按以下要求建立如图 6-28 所示的表格，文件保存名为“练习 3.docx”。

（1）插入一个 5 行 5 列的表格。

（2）设置列宽为 3 厘米，行高为 0.9 厘米。

（3）在第 1 行第 1 列单元格中添加一条绿色（标准色）、0.75 磅单实线且左上右下的对角线；将第 1 列第 3～5 行单元格合并；将第 4 列中第 3～5 行单元格拆分为 2 列。

（4）为表格设置样式为“白色，背景 1，深色 15%”的底纹。

（5）表格外框线设置为 2.25 磅绿色（标准色）的单实线，内框线设置为 1 磅蓝色（标准色）点画线。

（6）表格居中对齐，单元格内容水平对齐。

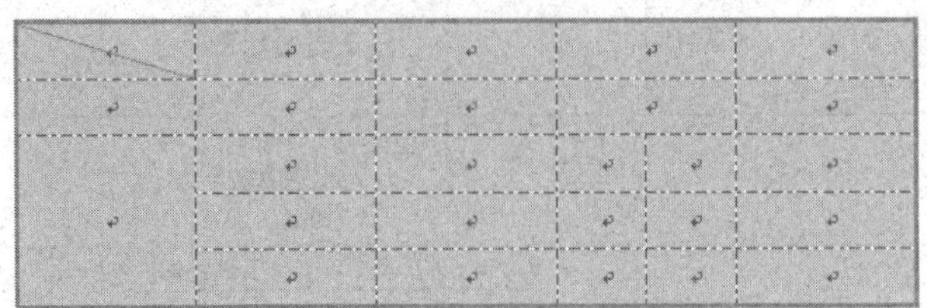

图 6-28　上机练习 3 参考效果图

【上机练习 4】

新建空白文档，制作如图 6-29 所示的表格，文件保存名为“学生情况表.docx”。

操作要求：

（1）外框线：线型为“单实线”，颜色为“标准色-红色”，线宽为“3 磅”。

（2）内框线：线型为“单实线”，颜色为“标准色-浅蓝”，线宽为“0.5 磅”。

（3）第 1 列右框线及最后 1 列左框线：线型为“双实线”，颜色为“标准色-浅蓝”，线宽为“0.5 磅”。

（4）单元格底纹设置“绿色，个性色 6，淡色 40%”。

（5）表格居中，单元格内容水平居中。

（6）最后 1 列单元格内容文字方向为竖排。

学生情况表

学号		班级			姓名			学生照片
性别		年龄		职务		寝室		
学校			电话					
基本情况								

图 6-29　上机练习 4 参考效果图

【上机练习 5】

新建空白文档，输入如下文本，每个字段之间分隔符为“-”，按要求完成操作，完成后效果如图 6-30 所示，文件保存名为“练习 5.docx”。

姓名-职称-工资-年龄

王芳-讲师-3500-30

李国强-副高-4500-40

张一鸣-正高-6000-50

付平-助教-2500-25

（1）将上面的文本转换成 5 行 4 列的表格。

（2）设置表格样式为“网格表 6 彩色-着色 6”，并设置表格的行高为 0.6 厘米，列宽为

3.2 厘米，表格居中，表格内容水平居中。

姓名	职称	工资	年龄
王芳	讲师	3500	30
李国强	副高	4500	40
张一鸣	正高	6000	50
付平	助教	2500	25

图 6-30 上机练习 5 参考效果图

【上机练习 6】

打开“实训教程素材\模块六\练习\上机练习 6.docx”，按以下要求完成操作，文件保存名为“练习 6.docx”，完成后效果如图 6-31 所示。

（1）将文档提供的文字转换为 8 行 4 列的表格。

（2）设置表格单元格内容“中部右对齐”。

（3）设置表格列宽为 3 厘米，行高为 0.6 厘米。

（4）表格样式采用内置样式“清单表 3-着色 6”。

（5）将表格内容按“在校生人数”递减次序进行排序。

（6）文件保存名为“练习 6.docx”，保存至 F 盘的姓名文件夹。

年份	招生人数	毕业生人数	在校生人数
2007	100203	112332	666617
2001	91230	167076	664443
2002	86406	156683	594241
2003	82631	123580	546530
2004	73577	100139	516042
2005	71020	93486	494482
2006	73138	90799	473275

图 6-31 上机练习 6 参考效果图

【上机练习 7】

打开“实训教程素材\模块六\练习\上机练习 7.docx”，按以下要求完成操作，文件保存名为“职工工资表.docx”，完成后效果如图 6-32 所示。

职工工资表

职工姓名	基本工资	职务工资	岗位津贴	总工资
李四	225	545	326	1096
张三	307	702	411	1420
赵六	362	780	470	1612
王五	462	820	620	1902
最高	462	820	620	
最低	225	545	326	

图 6-32 上机练习 7 参考效果图

（1）在表格的下方增加两行单元格，添加两行的单元格分别输入“最高”“最低”，表格右侧增加一列，输入列标题“总工资”。

（2）在表格上方添加表格标题“职工工资表”，并设置字体为小三、加粗、居中对齐且字符间距设置加宽 2 磅。

（3）设置第 1 列列宽为 3 厘米，其余各列列宽为 2.5 厘米，所有行行高为 0.8 厘米。

（4）设置所有单元格内容字号为小四，水平居中对齐，表格居中对齐。

（5）表格外框线设置成“单实线、蓝色（标准色），3 磅”，内框线为“单实线、蓝色（标准色），1 磅”；为表格第一行添加“水绿色，个性色 5，淡色 60%”的底纹。

（6）计算出总工资列及最高、最低行数据。

（7）将表格第 2～5 行按“总工资”列升序进行排序。

模块七

Word 中的图文混排

一、实训内容

（1）设置艺术字。
（2）插入图片以及图片编辑、格式化等。
（3）绘制图形。
（4）使用文本框。
（5）图文混排。
（6）设置水印。

二、操作实例

1．操作要求

制作商品宣传页，练习在文档中插入并编辑艺术字、图形、文本框和图片等，达到如图 7-1 所示的效果，以“奶茶店宣传海报.docx”为文件名保存文档。

图 7-1　宣传海报效果图

2. 操作步骤

（1）新建文档，并以“奶茶店宣传海报.docx”为名保存文档。

（2）设置页面纸张大小为 A4；上、下、左、右页边距均设置为 2 厘米。

（3）插入艺术字。

① 单击“插入”选项卡“文本”组中的“艺术字”按钮，在弹出的“艺术字库”列表中选择艺术字样式“填充：白色；边框：橙色，主题色 2；清晰阴影；橙色，主题色 2”，如图 7-2 所示。

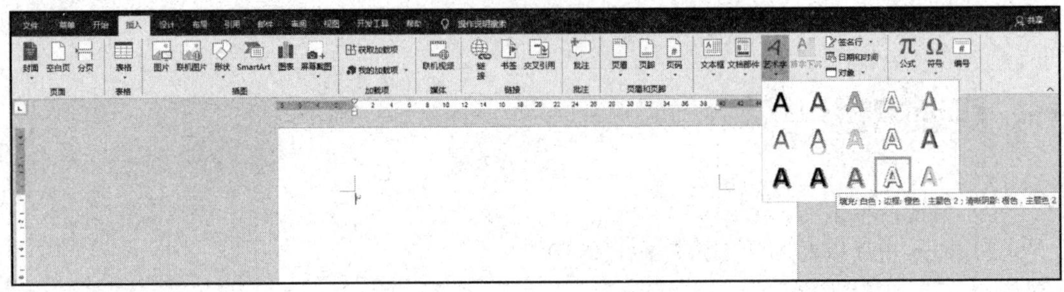

图 7-2　“艺术字库”列表

② 在弹出的如图 7-3 所示的文本框中输入“开业大酬宾”，选定“开业大酬宾”，在“开始”选项卡“字体”组中设置字体为“华文彩云”，字号为“72 磅”，加粗。得到如图 7-4 所示的艺术字的雏形。

图 7-3　输入艺术字内容框

图 7-4　艺术字雏形

③ 选中艺术字，在“绘图工具-格式”选项卡的“艺术字样式”组中单击“文本效果”按钮，在展开的列表中选择“转换”→“弯曲”→“槽形：下”命令，效果如图 7-5 所示。

图 7-5　设置艺术字文本效果

④ 选择“绘图工具-格式”选项卡，在“艺术字样式”组中单击“文本填充”按钮

中的下拉按钮，鼠标指向如图 7-6 所示下拉列表中的“渐变”命令，在“渐变”子菜单中单击“其他渐变”命令，右侧弹出“设置形状格式”窗格。在“设置形状格式”窗格中选择“渐变填充”→“预设渐变”→“径向渐变-个性色 4”命令，结果如图 7-7 所示。

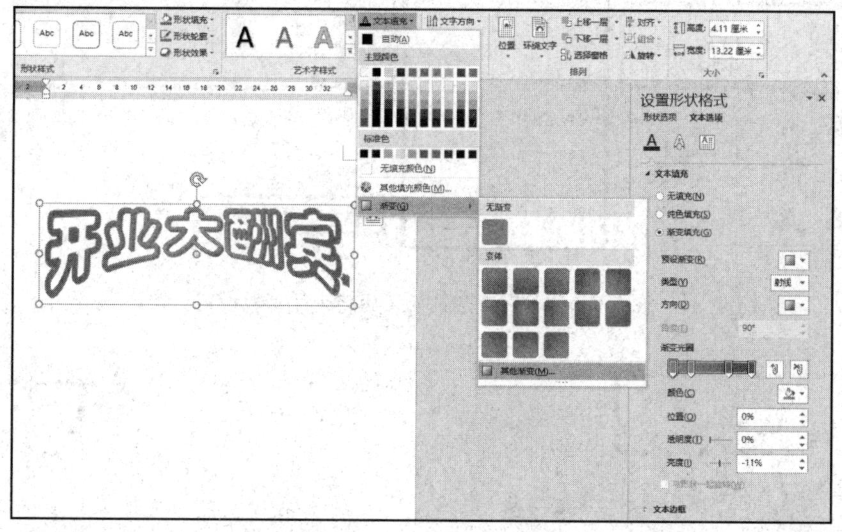

图 7-6 设置艺术字文本填充

⑤ 选中艺术字，单击“绘图工具-格式”选项卡“排列”组中的“环绕文字”按钮，在弹出的下拉列表中将文字环绕方式设置为“上下型环绕”，如图 7-8 所示。

图 7-7 艺术字最终效果

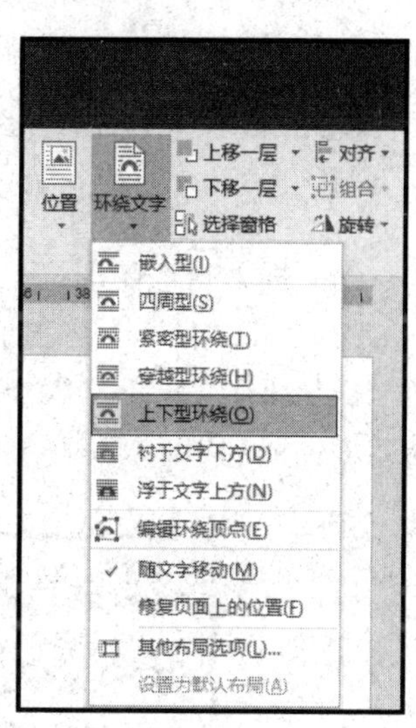

图 7-8 文字环绕方式

⑥ 用同样方法在现有艺术字的下方插入艺术字“奈茶奶茶店将于”和“六月六日”，其参数设置的效果如图 7-9 和图 7-10 所示。

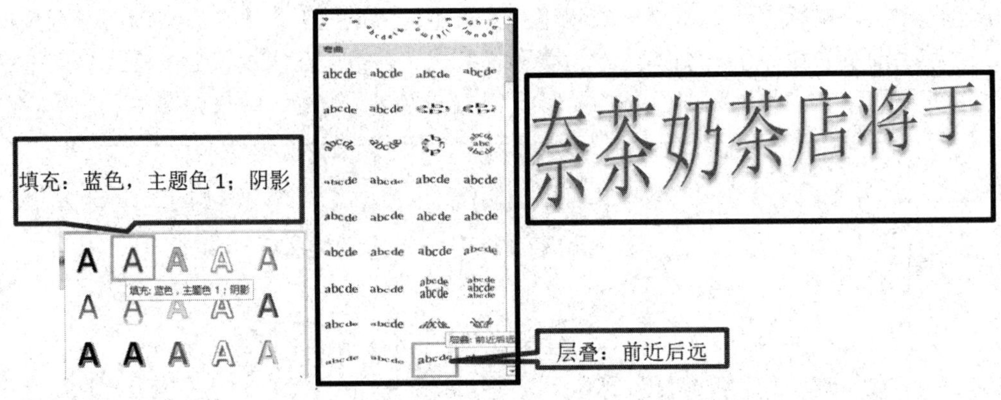

图 7-9　艺术字“奈茶奶茶店将于”参数设置

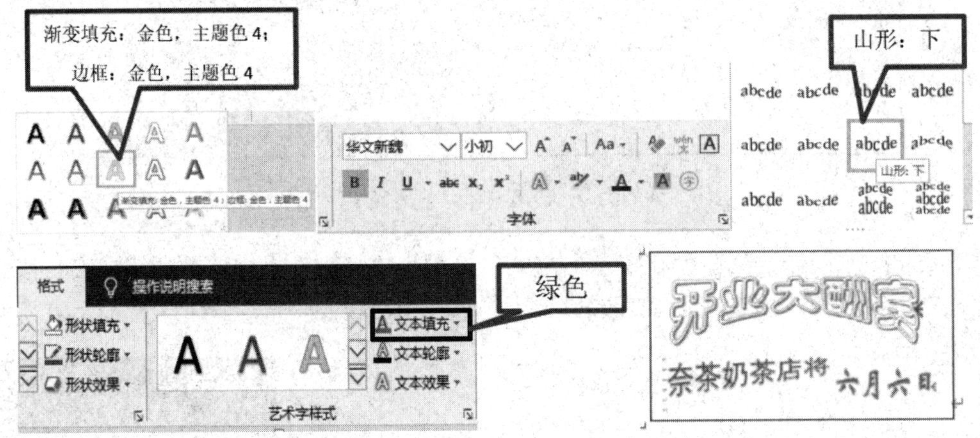

图 7-10　艺术字“六月六日”参数设置

（4）插入自选图形。

① 单击“插入”选项卡，在“插图”组中单击“形状”按钮，在弹出的下拉列表中选择“星与旗帜”中的“爆炸形：8pt”按钮。此时，鼠标指针变为十字形状，拖动鼠标画出爆炸形，并利用右键菜单中的“添加文字”项添加文本“开业啦！”，如图 7-11 所示。

图 7-11　插入图形并添加文字

② 将图形的填充颜色和线条颜色设置为黄色。

③ 设置其字体为方正舒体、一号，艺术字样式为“填充：金色，主题色 4；软棱台”，

文本效果为“层叠：前远后近”，参数和效果如图 7-12 所示。

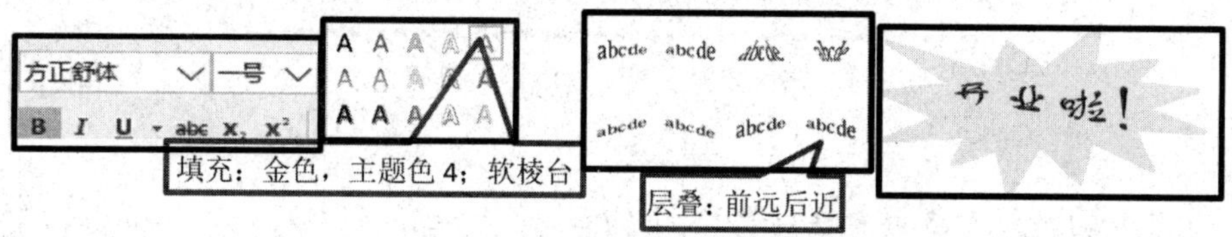

图 7-12　设置图形内文本格式

（5）插入文本框。

① 在“爆炸形”图形下方绘制一个横排文本框，然后在文本框中输入如图 7-13 所示文本。

② 将文本框中的文字套用“艺术字样式”列表中的“渐变填充-蓝色，主题色 5；映像”样式，设置字号为三号。

③ 将文本框中第 2 段和第 3 段文本设置首行缩进 2 个字符，最后 4 段右对齐，效果如图 7-14 所示，设置文本框的填充颜色的轮廓均为“无”。

开业期间：
本店所有饮品均买一赠一，没有您喝不到的，只有您想不到的，欢迎进店品尝！
如果我们做得好，您可以告诉 1 个人；如果我们做得不好，您可以告诉 100 个人。
地址：南昌市南京西路 468 号
详情请 CALL：
畅饮您的世界
加盟热线：

图 7-13　利用文本框输入文本

开业期间：
本店所有饮品均买一赠一，没有您喝不到的，只有您想不到的，欢迎进店品尝！
如果我们做得好，您可以告诉 1 个人；如果我们做得不好，您可以告诉 100 个人。
地址：南昌市南京西路 468 号
详情请 CALL：
畅饮您的世界
加盟热线：

图 7-14　设置文本格式和对齐方式

④ 将“畅饮您的世界”文本的字体设置为幼圆、小初，字符间距加宽 3 磅，并套用“填充：蓝色，主题色 5；边框：白色，背景色 1；清晰阴影：蓝色，主题色 5”艺术字样式，如图 7-15 所示。

图 7-15　对文字套用艺术字样式

⑤ 将最后一行文字套用“填充：橙色，主题色 2；边框：橙色，主题色 2”艺术字样式，并设置其字号为二号，效果如图 7-16 所示。

加盟热线：

图 7-16　设置字号、套用样式后效果

（6）插入图片。

① 将“实训教程素材\模块七\例题”中的图片“奶茶”和“奶茶 1”插入文档中，并将其文字环绕方式设置为“衬于文字下方”。（插入图片时可将前面插入的文本框缩小，待图片操作完成后再将文本框大小复原）

② 将两张图片下方多余的文字裁去。选中图片，单击“图片工具-格式”选项卡“大小”组中的“裁剪”按钮，然后将鼠标指针移到图片下方中间的控制点上，待鼠标指针变成 T 形后，按下鼠标左键并向上拖动，将不需要的部分裁掉，如图 7-17 所示，然后单击“裁剪”按钮或图片外的任意位置结束裁剪操作。用同样的方法裁剪另一张图片。

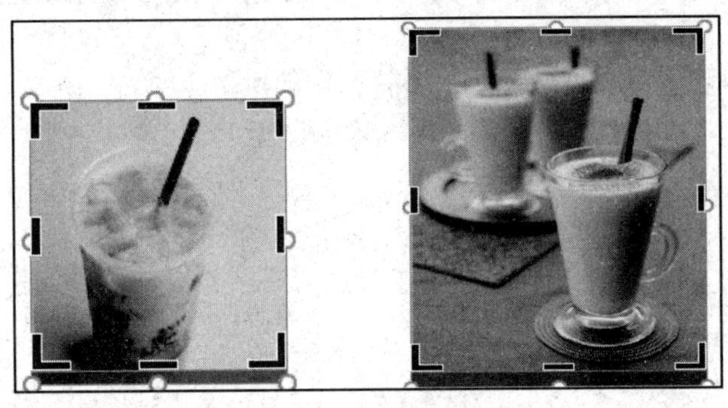

图 7-17　裁剪图片

③ 将“奶茶 1”图片缩小后套用“柔化边缘椭圆”样式，并移到艺术字“六月六日”处，效果如图 7-18 所示。

④ 将“奶茶”图片缩小后套用“柔化边缘矩形”样式，并移到页面左下角位置，效果如图 7-19 所示。

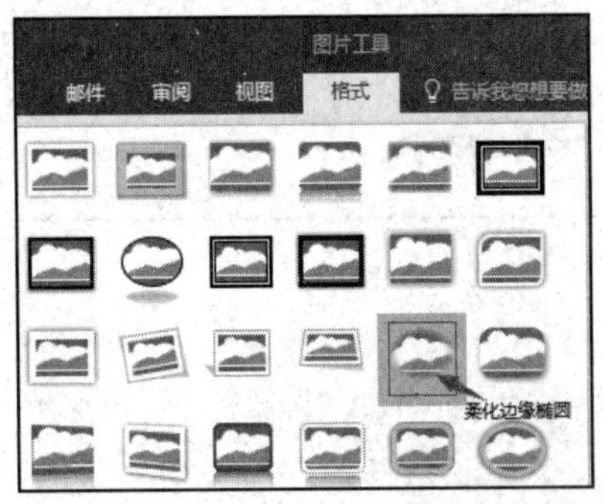

图 7-18　将图片缩小后应用样式

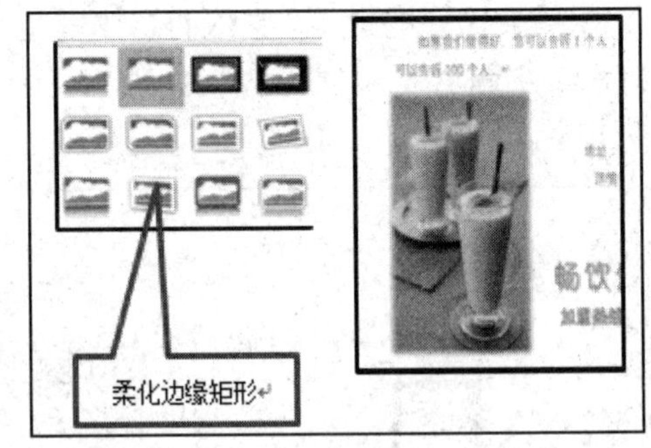

图 7-19　将图片移到合适位置

（7）设置页面颜色和水印。

① 单击“设计”选项卡“页面背景”组中的“页面颜色”按钮，在弹出的下拉列表中单击“填充效果”，在打开的“填充效果”对话框中选择“渐变”→“预设”→“麦浪滚滚”命令，如图 7-20 所示。

② 分别在“地址”段落前和“畅饮您的世界”段落前添加两个空行，然后稍微调整相关图形对象的位置和大小。

③ 单击“设计”选项卡“页面背景”组中的“水印”按钮，弹出如图 7-21 所示“水印”对话框，选中“文字水印”单选按钮，“文字”文本框中输入“欢迎惠顾”，设置字体为“华文行楷”，字号为“自动”，颜色为“蓝色”。

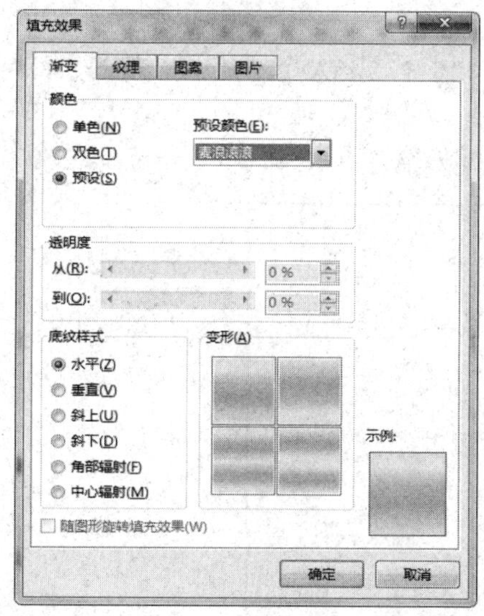

图 7-20　填充效果对话框

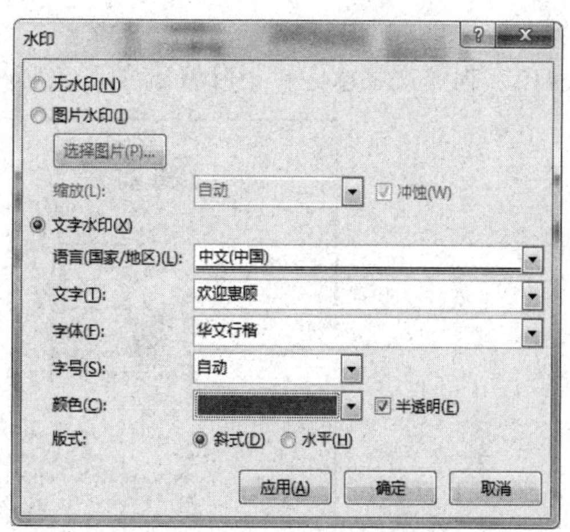

图 7-21　“水印”对话框

三、上机练习

【上机练习 1】

打开“实训教程素材\模块七\练习\上机练习 1.docx”，按以下要求完成操作，文件保存名为“绿色旋律.docx”，完成后效果如图 7-22 所示。

（1）页边距：上 2.8 厘米，下 3 厘米，左 3.2 厘米，右 2.7 厘米；装订线：1.4 厘米。

（2）在“绿色旋律”上加入一行，输入文字“素描 Movie”。在“——树叶音乐”左右各加上字符【】。

（3）“素描”文字字体设置为宋体、一号、加粗，字体颜色设置为“白色，背景 1”，字符间距加宽 2 磅。“Movie”文字字体设置为 Bookman Old Style、四号、倾斜，字体颜色设置为“白色，背景 1”。“素描 Movie”设置底纹为“黑色，文字 1，淡色 25%”，“——树叶音乐”字体设置为楷体_GB2312、小二。

（4）正文第 1 段：首字下沉 3 行。正文第 1 段：段落后距 12 磅；行间距 1.5 倍。“树”字设置底纹为“深蓝，文字 2，淡色 60%”。

（5）将正文第 2～3 段分 2 栏，中间加间隔线。

（6）将“绿色旋律”设置为艺术字，艺术字样式选择第 1 行第 3 列；文字环绕设置为上下型；对齐方式设置为水平居中对齐。

（7）插入图片 1.WMF 到适当位置，环绕方式设置为紧密型，水平居中对齐。

（8）将正文最后 1 段文字插入一个文本框，线条颜色设置为红色；填充颜色设置为“渐变”→“预色”→“浅色渐变-个性色 4”样式；阴影样式设置为“内部：右上”；文字环绕设置为“四周型环绕”。对齐方式设置为水平居中。

（9）插入一个自选图形“带形：前凸”，无填充色，将“【——树叶音乐】”文字加入其内。

（10）插入页眉：“•树叶音乐•”，设置左对齐；插入页脚：“作者：张三；日期：当前日期；页码：普通数字 1”。

（11）在正文第 1 行的“树叶”右边插入尾注“树叶：是大自然赋予人类的天然绿色乐器”。

（12）制作文字水印“树叶音乐”，文字颜色设置为红色。

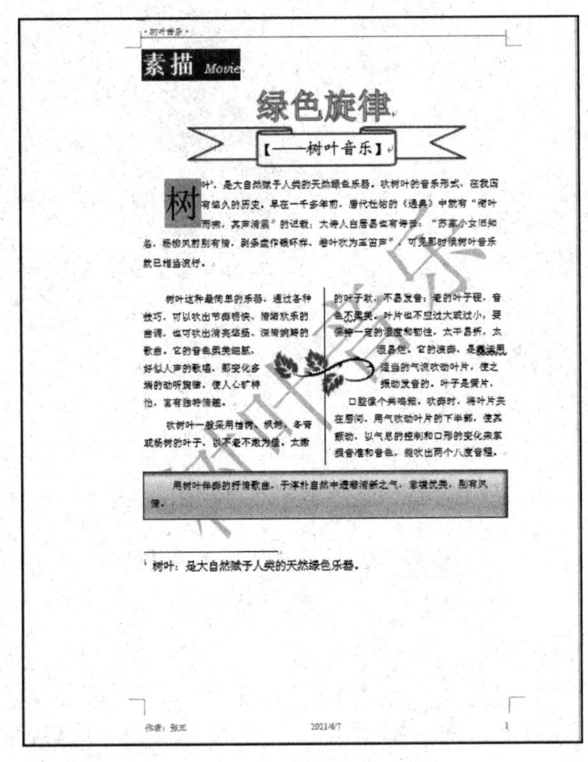

•树叶音乐•

素描 Movie

绿色旋律

【——树叶音乐】

树叶[1]，是大自然赋予人类的天然绿色乐器。吹树叶的音乐形式，在我国有悠久的历史。早在一千多年前，唐代杜佑的《通典》中就有“衔叶而啸，其声清震”的记载；大诗人白居易也有诗云：“苏家小女旧知名，杨柳风前别有情，剥条盘作银环样，卷叶吹为玉笛声”。可见那时候树叶音乐就已相当流行。

树叶这种最简单的乐器，通过各种技巧，可以吹出节奏明快、情绪欢乐的曲调，也可吹出清亮悠扬、深情婉转的歌曲。它的音色柔美细腻，好似人声的歌唱，那变化多端的动听旋律，使人心旷神怡，富有独特情趣。

吹树叶一般采用桔树、枫树、冬青或杨树的叶子，以不老不嫩为佳。太嫩的叶子软，不易发音；老的叶子硬，音色不柔美。叶片也不应过大或过小，要保持一定的湿度和韧性。太干易折，太湿易烂。它的演奏，是运用适当的气流吹动叶片，使之振动发音的。叶子是簧片，口腔像个共鸣箱。吹奏时，将叶片夹在唇间，用气吹动叶片的下半部，使其颤动，以气息的控制和口形的变化来掌握音准和音色，能吹出两个八度音程。

用树叶伴奏的抒情歌曲，于淳朴自然中透着清新之气，意境优美，别有风情。

[1] 树叶：是大自然赋予人类的天然绿色乐器。

作者：张三 2021/4/7 1

图 7-22　上机练习 1 参考效果图

【上机练习 2】

打开“实训教程素材\模块七\练习\上机练习 2.docx”，按以下要求完成操作，文件保存名为“诗歌的由来.docx”，完成后效果如图 7-23 所示。

（1）页面设置：自定义纸型宽度为 21 厘米，高度为 28 厘米；页边距为上、下各 2.5 厘米，左、右各 3 厘米。

（2）艺术字：标题“诗歌的由来”设置为艺术字，艺术字式样选择第 2 行第 3 列；文本填充：“渐变”→“预设”→“浅色渐变-个性色 2”；艺术字形状为“朝鲜鼓”；环绕方式为上下型；形状填充为“纹理-蓝色面巾纸”；对齐方式为“水平居中对齐”。

（3）分栏：将正文从第 2 段起至最后一段设置为两栏格式；预设：偏左，第 1 栏宽度 12 字符，加分隔线。

（4）边框和底纹：为正文第 2 段设置底纹，图案样式设置为“浅色棚架”，颜色设置为“浅蓝色”；为正文第 1 段加上下框线，线型为双波浪线。

（5）图片：在样文所示位置插入图片“题库\模块七\练习\2.bmp”；图片缩放设置为 110%，文字环绕方式设置为“紧密型环绕”。

（6）脚注和尾注：为正文第 2 段第 7 行“闻一多”添加双下画线，插入尾注“闻一多：（1899.11.24—1946.7.15）原名闻家骅，号友三，生于湖北浠水。”

（7）页眉和页脚：按样文所示在左边添加页眉文字，在右边插入页码，字号设置为小五。

（8）在标题艺术字两侧绘制如图 7-23 所示的图形。

上下五千年　　1

诗歌的由来

在我们这个诗的国度，几千年来，诗歌一直是文学史的主流。

诗是怎么样产生的呢？原来在文学还没形成之前，我们的祖先为把生产斗争中的经验传授给别人或下一代，以便记忆、传播，就将其编成了顺口溜式的韵文。据闻一多先生考证“诗”与“志”原是同一个字，“志”上从“士”，下从“心”，表示停止在心上，实际就是记忆。文字产生以后，有了文学的帮助，不必再死记了，这时把一切文字的记载叫“志”。志就是诗。在心为志，发言为诗。

歌的称谓又是怎样来的呢？诗和歌原不是一个东西，歌是与人类的劳动同时产生的，它的产生远在文学形成之前，比诗早得多。考察歌的产生，最初只在用感叹来表示情绪，如“啊、兮、哦、唉”等，这些字当时都读同一个音“啊”。歌是形声字，由“可”得声。在古代“歌”与“啊”是一个字，人们就把在劳动中发出的“啊”叫作歌。因此歌的名字就这样沿用下来。

既然诗与歌不是一回事，后来为什么又把二者连在一起以“诗歌”并称呢？这只要弄清楚它们的关系就明白了。歌，最初只用简单的感叹字来表示情绪，在语言产生之后，人类对客观事物的认识逐步深化，情感更加丰富，用几个感叹字表达远远不够用了。于是在歌里加进实词，以满足需要。在文字产生之后，诗与歌的结合又进了一步，用文字书写的歌词出现。这时，一支歌包括两个部分：一是音乐，二是歌词，音乐是抒情的，歌词即诗，是记事的。这就是说，诗配上音乐就是歌，不配音乐就是诗。最初的诗都能配上音乐唱，歌就是诗，诗就是歌。关于诗与歌的结合，我国古籍中很早就有论述。

[1] 闻一多：（1899.11.24-1946.7.15）原名闻家骅，号友三，生于湖北浠水。

图 7-23　上机练习 2 参考效果图

【上机练习 3】

打开“实训教程素材\模块七\练习\上机练习 3.docx”，按以下要求完成操作，文件保存名为“招聘广告.docx”，完成后效果如图 7-24 所示。

（1）纸张大小为 B5。

（2）“诚聘”设置为艺术字，艺术字样式选择第 2 行第 4 列，字体设置为黑体，字号设置为 80 磅。“现诚聘平面设计人员”设置为艺术字，艺术字样式选择第 1 行第 1 列，文本填充设置为红色（标准色），形状为“转换”→“V 形：正”。

（3）正文内容（要求……待遇从优）设置为黑体、小二，行距为 3 倍，其中“要求”段落设置悬挂缩进 2 字符。

（4）绘制两个矩形，矩形大小都设置为宽 18.2 厘米，高 2.04 厘米；形状填充色设置为“绿色（标准色）”；上方的矩形设置“阴影”→“外部”→“偏移：下”，阴影颜色设置为“橙色（标准色）”，大小为 120%；下面的矩形设置为“发光变体”→“发光：11 磅；金色，主题色 4”。

（5）设置下方矩形中的文字格式为黑体，小四号，加粗，字体颜色为“白色，背景 1”。行距为固定值 18 磅，文字中部对齐。

（6）在文档合适位置插入图片“3.png”，图片大小缩放为“30%”，紧密型环绕。

（7）设置页面颜色为自定义颜色“RGB：255，255，155”，将图片“pic7-3.png”白色部分设置为透明色。

（8）利用“圆”“三十二角星”“直线”绘制效果图上方徽章图形，圆、三十二角星均填充“黄色（标准色）”，形状效果设置为“棱台”→“松散嵌入”，“欢迎加入我们”设置为艺术字（自由设置），颜色设置为“红色（标准色）”。

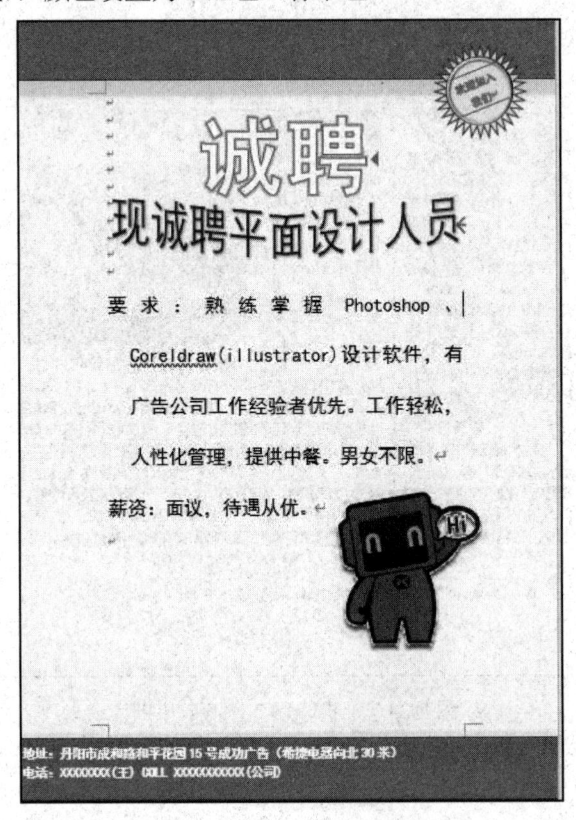

图 7-24　上机练习 3 参考效果图

模块八

Word 2016 高级应用

一、实训内容

（1）应用样式对标题进行格式设置并生成目录。

（2）宏应用。

（3）邮件合并。

（4）Word 与 Excel 信息交换。

二、操作实例

应用样式对标题进行格式设置并生成目录

1. 操作要求

（1）根据给定的“操作实例 1.docx”中的章节内容，分别应用“标题 1”“标题 2”“标题 3”三个样式对章标题、节标题、小节标题进行格式设置。

（2）利用 Word 创建目录功能，在文档首页自动生成目录。

2. 操作步骤

（1）调出“样式”任务窗格。

打开“实训教程素材\模块八\例题\操作实例 1.docx”，单击“开始”选项卡“样式”组右下角的对话框启动器按钮，调出“样式”任务窗格，如图 8-1 所示。在“样式”任务窗格中，单击“选项”按钮，弹出“样式窗格选项”对话框，如图 8-2 所示。在“样式窗格选项”对话框中，把“选择要显示的样式”下拉列表中的“推荐的样式”更改为“所有样式”，最后单击“确定”按钮。“样式”任务窗格中将会显示所有的样式，如图 8-3 所示。

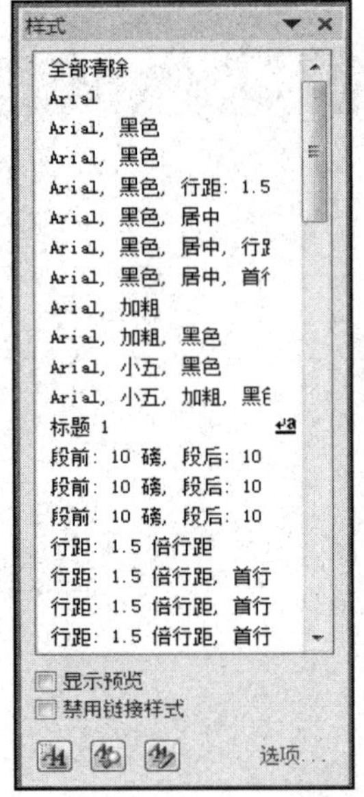

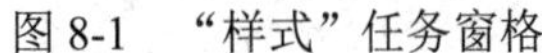

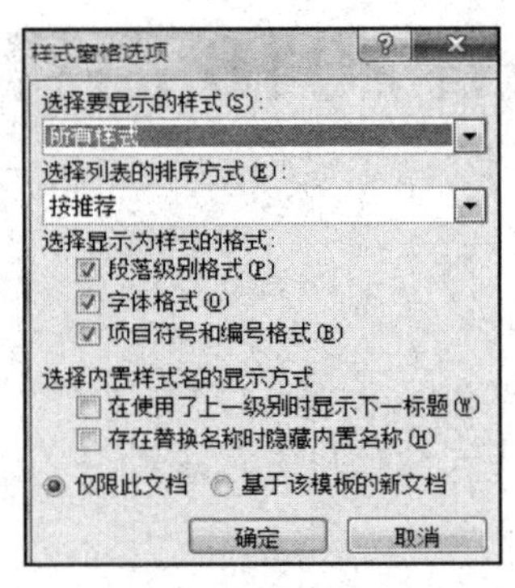

图 8-1　“样式”任务窗格　　图 8-2　“样式窗格选项”对话框　　图 8-3　“样式”任务窗格

（2）标题样式应用。

选取章、节、小节标题行（或将光标移到标题行中），然后在“样式”任务窗格列表中单击“标题 1”、“标题 2”或“标题 3”样式中的一种，完成相应标题样式的应用。重复上述操作，分别应用到文中各个章节的标题上。例如，文中的一级标题 “第一章 网线制作与检测”使用“标题 1”样式，二级标题“1.1 实训目的”使用“标题 2”样式，而三级标题“1.3.1 认识双绞线及制作工具”使用“标题 3”样式。以此类推，其他各章节也这样应用，直到全文结尾，如图 8-4 所示。

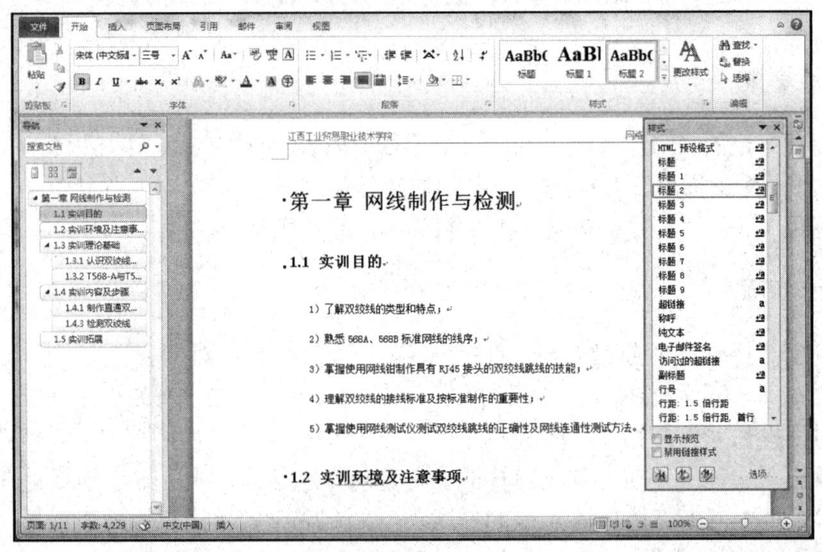

图 8-4　标题样式应用

（3）把光标移到文章开头需要插入目录的空白位置（可先插入几个空行，并清除格式），单击“引用”选项卡“目录”组中的“目录”按钮，在弹出的下拉列表中选择“插入目录”

命令，如图 8-5 所示。在打开的“目录”对话框中单击“目录”选项卡，如图 8-6 所示。

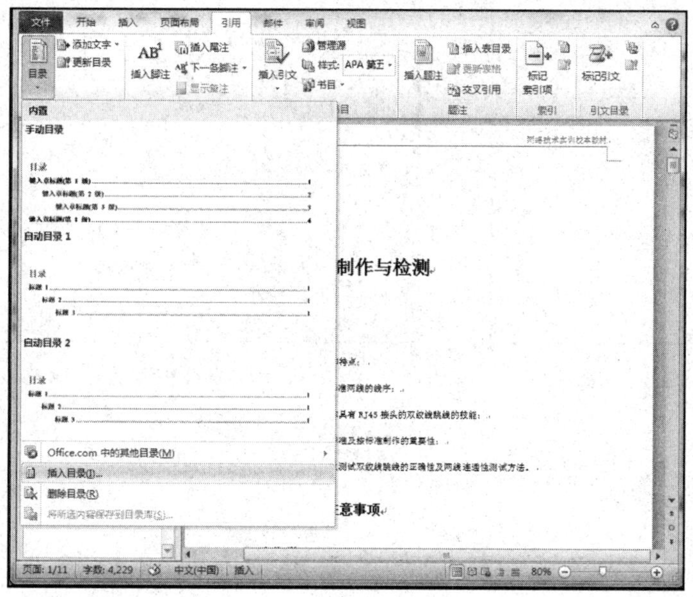

图 8-5　“目录”下拉列表

在“目录”对话框中，清除“使用超链接而不使用页码”复选框前面的勾选，变成如图 8-7 所示的对话框。

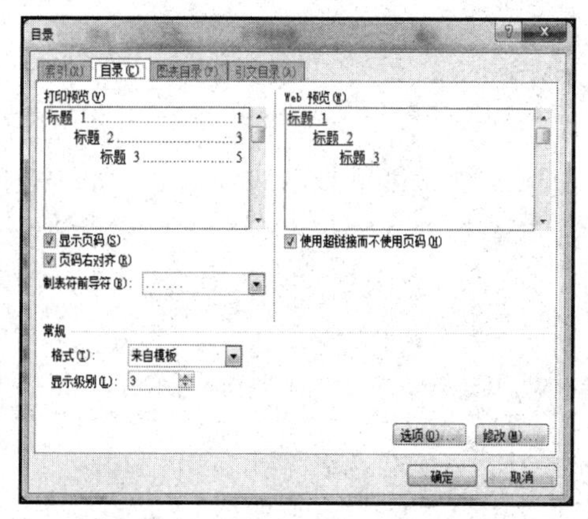

图 8-6　“目录”对话框 1

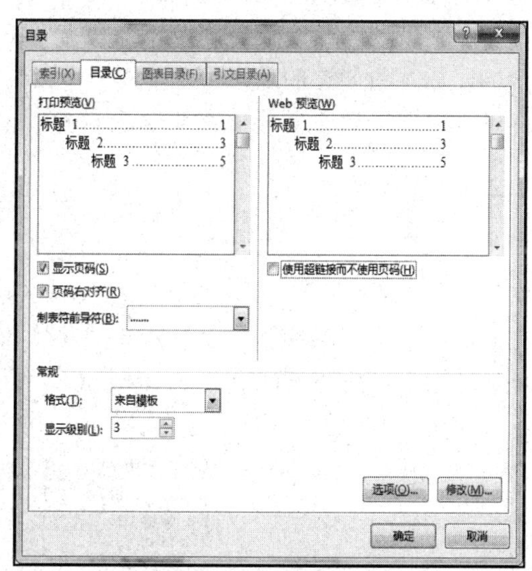

图 8-7　“目录”对话框 2

（4）单击对话框中的“选项”按钮，在打开的“目录选项”对话框中分别勾选“标题 1”“标题 2”“标题 3”，如图 8-8 所示。

（5）单击“确定”按钮，完成自动生成目录，如图 8-9 所示。

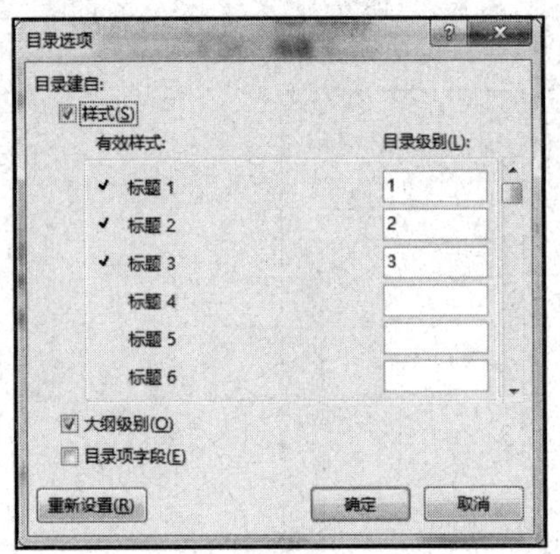

图 8-8 “目录选项”对话框

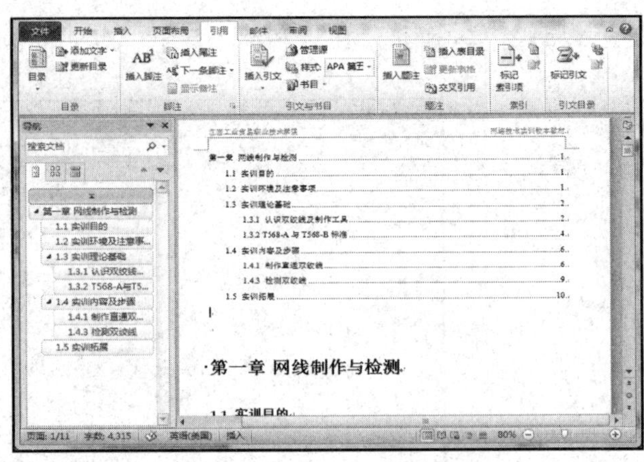

图 8-9 自动生成目录

巧用 Word 宏在文档中插入规范签名

1. 操作要求

（1）在新创建的 Word 文档中，创建一个名为“Word 规范签名宏”的宏。

（2）将创建的宏添加到“快速访问工具栏”中。

（3）为创建的新宏设置一个快捷键：Ctrl+Q。

（4）运行新创建的宏，便可在 Word 文档中快速添加签名信息（签名信息为：“姓名：付金谋　地址：江西工贸学院　电话：××××××××”）。

2. 操作步骤

（1）新建一个 Word 文档，单击“视图”选项卡“宏”组中下边的箭头，在弹出的菜单中选择“录制宏”命令，在“录制宏”对话框的“宏名”文本框中输入宏的名字，如“Word 规范签名宏”，如图 8-10 所示。单击“将宏指定到”选区中的“按钮”按钮，弹出“Word 选项”对话框，在列表框中选择“Normal.NewMacros. Word 规范签名宏”，单击“添加”按钮，并单击“确定”按钮退出，如图 8-11 所示。

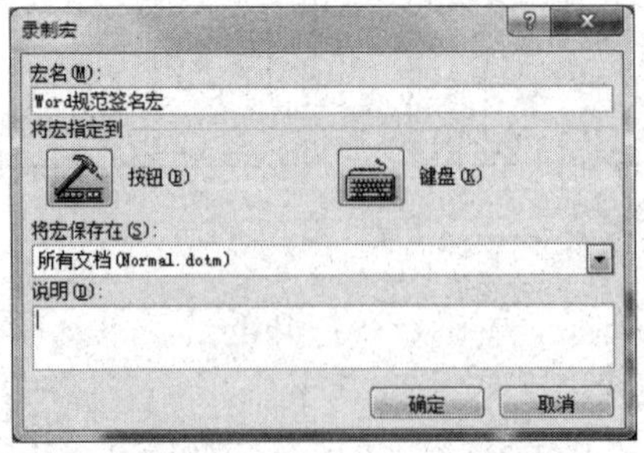

图 8-10 “录制宏”对话框

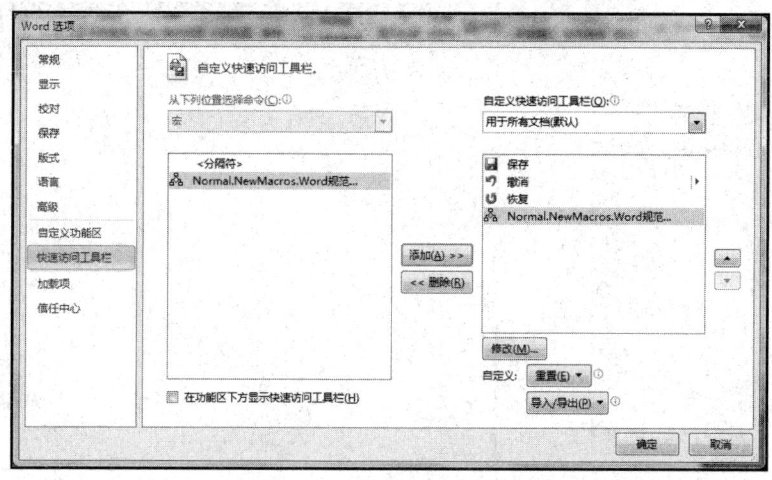

图 8-11 “Word 选项”对话框

（2）此时 Word 界面中的光标旁会出现“录制宏”的小图标，将需要添加的签名详细录入，如“姓名：付金谋 地址：江西工贸学院 电话：×××××××××”，如图 8-12 所示。在“宏”组下拉菜单中单击“停止录制”命令（也可单击状态栏上的“停止录制”按钮）。此时在“快速访问工具栏”中已新创建“Normal.NewMacros.Word 规范签名宏”命令按钮，签名宏添加完毕。

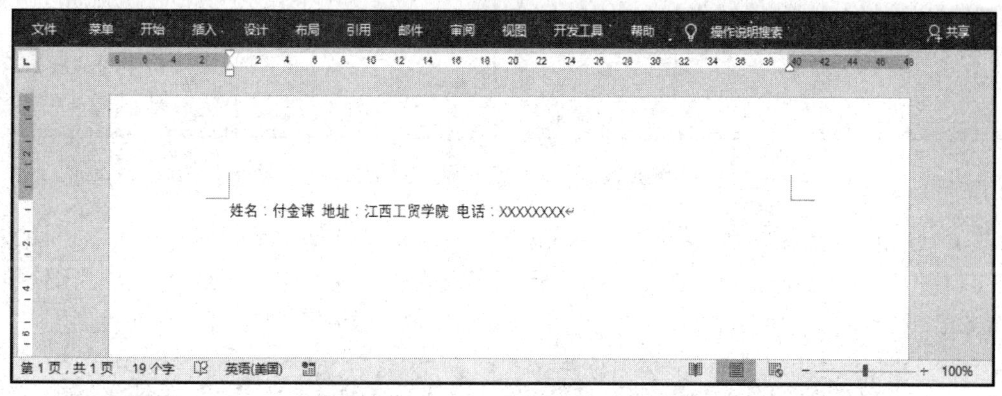

图 8-12 录入添加的详细签名

（3）在“快速访问工具栏”中，单击“自定义快速访问工具栏”按钮，在弹出的下拉菜单中选择“其他命令”菜单项。在打开的“Word 选项”对话框的左侧列表中选择“自定义功能区”选项，再从“从下列位置选择命令”下拉列表中选择“宏”命令，在“宏”列表中选择录制好的宏名字，如图 8-13 所示。

单击“键盘快捷方式”旁的“自定义”按钮，打开“自定义键盘”对话框，如图 8-14 所示。先将光标切换到“请按新快捷键”文本框中，然后使用键盘的组合按键，输入一个快捷键，如“Ctrl+Q”，再单击“指定”按钮，即可配置宏的快捷键。

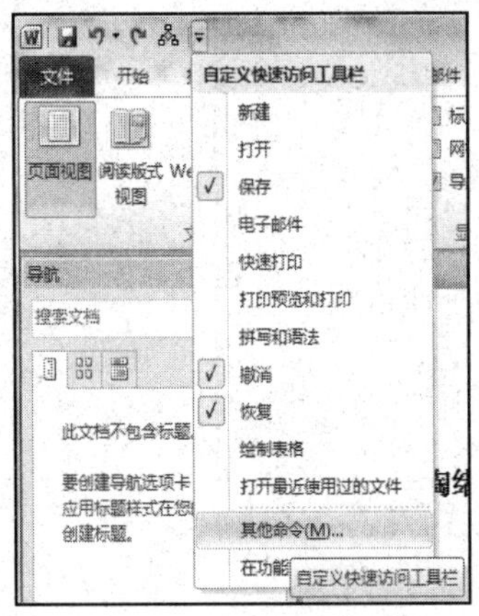

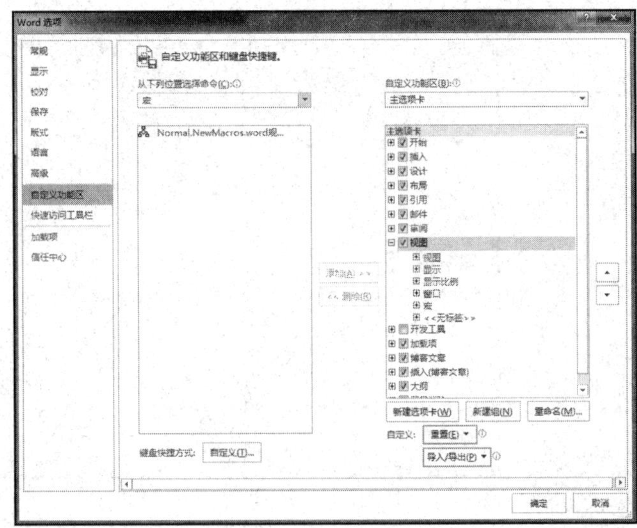

图 8-13　自定义快速访问工具栏与“Word 选项”对话框

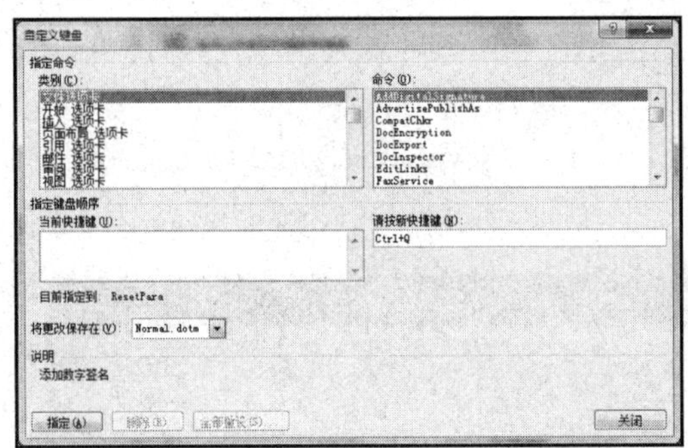

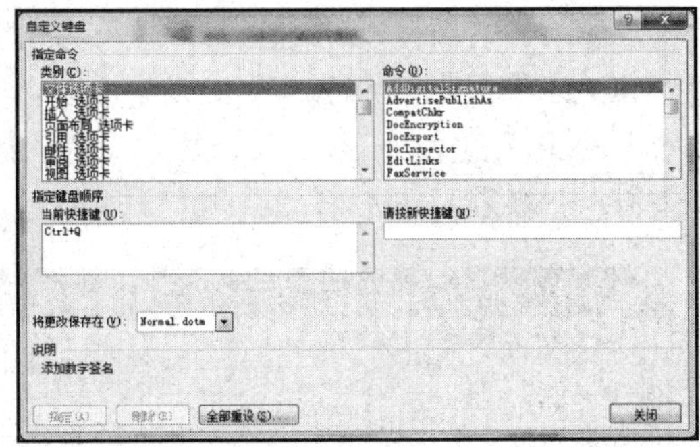

图 8-14　“自定义键盘”对话框

（4）使用新录制的宏。当需要在 Word 文档中插入个人签名信息时，可单击“快速访问工具栏”中的“Normal.NewMacros.Word 规范签名宏”命令按钮，或者直接使用快捷组合键 Ctrl+Q，即可自动将设置好的个人签名输入 Word 文档中，如图 8-15 所示。

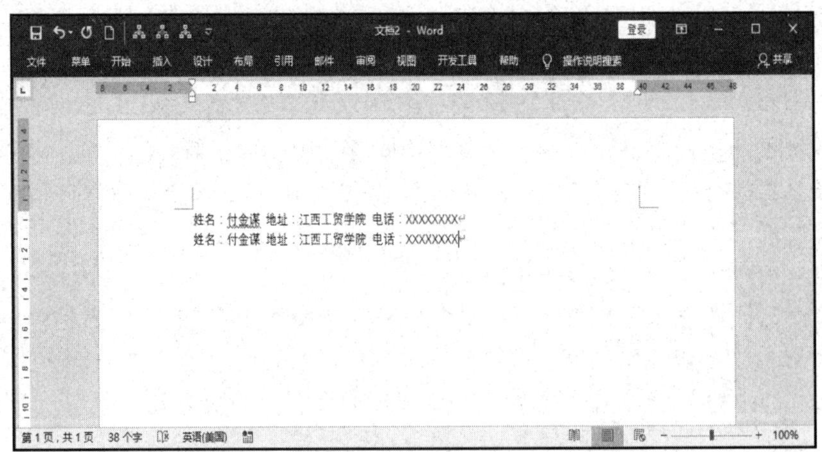

图 8-15　“Word 规范签名宏”的使用

例题 3

使用 Word 邮件合并轻松批量打印学生奖状

1．操作要求

（1）利用 Word 的邮件合并功能，根据创建的学生获奖情况的 Excel 电子表格数据源，生成所有学生论文获奖的奖状文档。

（2）利用 Word 的邮件合并功能，生成所有学生运动会获奖的奖状文档。

2．操作步骤

（1）创建电子表格，在 Excel 表格中输入获奖人及获奖等相关信息并将文件保存为“操作实例 3.xlsx”，格式如图 8-16 所示。

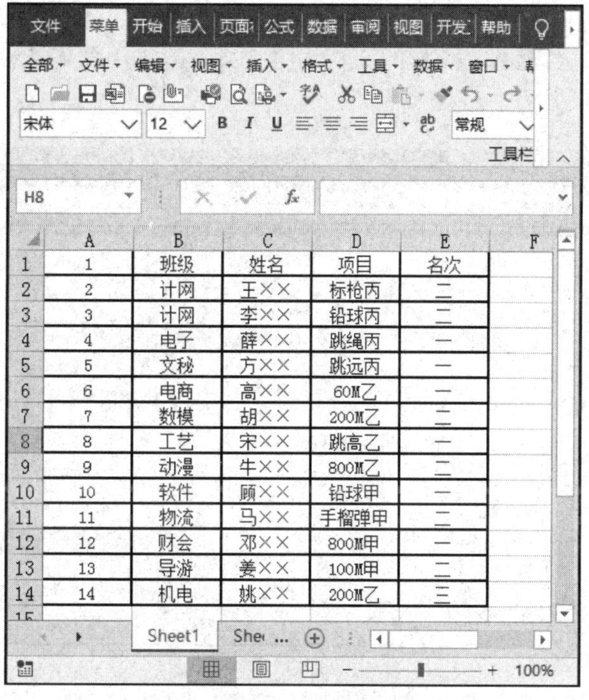

	A	B	C	D	E
1	1	班级	姓名	项目	名次
2	2	计网	王××	标枪丙	二
3	3	计网	李××	铅球丙	三
4	4	电子	薛××	跳绳丙	一
5	5	文秘	方××	跳远丙	一
6	6	电商	高××	60M乙	一
7	7	数模	胡××	200M乙	三
8	8	工艺	宋××	跳高乙	一
9	9	动漫	牛××	800M乙	二
10	10	软件	顾××	铅球甲	一
11	11	物流	马××	手榴弹甲	二
12	12	财会	邓××	800M甲	一
13	13	导游	姜××	100M甲	二
14	14	机电	姚××	200M乙	三

图 8-16　奖状数据

（2）打开 Word 2016 文字处理软件，单击“邮件”选项卡“开始邮件合并”组中的“开始邮件合并”按钮，在其下拉列表中选择“邮件合并分步向导”命令启动向导，这时在“邮件合并”任务窗格中看到“邮件合并”向导的第 1 步“选择文档类型”，这里采用默认选择的“信函”单选按钮，如图 8-17 所示。

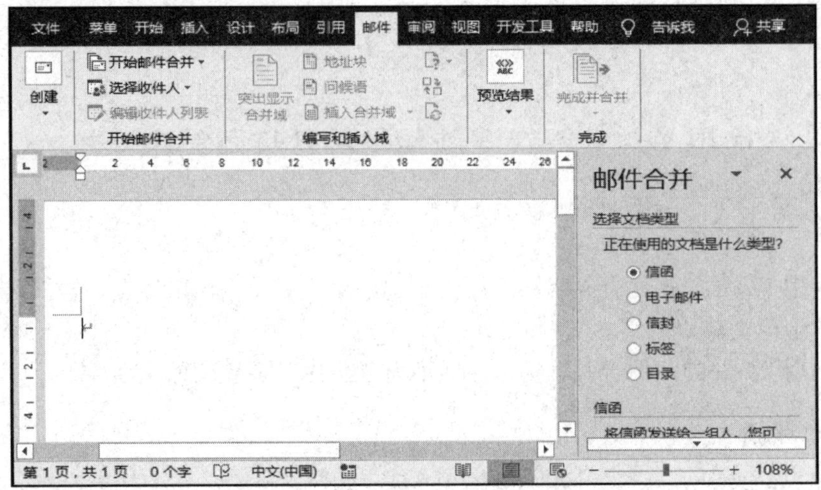

图 8-17　启动“邮件合并”向导

（3）单击任务窗格下方的“下一步：开始文档”命令，进入“邮件合并”向导第 2 步“选择开始文档”。由于当前操作的文档为主文档，故采用默认选择的“使用当前文档”单选按钮，如图 8-18 所示。

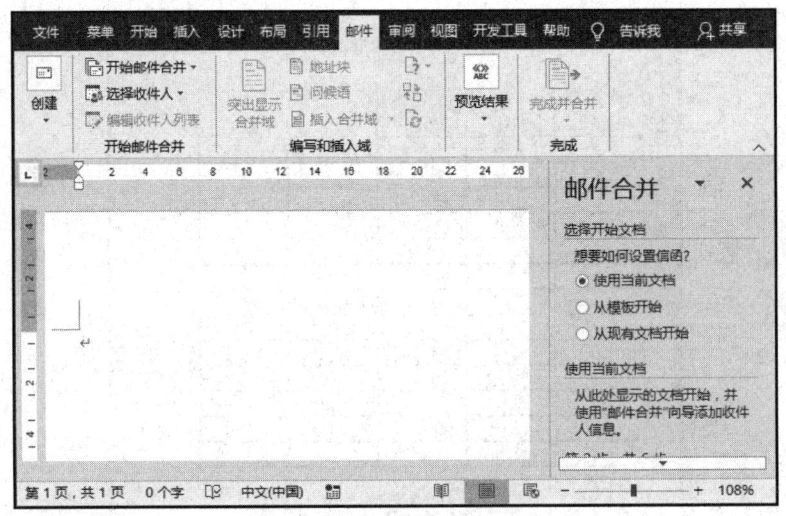

图 8-18　选择开始文档

（4）单击任务窗格下方的“下一步：选取收件人”命令，进入“邮件合并”向导第 3 步“选择收件人”，如图 8-19 所示。单击“使用现有列表”区的“浏览”链接，打开“选取数据源”对话框，如图 8-20 所示。定位到奖状数据“操作实例 3.xlsx”文件的存放位置，选中并单击“打开”按钮。由于该数据源是一个 Excel 格式的文件，接着会弹出“选择表格”对话框，将数据存放在 Sheet1 工作表中，在 Sheet1 被选中的情况下单击“确定”按钮，如图 8-21 所示。弹出“邮件合并收件人”对话框后选择哪些记录要合并到主文档，默认状态是全选，如图 8-22 所示。最后单击“确定”按钮返回 Word 编辑窗口，如图 8-23 所示。

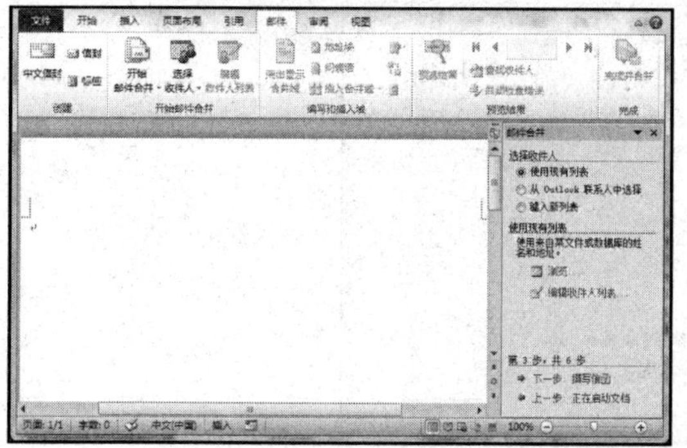

图 8-19　选择收件人

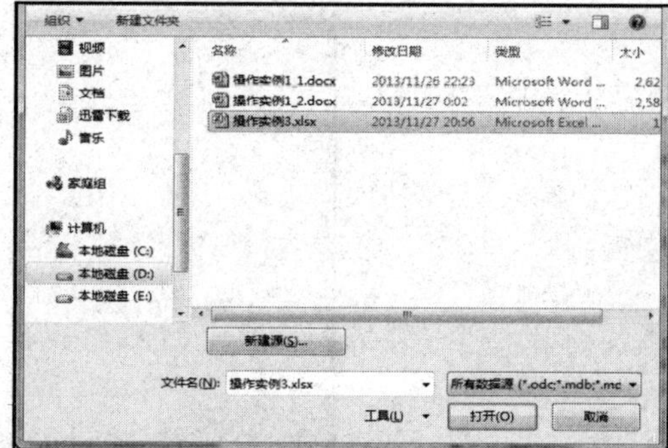

图 8-20　选取数据源

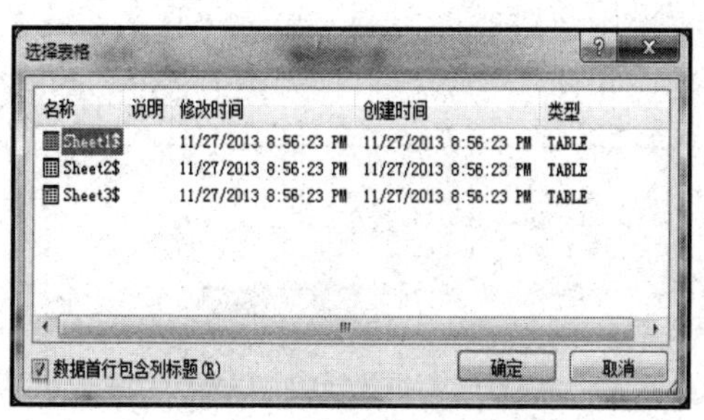

图 8-21　“选择表格”对话框

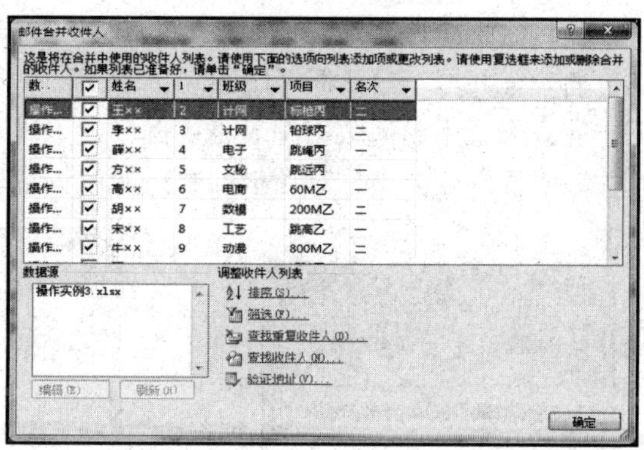

图 8-22　“邮件合并收件人”对话框

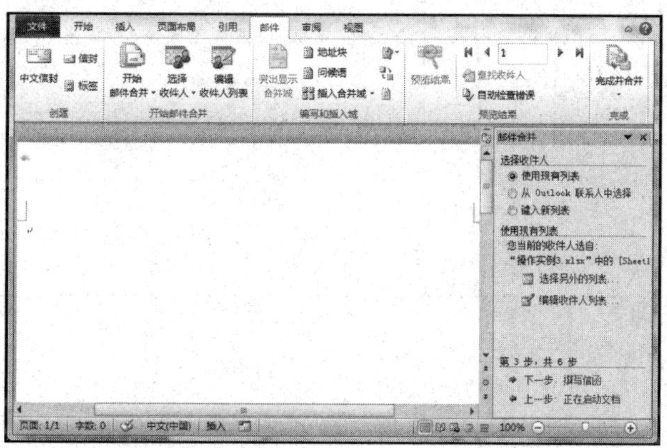

图 8-23　返回 Word 编辑窗口

（5）单击“下一步：撰写信函”命令，进入“邮件合并”向导的第 4 步“撰写信函”。这个步骤是邮件合并的核心，因为在这里我们将把数据源中的恰当字段插入主文档中的适当位置。

在主文档中输入奖状模块，将学校、班级、姓名、获奖类别和获奖等内容先空着，确保打印输出后的格式与奖状纸相符（如图 8-24 所示）。

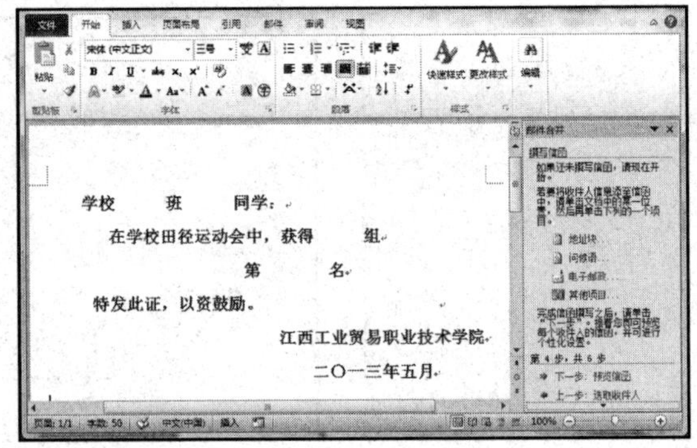

图 8-24　在主文档中输入奖状模块

先将鼠标定位到需要插入班级的地方，接着单击任务窗格中的“其他项目”命令，打开“插入合并域”对话框，如图 8-25 所示。“数据库域”单选按钮被默认选中，此时“域”下方的列表框中出现数据源表格中的字段。接下来选中“班级”选项，单击“插入”按钮后关闭“插入合并域”对话框，数据源中该字段就合并到了主文档中，如图 8-26 所示。

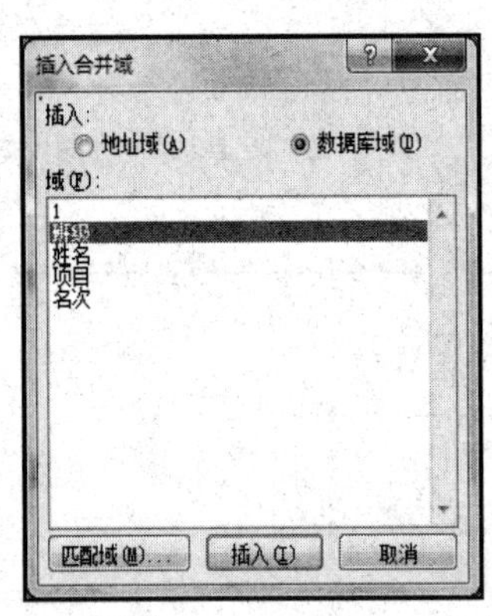

图 8-25　插入合并域

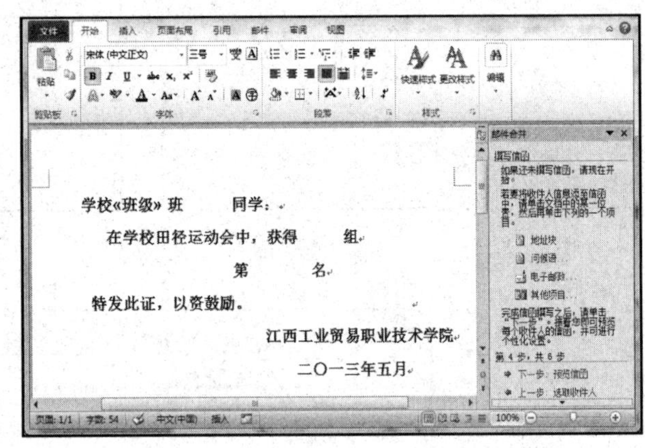

图 8-26　完成“班级”域的插入

用同样的方法可以完成姓名、项目、名次的插入，如图 8-27 所示。

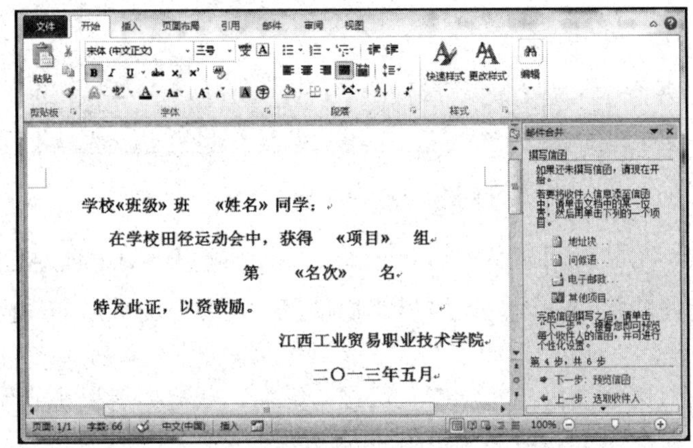

图 8-27　完成所有域的插入

（6）单击“下一步：预览信函”链接，进入“邮件合并”向导第 5 步“预览信函”。首先可以看到主文档中带有“《》”符号的字段，变成数据源表第一条记录中信息的具体内容，单击任务窗格中的“<<”或“>>”按钮可以浏览批量生成的其他信函，如图 8-28 所示。

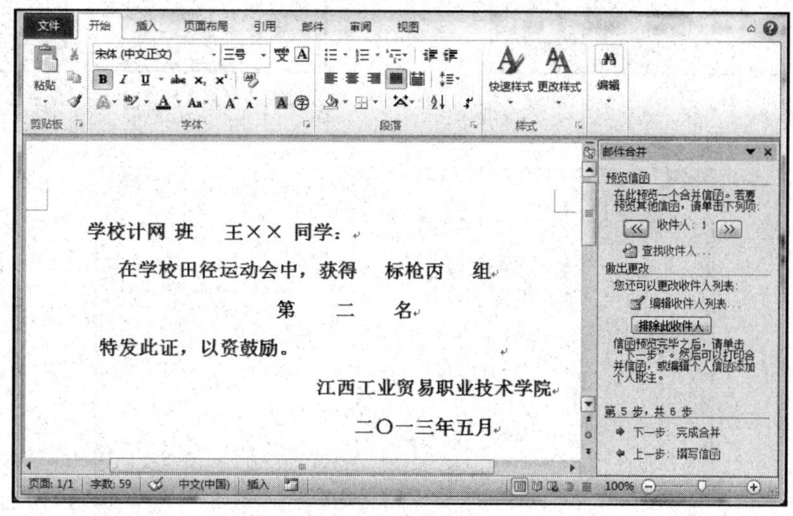

图 8-28 预览信函

（7）因为证书不是标准的 A4 纸大小，在纸张设置上需进一步调整，部分证书上面有固定文字的，还需进一步设计填空的位置和大小。确认正确无误后，下一步单击“完成合并”，就进入了“邮件合并”向导的最后一步“完成合并”，如图 8-29 所示。在这里单击“合并”区的“打印”链接就可以批量打印合并得到的 14 份奖状，在弹出“合并到打印机”对话框（如图 8-30 所示）中还可以指定打印的范围，这里我们采用默认选择“全部”。也可单击“编辑单个信函”，弹出“合并到新文档”对话框（如图 8-31 所示），合并指定的范围，然后单击“确定”按钮，并根据电子表格中的所有记录生成一个新的 Word 文档，如图 8-32 所示。

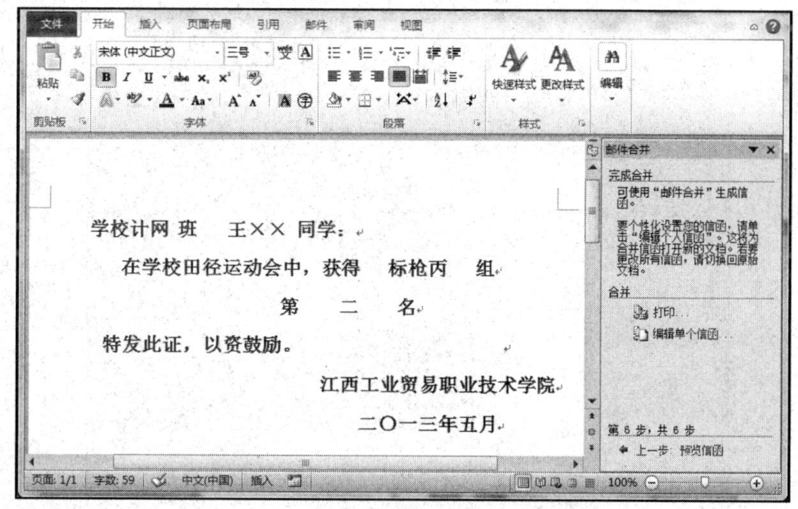

图 8-29 完成合并

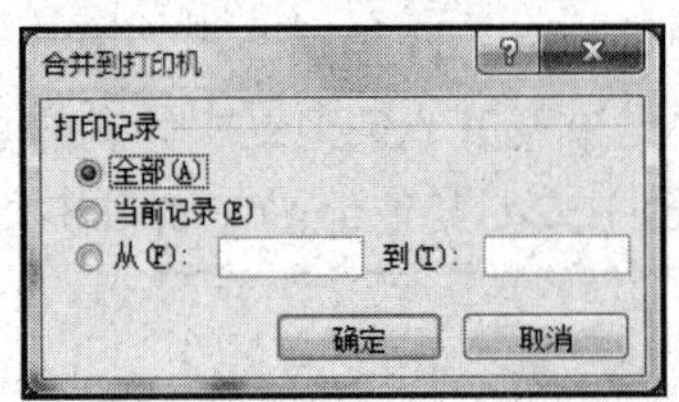

图 8-30 “合并到打印机”对话框

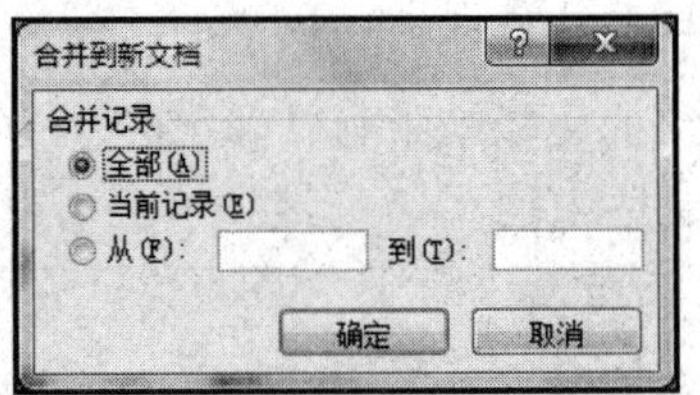

图 8-31 “合并到新文档”对话框

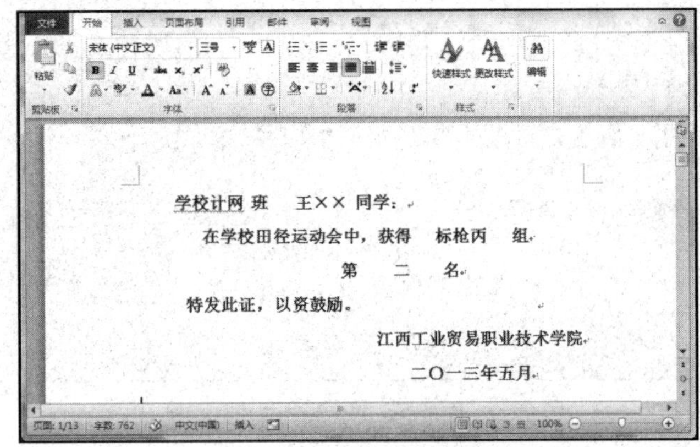

图 8-32 邮件合并生成新文档

三、上机练习

【上机练习 1】

利用 Word 的创建目录功能，为长文档自动生成目录。具体要求如下：

（1）打开“实训教程素材\模块八\练习\上机练习 1.docx”，分别设置“标题 1”“标题 2”“标题 3”三级目录。

（2）利用 Word 的创建目录功能，在素材文档首页自动生成目录，最终效果如图 8-33 所示。

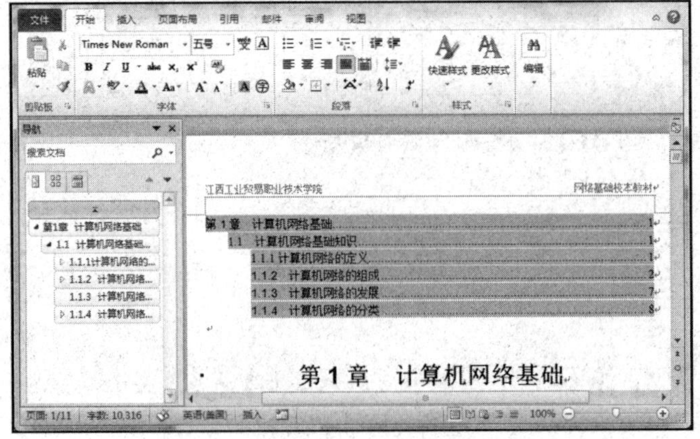

图 8-33 自动生成目录最终效果

【上机练习 2】

录制宏，利用 Word 宏在文档中插入学校信息签名。具体要求如下：

（1）创建一个名为“插入学校信息签名”的宏。

（2）将创建的宏添加到“工具栏”中。

（3）为创建的新宏设置一个快捷键：Ctrl+L。

（4）运行新创建的宏，在 Word 文档中插入学校信息签名（学校信息包括校名、邮编和地址），如图 8-34 所示。

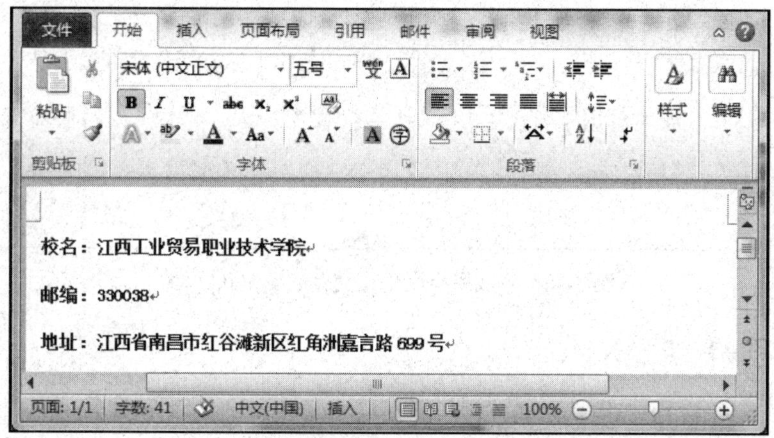

图 8-34 在文档中插入的学校信息签名

【上机练习 3】

邮件合并：利用 Word 的邮件合并功能批量打印学生论文奖状，具体要求如下：

（1）创建如图 8-35（a）所示的 Excel 数据源和如图 8-35（b）所示的主文档。

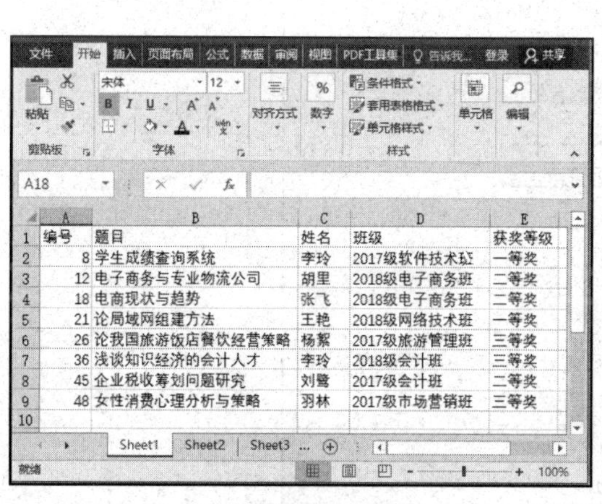

编号	题目	姓名	班级	获奖等级
8	学生成绩查询系统	李玲	2017级软件技术班	一等奖
12	电子商务与专业物流公司	胡里	2018级电子商务班	二等奖
18	电商现状与趋势	张飞	2018级电子商务班	二等奖
21	论局域网组建方法	王艳	2018级网络技术班	一等奖
26	论我国旅游饭店餐饮经营策略	杨絮	2017级旅游管理班	三等奖
36	浅谈知识经济的会计人才	李玲	2018级会计班	三等奖
45	企业税收筹划问题研究	刘鹭	2017级会计班	二等奖
48	女性消费心理分析与策略	羽林	2017级市场营销班	三等奖

（a）学生论文获奖数据

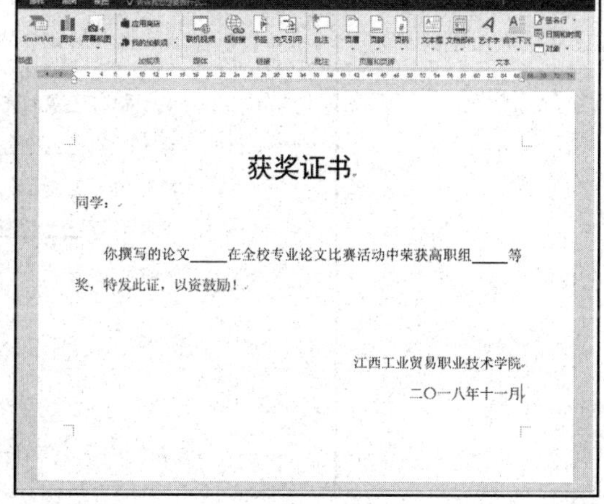

获奖证书

同学：

你撰写的论文____在全校专业论文比赛活动中荣获高职组____等奖，特发此证，以资鼓励！

江西工业贸易职业技术学院

二〇一八年十一月

（b）奖状主文档格式

图 8-35 数据源与主文档

（2）利用 Word 的邮件合并功能，生成所有学生论文获奖的奖状文档，如图 8-36 所示。

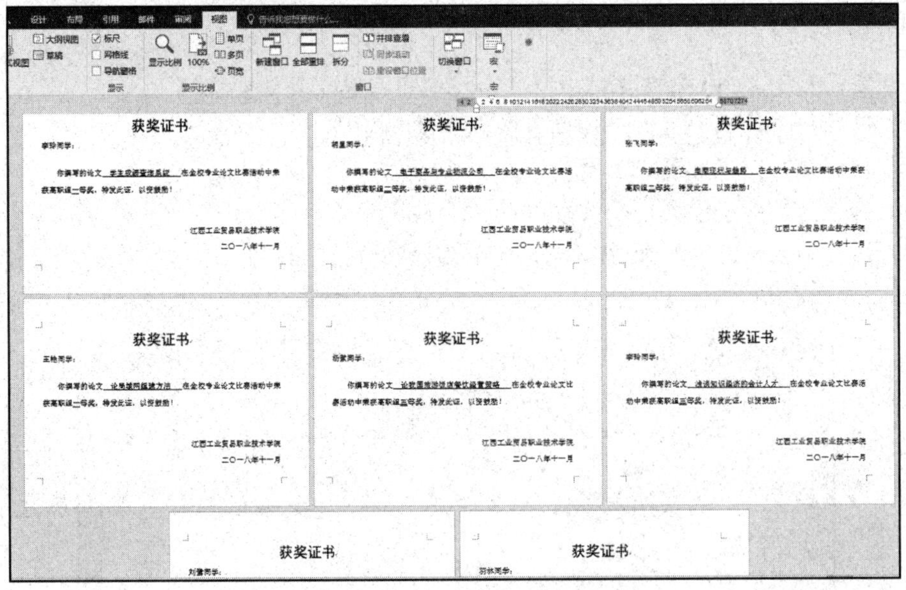

图 8-36　生成所有学生论文获奖的奖状文档

【上机练习 4】

打开“实训教程素材\模块八\练习\上机练习 4.docx”，按以下要求对文档进行排版。

（1）对论文封面进行排版，参考效果如图 8-37 所示。

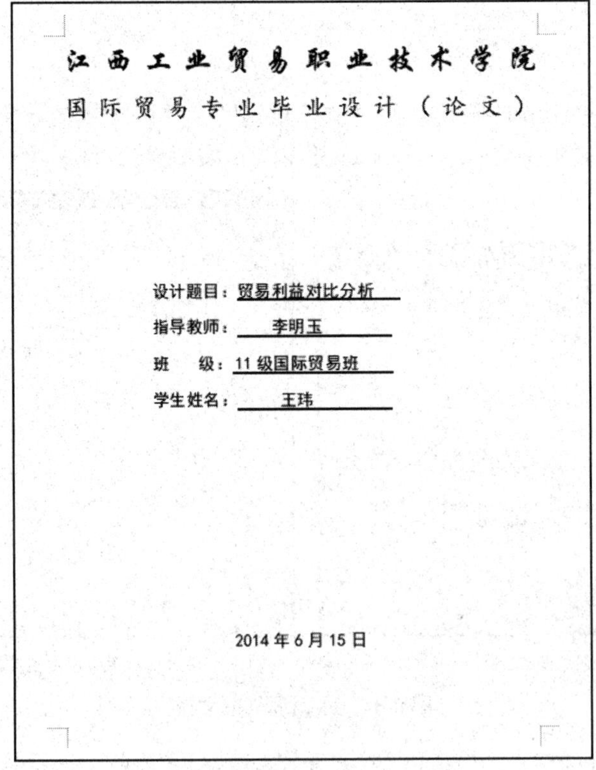

江 西 工 业 贸 易 职 业 技 术 学 院

国 际 贸 易 专 业 毕 业 设 计 （ 论 文 ）

设计题目：贸易利益对比分析

指导教师：　李明玉

班　　级：11 级国际贸易班

学生姓名：　王玮

2014 年 6 月 15 日

图 8-37　封面效果图

（2）用样式对全文进行排版。

① 创建样式 AA，格式要求为“宋体、小四，单倍行距，首行缩进两个字符”，对正文使用该样式。

② 创建样式 BB，格式要求为“黑体、三号、加粗，1.5 倍行距，段前间距 1 行，段后间距 0.5 行，居中对齐，另起一页（新的一章总是从新的一页开始）”，对章标题（如“第一章　引言”“参考文献”）使用该样式。

③ 创建样式 CC，格式要求为“黑体、四号、加粗，1.5 倍行距，段前间距 0.5 行，段后间距 0.5 行”，对节标题（如“1.1　选题背景与研究意义”）使用该样式。

④ 创建样式 DD，格式要求为“黑体、小四、加粗，1.5 倍行距，段前间距 0.5 行”，对小节标题（如“2.1.1 全球价值链理论的发展历程”）使用该样式。

（3）为论文制作目录。

参考效果如图 8-38 所示。

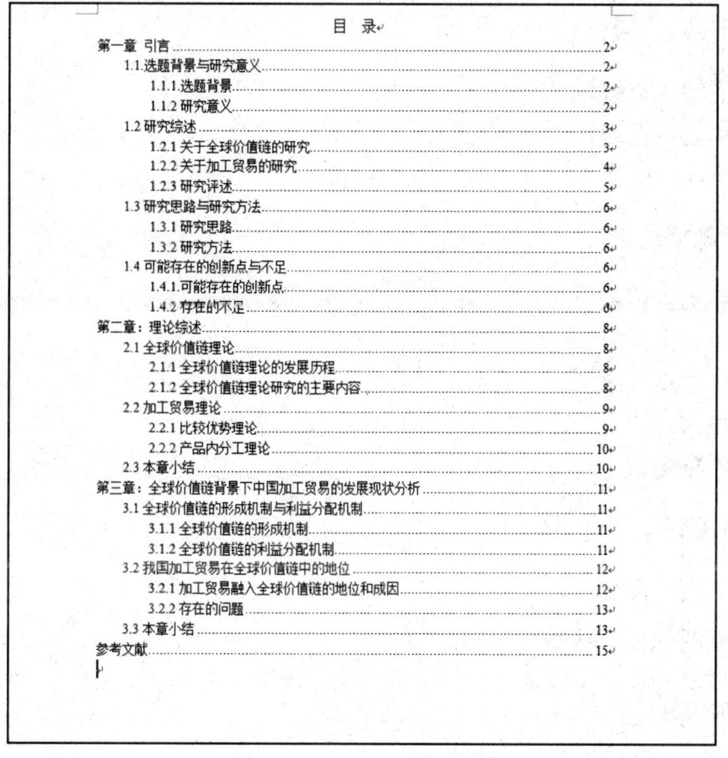
目 录

图 8-38　目录参考效果图

（4）页面格式要求。

① 为论文设置页码，其中封面没有页码，目录用“Ⅰ、Ⅱ……”的形式从Ⅰ开始编号，正文用“-1-、-2-……”的形式从 1 开始编号。

② 为论文添加页眉，其中封面和目录页没有页眉，正文部分奇数页页眉和偶数页页眉分别是“毕业论文”和“江西工业贸易职业技术学院”。奇数页页眉左对齐，偶数页页眉右对齐。

Excel 工作表的编辑与格式化

一、实训内容

1. 工作表的编辑操作

（1）数据的输入与编辑。
（2）设置单元格批注。
（3）单元格大小的调整。

2. 工作表的格式化

（1）设置单元格格式。
（2）合并单元格。
（3）设置边框及底纹。
（4）条件格式。
（5）套用表格格式。

3. 工作簿的管理

（1）工作表的重命名。
（2）工作表的插入、移动、复制、删除。

二、操作实例

输入与编辑数据

1. 操作要求

（1）新建一个文件名为“员工基本信息表.xlsx”的工作簿，将 Sheet1 工作表重命名为“信息表”，在表中输入数据，如图 9-1 所示。

图 9-1　员工基本信息表

（2）在“年龄”列中，若输入年龄小于 18 岁，则会弹出“禁止聘用未成年人”警告消息。在“部门”列中，通过下拉列表选择相应数据。

2. 操作步骤

（1）新建“员工基本信息表.xlsx”工作簿，修改 Sheet1 工作表名称。

① 启动 Excel 2016，默认新建一个名为“工作簿 1”的工作簿，选择“文件”菜单中的“另存为”命令，单击“浏览”按钮选择保存位置，“文件名”框中输入“员工基本信息表”，“保存类型”框选择“Excel 工作簿(*.xlsx)”，单击“保存”按钮。

② 双击工作表标签“Sheet1”，输入工作表名称“信息表”。

（2）输入表标题和表头信息。

① 单击 A1 单元格，输入“员工基本信息表”，按 Enter 键确认输入内容。

② 在 A2 单元格输入“序号”，按 Tab 键跳到下一个单元格 B2，输入“ID 号”，同理依次输入“姓名”“性别”“年龄”“入职时间”“部门”“基本工资”。

（3）输入“序号”“ID 号”“性别”“入职时间”“基本工资”5 列数据。

① 在 A3 单元格输入“1”，选中 A3 单元格，将光标移至 A3 单元格右下角填充柄处，光标变成十字形，按住 Ctrl 键不放的同时按住鼠标左键向下拖动至 A8 单元格，释放鼠标和按键会自动以递增序列填充该单元格区域。

② 在 B3 单元格输入“'0001”（说明：'为英文的单引号），将单元格数据类型转换为“文本”，此时在单元格左上角出现一个绿色的三角形标记。将光标移到 B3 单元格右下角填充柄处，直接按住鼠标左键向下拖动至 B8 单元格。

③ 输入姓名和性别的数据。

“姓名”列数据直接输入。“性别”列数据输入时有简便操作：选中 D4 单元格，按住 Ctrl 键的同时选中 D6:D8 单元格，输入“男”，然后按快捷键 Ctrl+Enter，这样选中的单元格同时会填充相同的数据“男”。

④ 输入“入职时间”和“基本工资”列数据。

“入职时间”列：选择 F3 单元格，输入“2019-2-24”或“2019/2/24”，依次输入下方单元格的日期数据。选中 F3:F8 单元格区域，单击鼠标右键（右击），在弹出的快捷菜单中选择“设置单元格格式”命令，弹出“设置单元格格式”对话框，设置“分类”为“日期”，“类型”为“*2012 年 3 月 14 日”，如图 9-2 所示。

“基本工资”列：输入完数据后，选中“H3:H8”单元格区域，同上操作在“设置单元格格式”对话框的“数字”选项卡中设置数据类型，如图 9-3 所示。

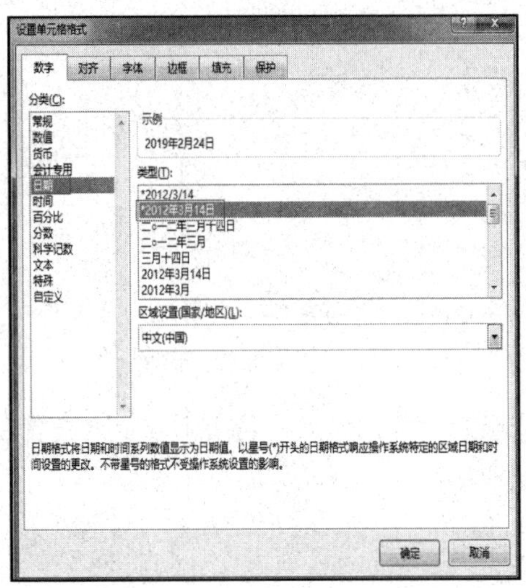

图 9-2　设置“入职时间”数据格式

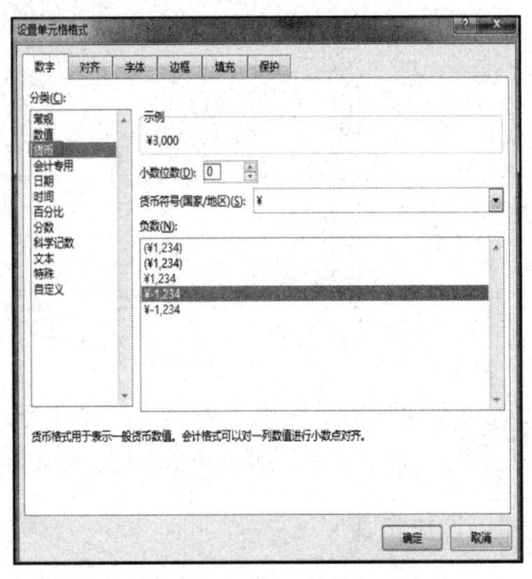

图 9-3　设置“基本工资”数据格式

（4）设置“年龄”“部门”两列的数据。

① “年龄”列：选中 E3:E8 单元格区域，单击“数据”选项卡“数据工具”组中的“数据验证”按钮，打开“数据验证”对话框，单击“设置”选项卡，按照如图 9-4（a）所示进行设置；切换至“出错警告”选项卡，按照如图 9-4（b）所示进行设置。

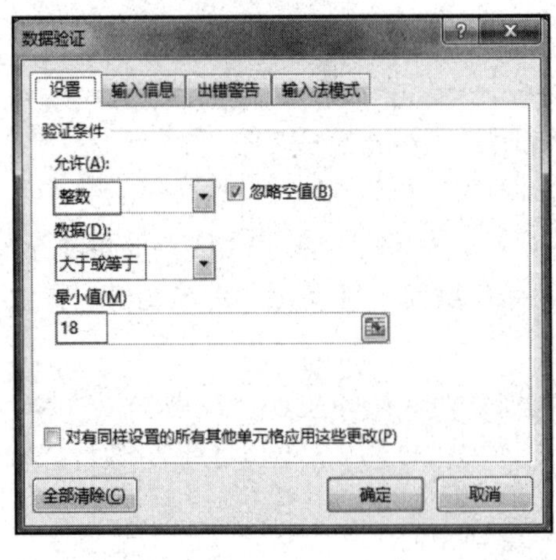

（a）

（b）

图 9-4　设置“年龄”列数据验证

② “部门”列：选中 G3:G8 单元格区域，同上述操作打开“数据验证”对话框，在“设置”选项卡中按照如图 9-5 所示进行设置。设置完成后，单击单元格右侧的下拉按钮则会出现下拉列表，在列表中选择相应的数据，如图 9-6 所示。

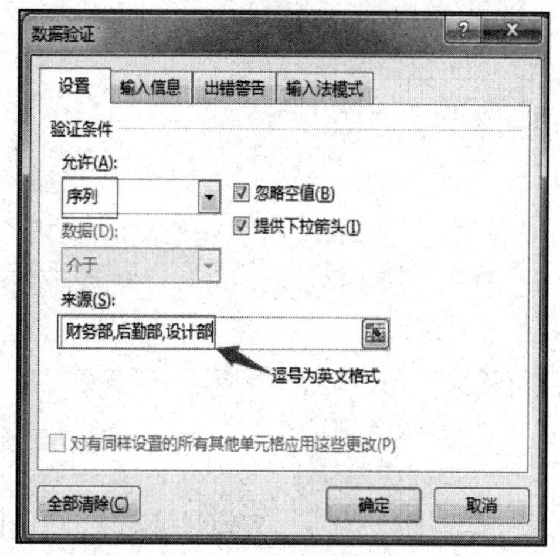

图 9-5　设置“部门”数据验证

	A	B	C	D	E	F	G	H
1	员工基本信息表							
2	序号	ID号	姓名	性别	年龄	入职时间	部门	基本工资
3	1	0001	李霞	女	28	2019年2月24日	财务部	¥3,000
4	2	0002	王鹏	男	27	2019年3月		¥4,000
5	3	0003	郭彩霞	女	33	2019年6		¥2,000
6	4	0004	沈阳	男	34	2019年6月27日		¥2,500
7	5	0005	杨小东	男	41	2019年4月15日		¥2,600
8	6	0006	文龙	男	26	2019年2月28日		¥2,400
9								

图 9-6　设置“部门”数据验证后效果

（5）按快捷键 Ctrl+S 保存工作簿。

工作表的编辑

1．操作要求

打开“实训教程素材\模块九\例题\例题 2.xlsx”，完成以下操作：

（1）在标题行下方插入一行，设置行高为 9.00。

（2）将“工程测量”一列与“城镇规划”一列位置互换。

（3）删除“98D005”行下方的一行（空行）。

（4）为“95”（G7 及 F8）单元格插入批注“>=95 被评为优秀”。

（5）将 Sheet1 工作表重命名为“毕业答辩成绩”。

2．操作步骤

（1）单击行号“3”，选中第 3 行，单击“开始”选项卡“单元格”组中的“插入”按钮，在弹出的菜单中选择“插入工作表行”命令，如图 9-7 所示，此时在标题行下方已经插入一个新行。右击行号“3”，在弹出的快捷菜单中选择“行高”命令，打开“行高”对话框，在“行高”文本框中输入 9，如图 9-8 所示，最后单击“确定”按钮。

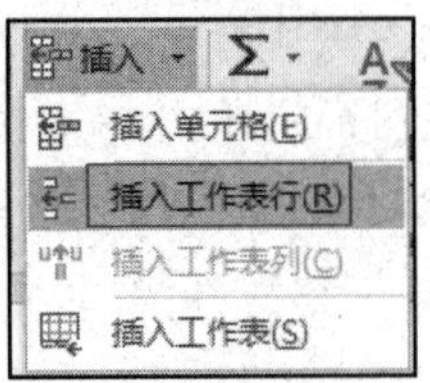

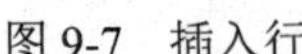

图 9-7　插入行

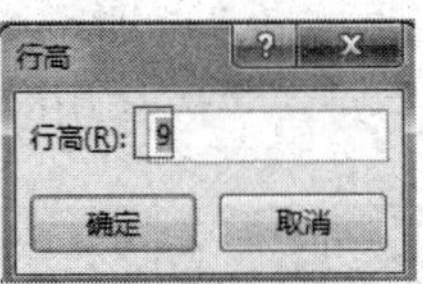

图 9-8　设置行高

（2）单击列标“F”，选中“工程测量”一列，右击选中的区域，在弹出的快捷菜单中选择“剪切”命令。右击列标“D”，在弹出的快捷菜单中选择“插入剪切的单元格”命令，如图 9-9 所示。此时“工程测量”列移至“城镇规划”列的左侧，选中“测量平差”列执行相同的操作。

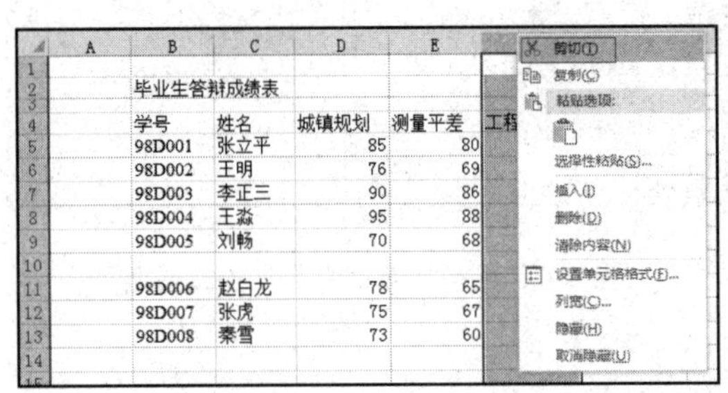

图 9-9　移动列

（3）右击行号“10”，在弹出的快捷菜单中选择“删除”命令，则删除了“98D005”下方的空行。

（4）右击 G7 单元格，在弹出的快捷菜单中选择“插入批注”命令，在“批注”文本框中输入“>=95 被评为优秀”，如图 9-10 所示。右击 G7 单元格，在弹出的快捷菜单中选择“复制”命令，右击 F8 单元格，在弹出的快捷菜单中选择“选择性粘贴”命令，打开“选择性粘贴”对话框，按照如图 9-11 所示进行设置，最后单击“确定”按钮。

	A	B	C	D	E	F	G
1							
2		毕业生答辩成绩表					
3							
4		学号	姓名	工程测量	测量平差	城镇规划	仪器维修
5		98D001	张立平	78	80	85	90
6		98D002	王明	65	69	76	80
7		98D003	李正三	89	86	90	95
8		98D004	王淼	90	88	95	68
9		98D005	刘畅	92	68	70	80
10		98D006	赵白龙	86	65	78	85
11		98D007	张虎	78	67	75	69
12		98D008	秦雪	72	60	73	80

Administrator:
>=95被评为优秀

图 9-10　插入批注

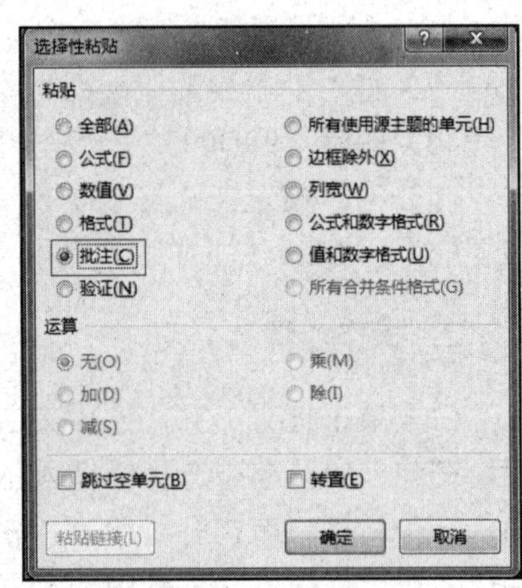

图 9-11　“选择性粘贴”对话框

（5）双击 Sheet1，输入“毕业答辩成绩”。

例题 3

工作表的格式化

1. 操作要求

打开“实训教程素材\模块九\例题\例题 3.xlsx”，完成以下操作：

（1）将 B2:G2 单元格区域合并后设置单元格对齐方式为居中；设置字体为隶书，字号为 20，字形为加粗，字体颜色为绿色（标准色），底纹为黄色（标准色）。

（2）将 B3:G10 单元格区域的对齐方式设置为水平居中；设置字体为华文楷体，字号为 14，字体颜色为紫色（标准色）；设置图案颜色为“白色，背景 1，深色 35%”，样式为“25%灰色”。

（3）设置 D4:G10 单元格区域的数字为货币格式，货币符号为“￥”，保留 0 位小数。

（4）将 B3:G10 单元格区域的外边框线设置为蓝色（标准色）的粗实线，内边框线设置为红色（标准色）的细虚线。

2. 具体操作步骤

（1）选中 B2:G2 单元格区域，单击“开始”选项卡“对齐方式”组中的“合并后居中”按钮，如图 9-12 所示。在合并后的单元格上单击鼠标右键，在弹出的快捷菜单中选择“设置单元格格式”命令，在打开的“设置单元格格式”对话框中切换到“字体”选项卡并按照如图 9-13 所示进行设置；切换至“填充”选项卡，选择背景色为黄色，如图 9-14（a）所示，最后单击“确定”按钮。

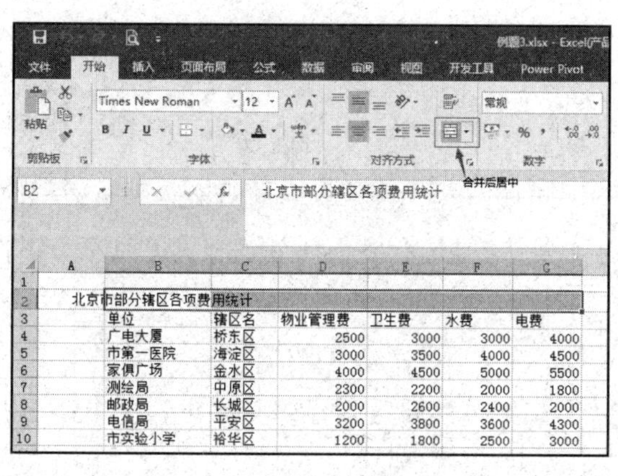

图 9-12　设置合并后居中

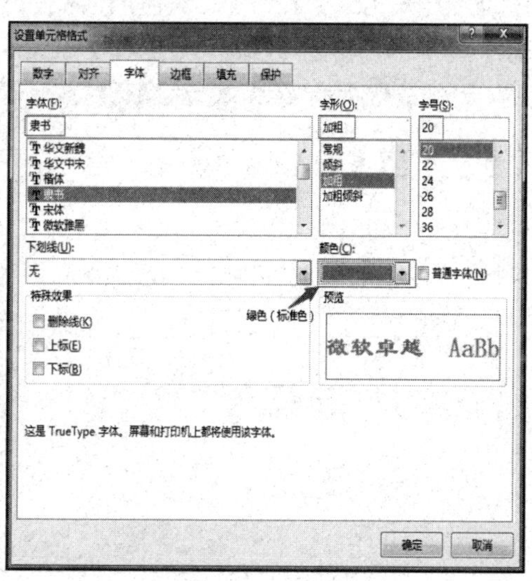

图 9-13　设置标题单元格字体格式

（2）选中 B3:G10 单元格区域，单击“开始”选项卡“对齐方式”组中的“居中”按

钮。同上操作，在“设置单元格格式”对话框的“字体”选项卡中设置字体格式；在“填充”选项卡中，设置图案颜色为“白色，背景 1，深色 35%”，图案样式为“25%灰色”，如图 9-14（b）所示，最后单击“确定”按钮。

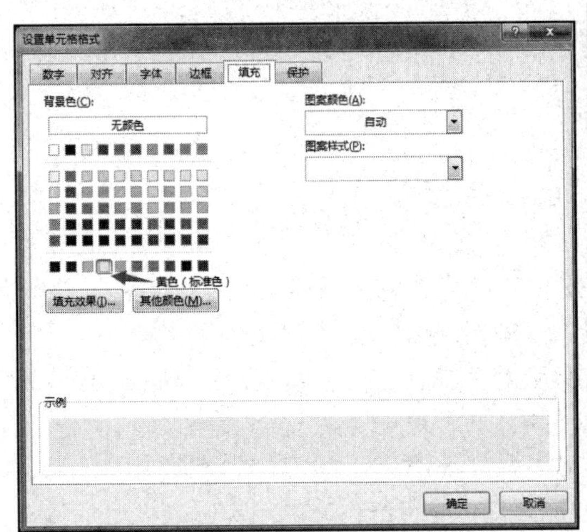

（a）

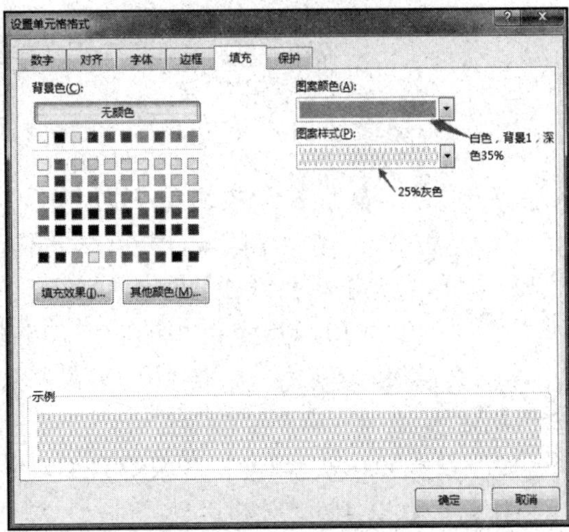

（b）

图 9-14　设置单元格底纹

（3）选中 D4:G10 单元格区域并右击，在弹出的快捷菜单中选择“设置单元格格式”命令，弹出“设置单元格格式”对话框，在“数字”选项卡中设置分类为“货币”，货币符号为“¥”，设置小数位数为 0。

（4）选中 B3:G10 单元格区域，同上操作，打开“设置单元格格式”对话框，切换到“边框”选项卡，选择线条样式为“粗实线”，颜色为“蓝色”，单击“外边框”按钮；再设置线条样式为“点画线”，颜色为“红色”，单击“内部”按钮，即给表格添加了内外边框线，如图 9-15 所示。最终设置效果如图 9-16 所示。

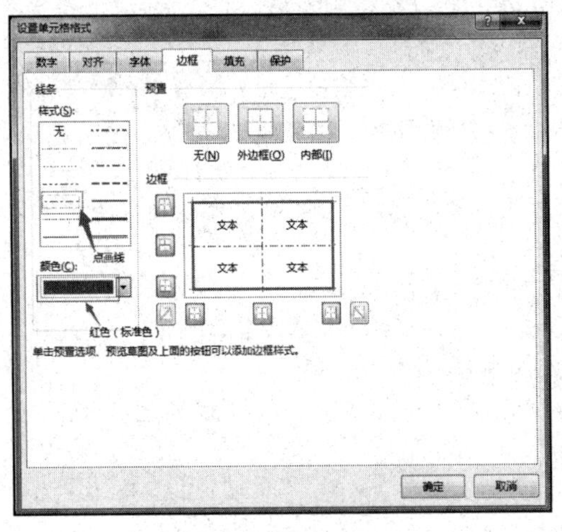

图 9-15　设置 B3:G10 边框

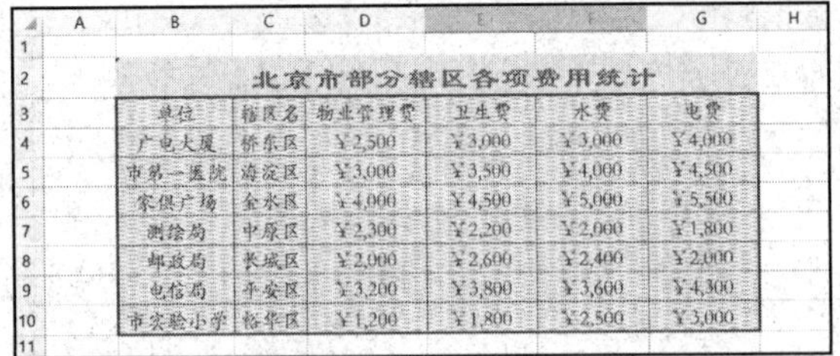

北京市部分辖区各项费用统计					
单位	辖区名	物业管理费	卫生费	水费	电费
广电大厦	桥东区	¥2,500	¥3,000	¥3,000	¥4,000
市第一医院	海淀区	¥3,000	¥3,500	¥4,000	¥4,500
家俱广场	金水区	¥4,000	¥4,500	¥5,000	¥5,500
测绘局	中原区	¥2,300	¥2,200	¥2,000	¥1,800
邮政局	长城区	¥2,000	¥2,600	¥2,400	¥2,000
电信局	平安区	¥3,200	¥3,800	¥3,600	¥4,300
市实验小学	裕华区	¥1,200	¥1,800	¥2,500	¥3,000

图 9-16　最终结果

例题 4

条件格式、自动套用格式

1．操作要求

打开“实训教程素材\模块九\例题\例题 4.xlsx”，完成以下操作：

（1）利用条件格式，将 F3:F10 单元格区域数值大于 10000 的字体设置为“红色文本”。

（2）利用“样式”对话框自定义“表标题”样式，包括：“数字”为通用格式，“对齐”为水平居中和垂直居中，“字体”为华文彩云 11，“边框”为左右上下边框，“背景色”为浅绿色，设置合并后 A1:F1 单元格区域为“表标题”样式。

（3）设置单元格区域 A2:F10 套用表格格式为“表样式中等深浅 6”。

2．操作步骤

（1）选中 F3:F10 单元格区域，单击“开始”选项卡“样式”组中的“条件格式”按钮，在弹出的菜单中单击“突出显示单元格规则”→“大于”命令，弹出“大于”对话框，按照如图 9-17 所示进行设置，最后单击“确定”按钮。

图 9-17　设置条件格式

（2）选中合并后的 A1 单元格，单击“开始”选项卡“样式”组中的“单元格样式”按钮，在弹出的菜单中单击“新建单元格样式”命令，打开“样式”对话框，如图 9-18（a）所示。在“样式”对话框的“样式名”栏内输入“表标题”，单击“格式”按钮，弹出“设置单元格格式”对话框，在“设置单元格格式”对话框中分别设置各选项卡中的参数值，单击“确定”按钮，此时“样式”对话框如图 9-18（b）所示。单击“开始”选项卡中“样式”组中的“单元格样式”按钮，在弹出的菜单中设置自定义“表标题”即可，如图 9-19 所示。

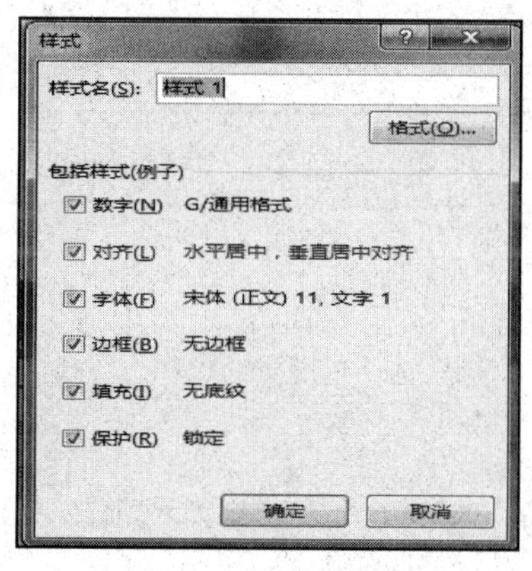

（a）

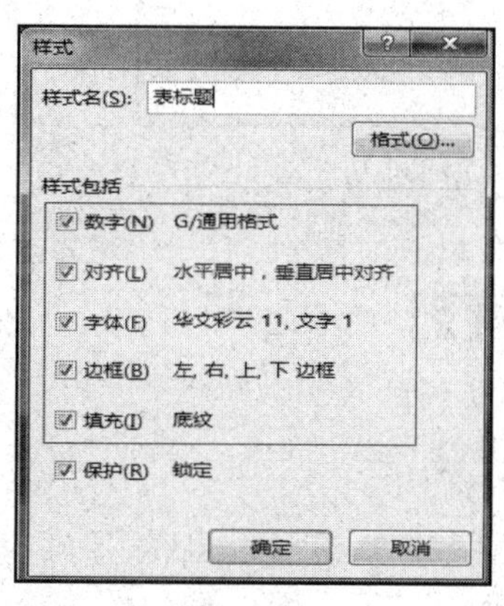

（b）

图 9-18　“样式”对话框

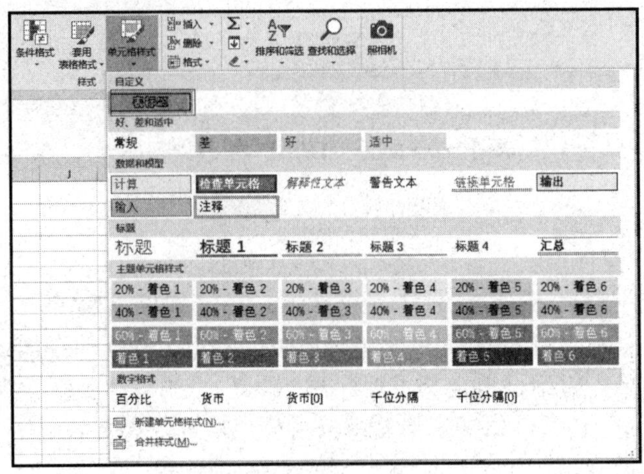

图 9-19 “单元格样式”菜单

（3）选中 A2:F10 单元格区域，单击“开始”选项卡“样式”组中的“套用表格格式”按钮，在弹出的菜单中单击“表样式中等深浅 6”按钮，如图 9-20 所示，完成后效果如图 9-21 所示。

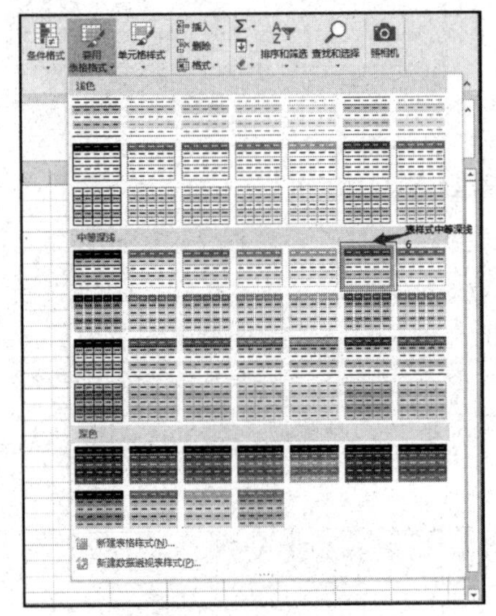

图 9-20 设置表格套用格式

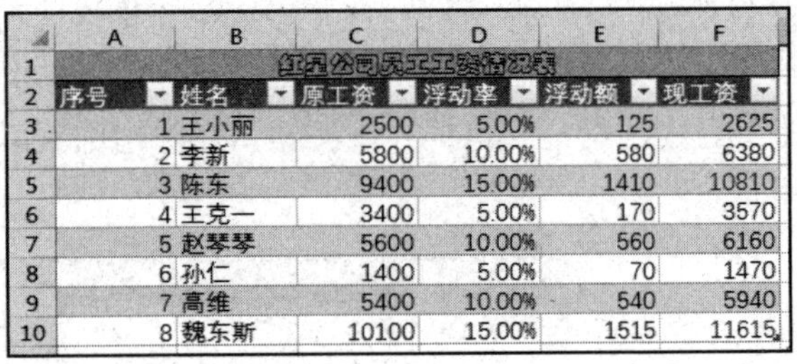

	A	B	C	D	E	F
1	红星公司员工工资情况表					
2	序号	姓名	原工资	浮动率	浮动额	现工资
3	1	王小丽	2500	5.00%	125	2625
4	2	李新	5800	10.00%	580	6380
5	3	陈东	9400	15.00%	1410	10810
6	4	王克一	3400	5.00%	170	3570
7	5	赵琴琴	5600	10.00%	560	6160
8	6	孙仁	1400	5.00%	70	1470
9	7	高维	5400	10.00%	540	5940
10	8	魏东斯	10100	15.00%	1515	11615

图 9-21 完成后结果

三、上机练习

【上机练习 1】

打开“实训教程素材\模块九\练习\上机练习 1.docx”，完成以下操作：

（1）在标题行（第 2 行）的下方插入一行，行高为 6。

（2）将“郑州”一行移至“商丘”一行的上方。

（3）删除第 G 列（空列）。

（4）为数据为“0”的单元格插入批注“该季度没有进入市场”。

（5）将 Sheet1 工作表重命名为“销售情况”。

【上机练习 2】

打开“实训教程素材\模块九\练习\上机练习 2.docx”，完成以下操作，完成后效果如图 9-22 所示。

（1）将 B2:I2 单元格区域合并后设置单元格对齐方式为居中；设置字体为华文彩云，字号为 18，加粗，字体颜色为深蓝（标准色）；设置橙色（标准色）的底纹。

（2）将 B3:I3 单元格区域对齐方式设置为水平居中；设置字号为 14，字体颜色为红色（标准色）；设置底纹为“紫色，个性色 4，淡色 60%”。

（3）将 G4:G10 单元格区域的数值设置为货币格式，应用货币符号￥；设置单元格区域 H4:H10 的数值格式保留两位小数。

（4）设置 I4:I10 单元格区域的日期格式为“年-月-日”（注意：月和日均显示两位数）。

（5）将 B4:I10 单元格区域的对齐方式设置为水平居中；字体颜色设置为“白色，背景 1，深色 25%”；设置“蓝色，个性色 1，深色 50%”的底纹。

（6）表格标题行（B3:I3）的上下边框线设置为“白色，背景 1”粗实线，内边框线设置为红色（标准色）的细实线。

（7）将 Sheet1 重命名为“公司订货单”。

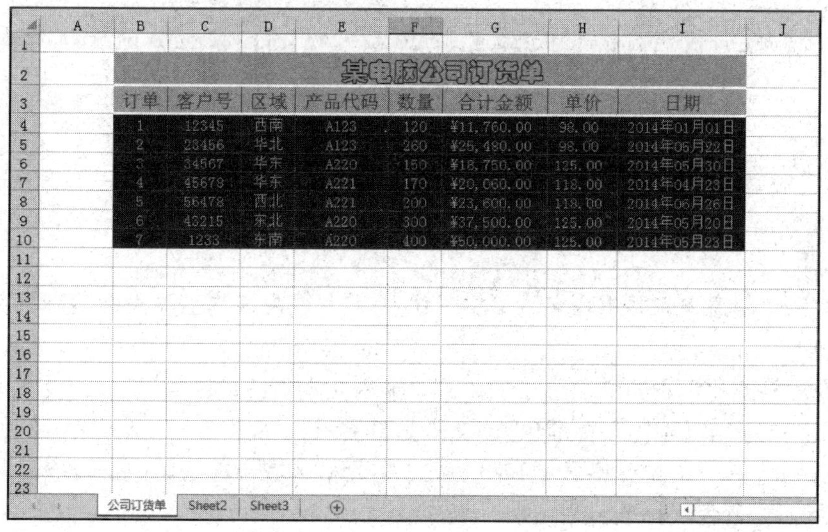

某电脑公司订货单							
订单	客户号	区域	产品代码	数量	合计金额	单价	日期
1	12345	西南	A123	120	¥11,760.00	98.00	2014年01月01日
2	23456	华北	A123	260	¥25,480.00	98.00	2014年05月22日
3	34567	华东	A220	150	¥18,750.00	125.00	2014年05月30日
4	45678	华东	A221	170	¥20,060.00	118.00	2014年04月23日
5	56478	西北	A221	200	¥23,600.00	118.00	2014年06月26日
6	43215	东北	A220	300	¥37,500.00	125.00	2014年05月20日
7	1233	东南	A220	400	¥50,000.00	125.00	2014年05月23日

图 9-22　上机练习 2 结果图

【上机练习 3】

打开“实训教程素材\模块九\练习\上机练习 3.docx”，完成以下操作，完成后效果如图 9-23 所示。

（1）利用条件格式，将“合计”列大于等于 5000 的数字用“浅红填充色深红色文本”显示。利用条件格式中数据条下的“绿色数据条”渐变填充修饰“基本工资”列数据。

（2）将 A2:E8 单元格区域格式设置为自动套用格式“表样式浅色 10”。

职工工资情况表

职工号	基本工资	岗位津贴	书报费	合计
A1997212	1498.8	1725.5	27	3251.3
A2000051	1378.5	2000	53	3431.5
B2000362	1784.9	3897.3	64	5746.2
C1998123	1256.8	1780.5	56	3093.3
C1999257	1523.6	3434.4	42	5000
D199875	1678.6	2315.9	48	4042.5

图 9-23　上机练习 3 结果图

【上机练习 4】

打开“实训教程素材\模块九\练习\上机练习 4.docx”，完成以下操作，完成后效果如图 9-24 所示，将工作簿另存为“格式化员工信息表.xlsx”。

员工信息表

格式化信息表

工号	姓名	性别	身份证号	出生日期	学历	参加工作时间	部门	职务	基本工资	联系方式
0001	李霞	女	36010319701105	1970年11月05日	中专	1982/2/1	财务科	副科长	3000	6327832
0002	王鹏	男	36010319821222	1982年12月22日	本科	1995/5/1	后勤科	科长	5000	8664325
0003	郭彩霞	女	36010419751218	1975年12月18日	大专	1996/9/1	设计科	科员	4000	4678921
0004	沈阳	男	36010119800506	1980年05月06日	大专	1992/10/5	财务科	科员	2500	6459812
0005	杨小东	男	36010419770206	1977年02月06日	中专	1997/5/30	设计科	科员	2600	6451235
0006	文龙	男	36010219710625	1971年06月25日	初中	2000/9/1	设计科	科员	2400	6458963
0007	王农	男	36010319900910	1990年09月10日	本科	2001/10/1	后勤科	科员	5600	6451289
0008	季小康	男	36010219930223	1993年02月23日	研究生	2008/5/1	财务科	科员	8000	6451287
0009	邓鹏	男	36010419730508	1973年05月08日	中专	1998/6/1	财务科	科员	2300	6541235
0010	温美	女	36010519861218	1986年12月18日	研究生	2001/9/1	后勤科	科员	6000	6452871
0011	刘琦其	女	36010519770530	1977年05月30日	本科	2002/9/1	财务科	科员	4600	6452318
0012	郭米露	女	36010119800423	1980年04月23日	大专	2006/10/5	后勤科	科员	3800	6452013
0013	刘伟	男	36010719770828	1977年08月28日	本科	2007/9/1	财务科	科员	5900	6452180
0014	赵涛涛	男	36010219701127	1970年11月27日	本科	2005/8/1	财务科	科员	4800	6452308
0015	喻聪	女	36010419820610	1982年06月10日	研究生	2009/10/1	后勤科	科员	7000	6452173
0016	李谷	男	36010219901218	1990年12月18日	研究生	2010/9/8	后勤科	科员	6600	6451230
0017	周婵	女	36010419841001	1984年10月01日	本科	2006/9/5	设计科	科员	2100	6451093
0018	丁嘉惠	女	36010519780405	1978年04月05日	中专	2007/9/5	财务科	科员	2000	6452034
0019	王星	女	36010719860408	1986年04月08日	大专	2010/10/8	设计科	科员	3600	6452581
0020	朱婷	女	36010419821227	1982年12月27日	本科	2011/5/3	后勤科	科员	4000	5412983

Sheet1　格式化

图 9-24　上机练习 4 效果图

（1）复制“信息表”并重命名为“格式化”；将“信息表”工作表标签颜色设置为“紫色（标准色）”。

（2）在“格式化”表的最左边添加 1 列，输入文本“格式化信息表”，设置字体为“微软雅黑”，字号为 14，蓝色（标准色），文本垂直显示。

（3）分别将 B1:L1 单元格区域和 A2:A22 单元格区域合并后居中，设置标题字体为隶书，字号为 22，蓝色（标准色）。

（4）设置表头（标题行）字体为黑体，字号为 13，加粗，填充“灰色-25%，背景 2，深色 10%”背景色，居中显示。

（5）将表数据区域（B3:L22）设置字号为 12，居中显示，行高 18，自动调整列宽。

（6）对表标题单元格设置由黄色到白色渐变的背景色，设置 B2:L22 单元格区域外框线为双实线，内框线为点画线，颜色均为蓝色（标准色）。

（7）将学历为“本科”和“研究生”的单元格以红色倾斜、黄色背景格式显示；基本工资在 5000 及以上的以★标示，大于等于 3000 且小于 5000 的以⯪标示，小于 3000 的以☆标示。

Excel 中的公式与函数应用

一、实训内容

1. 公式的使用

（1）相对引用。
（2）绝对引用。
（3）混合引用。

2. 函数的使用

（1）SUM，AVERAGE，MAX，MIN。
（2）COUNT，SUMIF，COUNTIF，RANK。
（3）IF，ABS，VLOOKUP。

二、操作实例

公式的使用

1. 操作要求

打开"实训教程素材\模块十\例题\例题 1.xlsx"，计算每种商品的销售额（销售额=单价*销售数量），计算总销售额（置于 D7 单元格中）和所占比例（所占比例=销售额/总销售额，百分比型，保留小数点 2 位）。

2. 操作步骤

（1）选中 D3 单元格，输入公式"=B3*C3"，然后按 Enter 键即可计算出甲商品的销售额。将鼠标指针移到 D3 单元格的右下角，当鼠标指针变成黑十字箭头时，按住鼠标左键向下拖动到 D6 单元格，然后放开鼠标即可计算出其他商品的销售额，如图 10-1 所示。

（2）选中 D7 单元格，输入公式“=D3+D4+D5+D6”，然后按 Enter 键计算出总销售额。

（3）选中 E3 单元格，输入公式“=D3/D7”，然后按 Enter 键即可计算出甲商品的所占比例。将鼠标指针移到 E3 单元格的右下角，当鼠标指针变成黑十字箭头时，按住鼠标左键向下拖动到 E6 单元格，然后放开鼠标即可计算出其他商品的所占比例。选定单元格区域 E3:E6，单击“开始”选项卡“字体”组右下角的对话框启动器按钮，打开“设置单元格格式”对话框，在“数字”选项卡中，选择“分类”为“百分比”，“小数位数”为“2”，结果如图 10-2 所示。

某公司产品销售情况表				
商品名称	单价	销售数量	销售额	所占比例
甲商品	26	150	3900	
乙商品	29	125	3625	
丙商品	18	220	3960	
丁商品	23	185	4255	
总销售额				

图 10-1 “销售额”计算结果图

某公司产品销售情况表				
商品名称	单价	销售数量	销售额	所占比例
甲商品	26	150	3900	24.78%
乙商品	29	125	3625	23.03%
丙商品	18	220	3960	25.16%
丁商品	23	185	4255	27.03%
总销售额			15740	

图 10-2 “所占比例”计算结果图

公式的使用

1. 操作要求

打开“实训教程素材\模块十\例题\例题 2.xlsx”，完成乘法表的编辑。

2. 操作步骤

（1）选择 B3 单元格，输入公式“=B$2*$A3”，然后按 Enter 键，计算结果显示在 B3 单元格中，如图 10-3 所示。

（2）将 B3 单元格中的公式复制到其他单元格中，即可完成乘法表的创建，如图 10-4 所示。

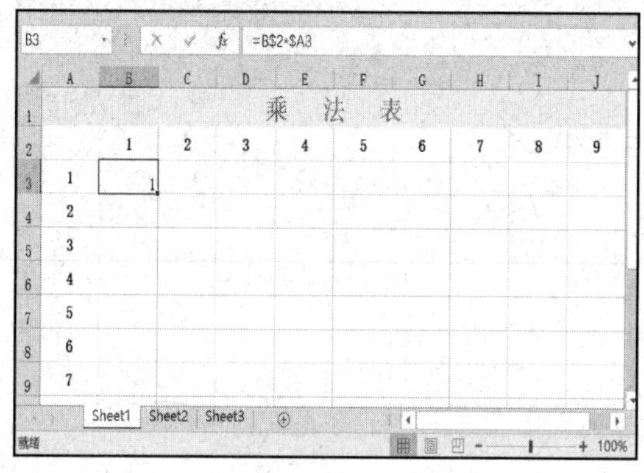

图 10-3　输入计算公式

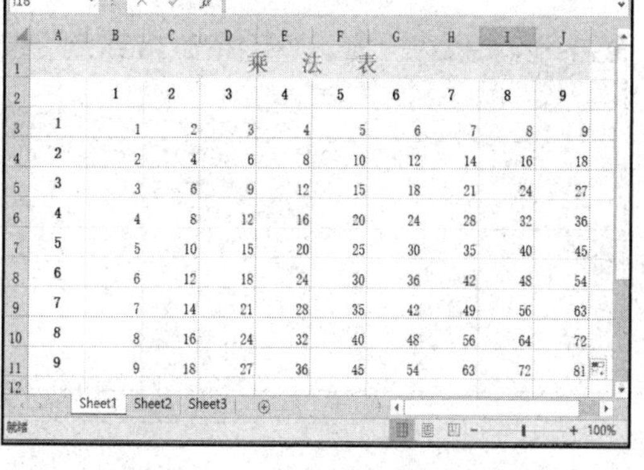

	1	2	3	4	5	6	7	8	9
1	1	2	3	4	5	6	7	8	9
2	2	4	6	8	10	12	14	16	18
3	3	6	9	12	15	18	21	24	27
4	4	8	12	16	20	24	28	32	36
5	5	10	15	20	25	30	35	40	45
6	6	12	18	24	30	36	42	48	54
7	7	14	21	28	35	42	49	56	63
8	8	16	24	32	40	48	56	64	72
9	9	18	27	36	45	54	63	72	81

图 10-4　“乘法表”计算结果图

SUM、AVERAGE、MAX、MIN 函数的使用

1. 操作要求

打开“实训教程素材\模块十\例题\例题 3.xlsx”，计算月总收入、平均月收入，并计算最高平均月收入（置于 H9 单元格）和最低平均月收入（置于 H10 单元格）。

2. 操作步骤

（1）选中 I3 单元格，单击“公式”选项卡“函数库”组中的“自动求和”按钮，在打开的“自动求和”列表中单击“求和”命令，在编辑栏中将公式参数设置为“B3:G3”，按 Enter 键（或单击编辑栏上的“√”）即可求出 1 号家庭的总收入。将鼠标指针移到 I3 单元格的右下角，当鼠标指针变成黑十字箭头时，按住鼠标左键向下拖动到 I8 单元格，然后放开鼠标即可计算出其他家庭的总收入，如图 10-5 所示。

（2）选中 H3 单元格，单击“公式”选项卡“函数库”组中的“自动求和”按钮，在打开的“自动求和”列表中单击“平均值”命令，在显示的公式单元格中将参数设置为“B3:G3”，按 Enter 键即可求出 1 号家庭的平均月收入。将鼠标指针移到 H3 单元格的右下角，当鼠标指针变成黑十字箭头时，按住鼠标左键向下拖动到 H8 单元格，然后放开鼠标即可计算出其他家庭的平均月收入，如图 10-6 所示。

（3）选中 H9 单元格，单击“公式”选项卡“函数库”组中的“自动求和”按钮，在打开的“自动求和”列表中单击“最大值”命令，在显示的公式单元格中将参数设置为“H3:H8”，按 Enter 键即可求出最高平均月收入，如图 10-7 所示。

（4）用同样的方法计算最低平均月收入，如图 10-8 所示。

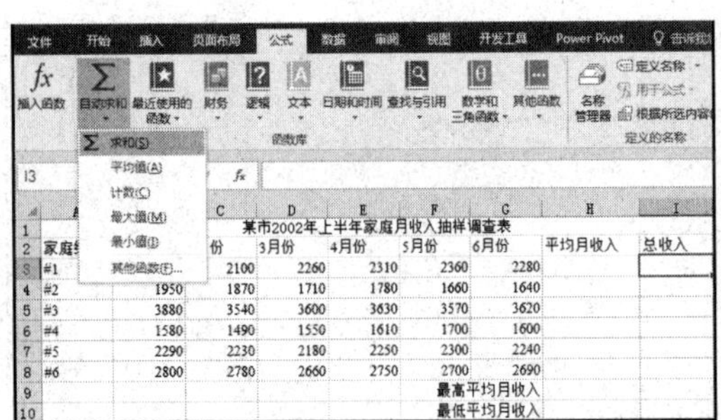

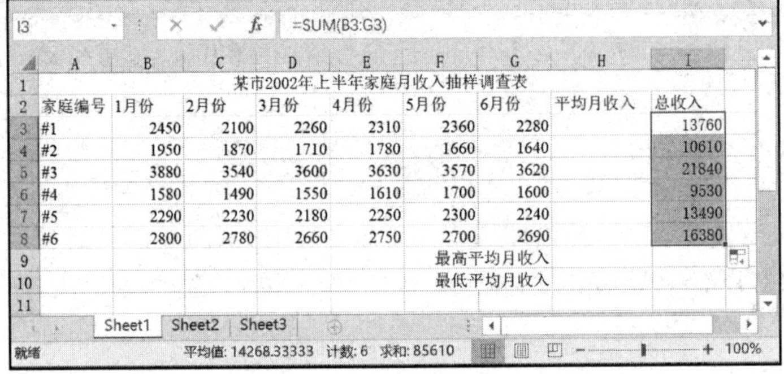

图 10-5　SUM 函数

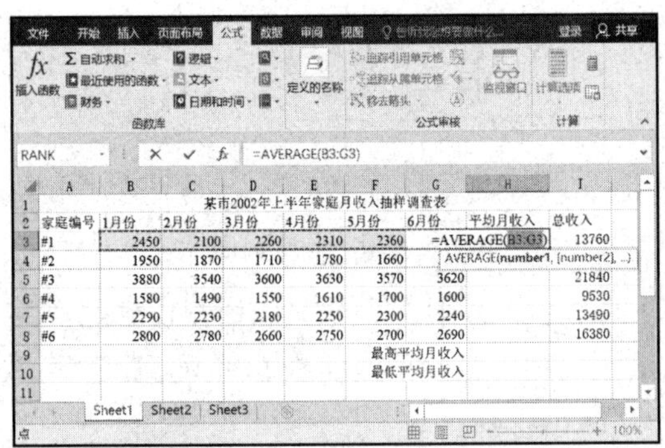

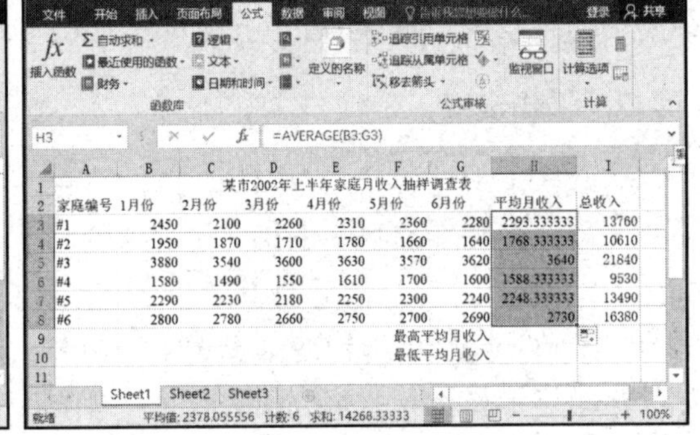

图 10-6　AVERAGE 函数

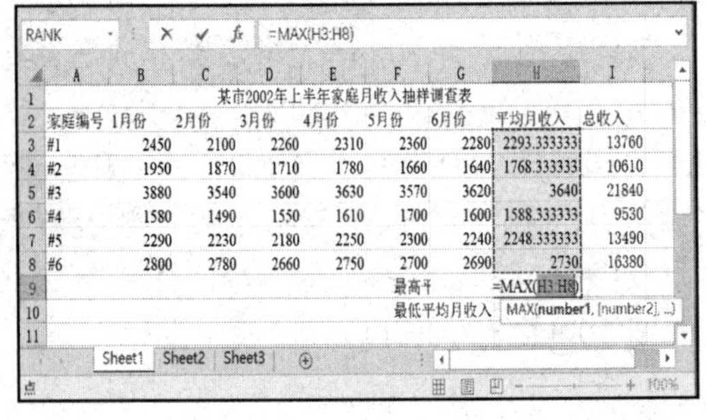

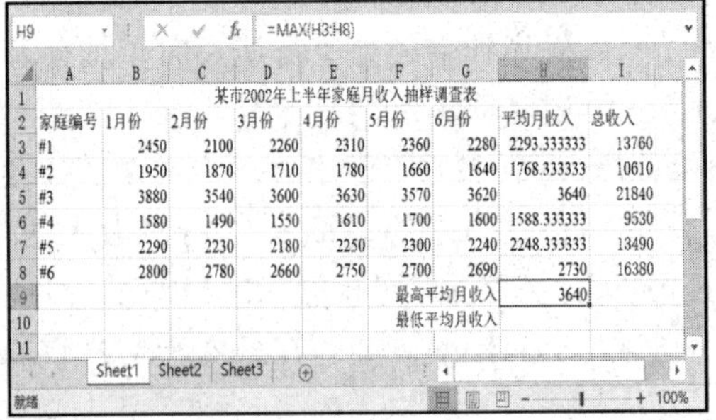

图 10-7　MAX 函数

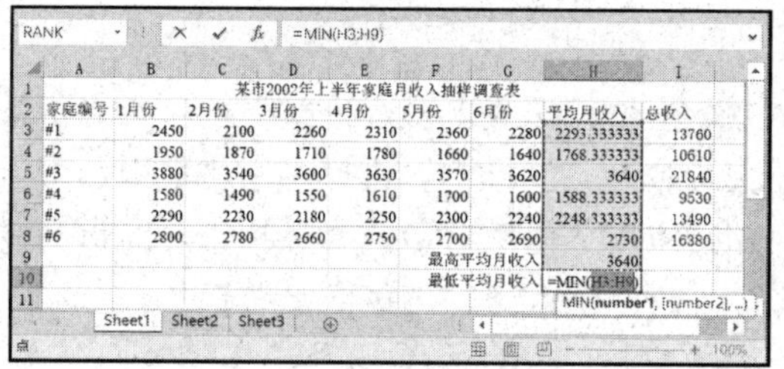
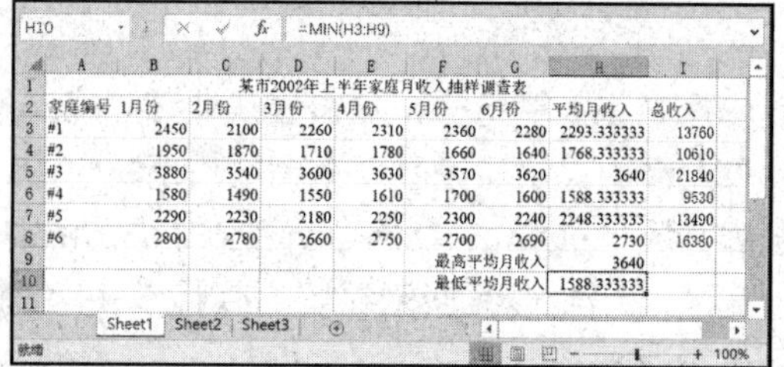

图 10-8　MIN 函数

COUNT 函数的使用

1. 操作要求

打开“实训教程素材\模块十\例题\例题 4.xlsx”，计算加班人数（使用 COUNT 函数）。

2. 操作步骤

（1）选中 C16 单元格，单击“公式”选项卡“函数库”组中的“自动求和”按钮，在打开的“自动求和”列表中单击“计数”命令，在显示的公式单元格中将参数设置为“C4:C15”，按 Enter 键即可求出 3 月 1 日的加班人数，如图 10-9 所示。

（2）将鼠标指针移到 C16 单元格右下角，当鼠标指针变成黑十字箭头时，按住鼠标左键向右拖动到 R16 单元格，然后放开鼠标即可计算出每天的加班人数，如图 10-10 所示。

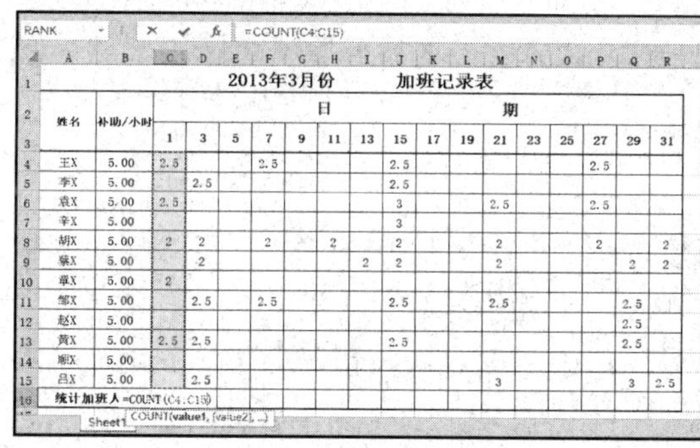

图 10-9　COUNT 函数

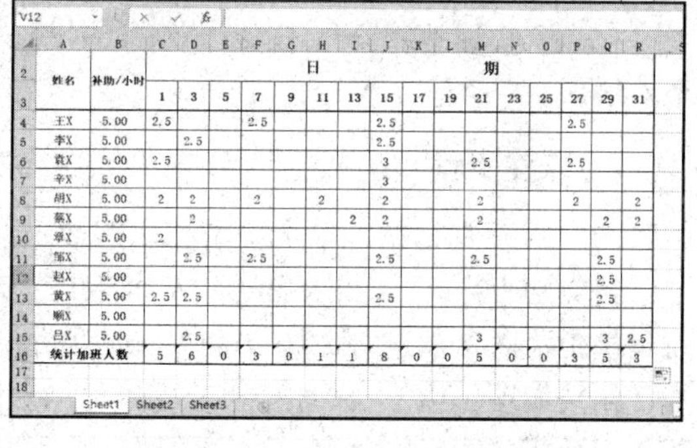

图 10-10　COUNT 函数计算结果图

SUMIF 函数的使用

1. 操作要求

打开“实训教程素材\模块十\例题\例题 5.xlsx”，计算甲商品的总销售额并置于 F3 单元格（使用 SUMIF 函数）。

2．操作步骤

选中 F3 单元格，单击编辑栏上的插入函数按钮“*fx*”（或单击“公式”选项卡“函数库”组中的“插入函数”按钮），在弹出的“插入函数”对话框中，选择类别“常用函数”，选择函数“SUMIF”，然后单击“确定”按钮。在弹出的“函数参数”对话框中，对参数进行如图 10-11（a）所示设置，最后单击“确定”按钮，即可计算出甲商品总销售额，结果如图 10-11（b）所示。

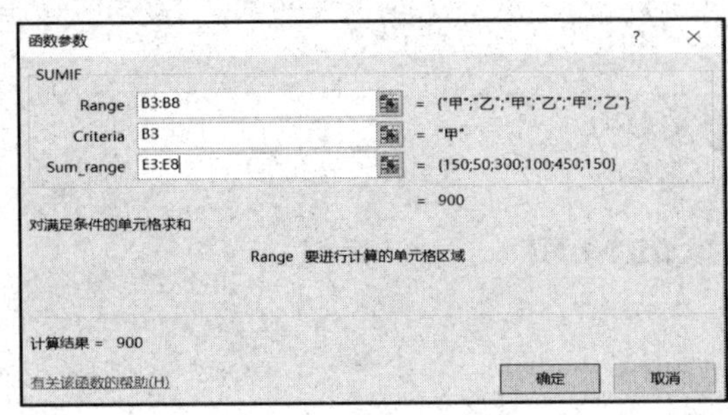

（a）SUMIF 函数参数设置图

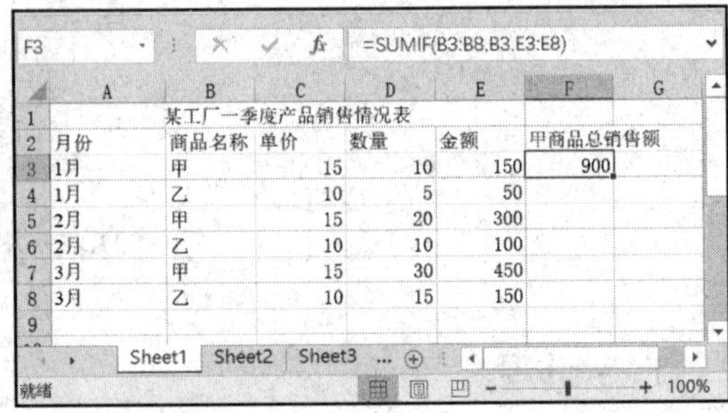

F3 =SUMIF(B3:B8,B3,E3:E8)

	A	B	C	D	E	F
1	某工厂一季度产品销售情况表					
2	月份	商品名称	单价	数量	金额	甲商品总销售额
3	1月	甲	15	10	150	900
4	1月	乙	10	5	50	
5	2月	甲	15	20	300	
6	2月	乙	10	10	100	
7	3月	甲	15	30	450	
8	3月	乙	10	15	150	

（b）SUMIF 函数结果图

图 10-11　SUMIF 函数

COUNTIF 函数的使用

1．操作要求

打开“实训教程素材\模块十\例题\例题 6.xlsx”，计算女工人数并置于 C11 单元格（使用 COUNTIF 函数）。

2．操作步骤

选中 C11 单元格，单击编辑栏上的插入函数按钮“*fx*”，在弹出的“插入函数”对话框中选择类别“全部”，选择函数“COUNTIF”，单击“确定”按钮。在弹出的“函数参数”对话框中，对参数进行如图 10-12（a）所示设置，单击“确定”按钮，即可计算出女工人数，结果如图 10-12（b）所示。

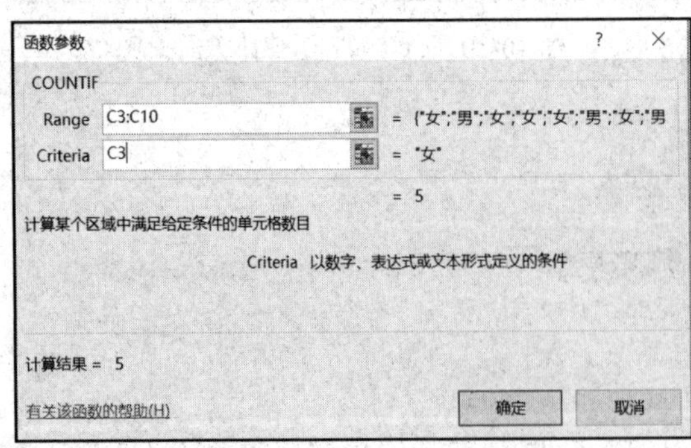

（a）COUNTIF 函数参数设置图

C11 =COUNTIF(C3:C10,C3)

	A	B	C	D	E
1	职工工资情况表				
2	序号	姓名	性别	原工资	浮动率
3	1	王小丽	女	2500	5.00%
4	2	李新	男	5800	10.00%
5	3	陈巧玲	女	9400	15.00%
6	4	王佳一	女	3400	5.00%
7	5	赵琴	女	5600	10.00%
8	6	孙仁	男	1400	5.00%
9	7	高维	女	5400	10.00%
10	8	魏东斯	男	10100	15.00%
11	女职工人数		5		

（b）COUNTIF 函数计算结果图

图 10-12　COUNTIF 函数

RANK 函数的使用

1. 操作要求

打开"实训教程素材\模块十\例题\例题 7.xlsx"，对各区销售额进行从高到低的排名（使用 RANK 函数）。

2. 操作步骤

（1）选中 C3 单元格，单击编辑栏上的插入函数按钮"*fx*"，在弹出的"插入函数"对话框中选择类别"全部"，选择函数"RANK"，然后单击"确定"按钮。在弹出的"函数参数"对话框中对参数进行如图 10-13 所示设置，单击"确定"按钮即可计算出 1 区的销售额排名。

（2）将鼠标指针移到 C3 单元格的右下角，当鼠标指针变成黑十字箭头时，按住鼠标左键向下拖动到 C17 单元格，然后放开鼠标即可计算出其他区的销售额排名，结果如图 10-14 所示。

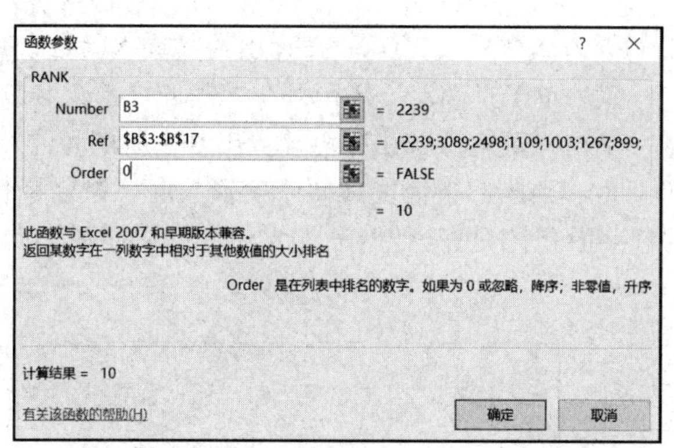

图 10-13　RANK 函数参数设置图

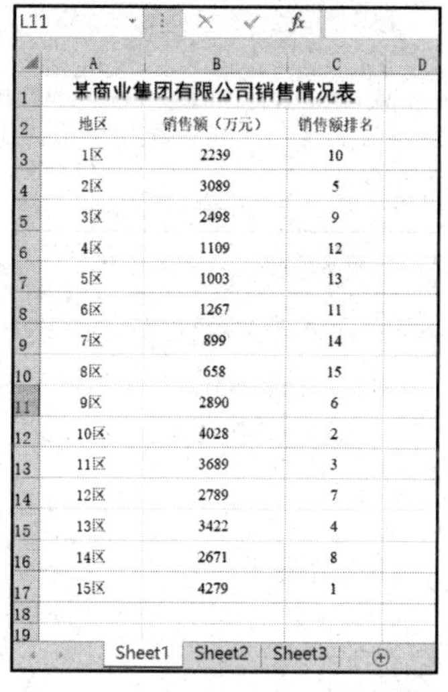

某商业集团有限公司销售情况表

地区	销售额（万元）	销售额排名
1区	2239	10
2区	3089	5
3区	2498	9
4区	1109	12
5区	1003	13
6区	1267	11
7区	899	14
8区	658	15
9区	2890	6
10区	4028	2
11区	3689	3
12区	2789	7
13区	3422	4
14区	2671	8
15区	4279	1

图 10-14　RANK 函数计算结果图

ABS、IF 函数的使用

1. 操作要求

打开"实训教程素材\模块十\例题\例题 8.xlsx"，求出实测值与预测值之间的误差的绝

对值（使用 ABS 函数）；如果误差绝对值高于或等于 3，在“备注”列内给出信息“较高”，否则内容为空白（使用 IF 函数）。

2．操作步骤

（1）选中 D3 单元格，单击编辑栏上的插入函数按钮“*fx*”，在弹出的“插入函数”对话框中选择类别“全部”，选择函数“ABS”，然后单击“确定”按钮。在弹出的“函数参数”对话框中对参数进行如图 10-15 所示设置，单击“确定”按钮即可计算出 0 小时的误差绝对值。

（2）将鼠标指针移到 D3 单元格的右下角，当指针变成黑十字箭头时，按住鼠标左键向下拖动到 D7 单元格，然后放开鼠标即可计算出其他时间的误差绝对值，结果如图 10-16 所示。

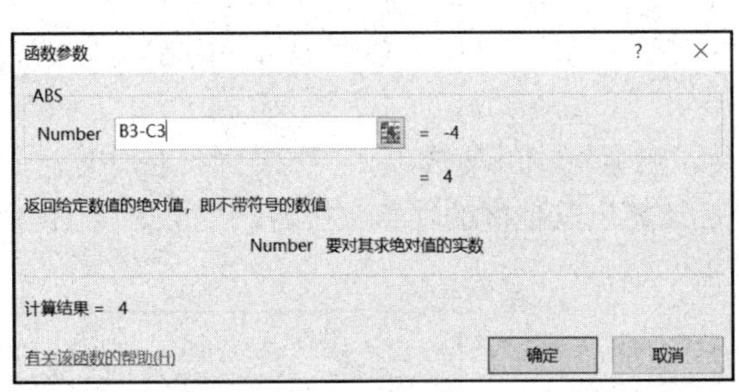

图 10-15　ABS 函数参数设置图

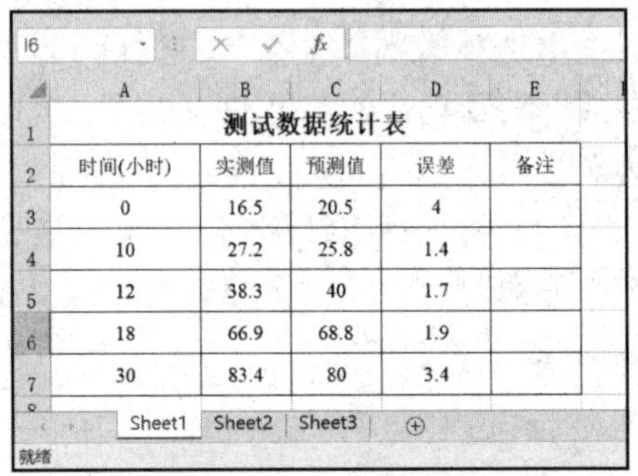

	A	B	C	D	E
1	测试数据统计表				
2	时间(小时)	实测值	预测值	误差	备注
3	0	16.5	20.5	4	
4	10	27.2	25.8	1.4	
5	12	38.3	40	1.7	
6	18	66.9	68.8	1.9	
7	30	83.4	80	3.4	

图 10-16　ABS 函数计算结果图

（3）选中 E3 单元格，单击编辑栏上的插入函数按钮“*fx*”，在弹出的“插入函数”对话框中选择类别“全部”，选择函数“IF”，然后单击“确定”按钮。在弹出的“函数参数”对话框中对参数进行如图 10-17 所示设置，单击“确定”按钮即可计算出 0 小时的备注。

（4）将鼠标指针移到 E3 单元格的右下角，当鼠标指针变成黑十字箭头时，按住鼠标左键向下拖动到 E7 单元格，然后放开鼠标即可计算出其他时间的备注，结果如图 10-18 所示。

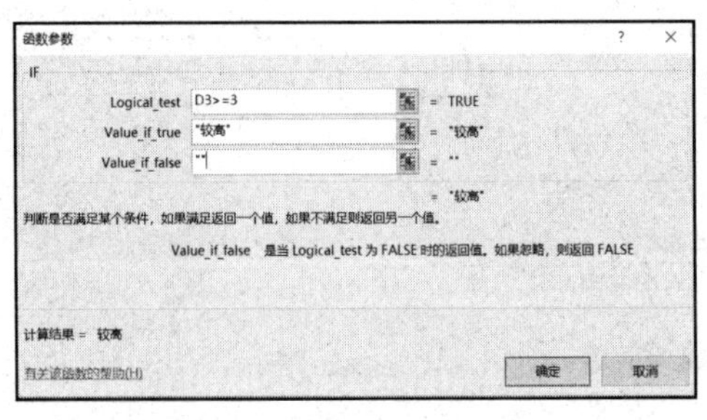

图 10-17　IF 函数参数设置图

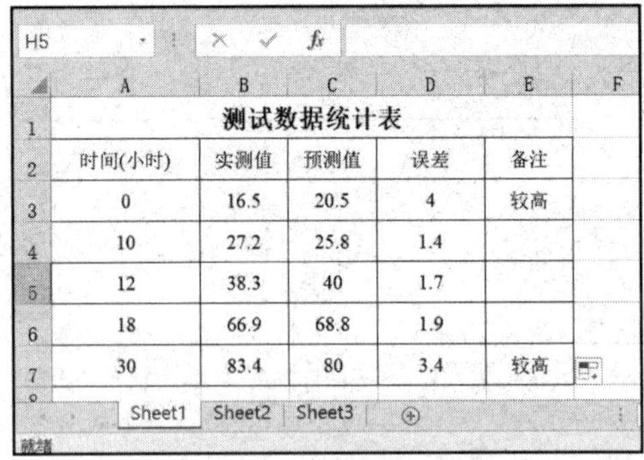

	A	B	C	D	E
1	测试数据统计表				
2	时间(小时)	实测值	预测值	误差	备注
3	0	16.5	20.5	4	较高
4	10	27.2	25.8	1.4	
5	12	38.3	40	1.7	
6	18	66.9	68.8	1.9	
7	30	83.4	80	3.4	较高

图 10-18　IF 函数计算结果图

例题 9

VLOOKUP 函数的使用

1. 操作要求

打开“实训教程素材\模块十\例题\例题 9.xlsx”，在工作表“商品信息”的“商品销售清单”中，获取每种商品的价格填入表中，并计算出销售金额（使用 VLOOKUP 函数）。

2. 操作步骤

（1）选中 B4 单元格，单击编辑栏上的插入函数按钮“*fx*”，在弹出的“插入函数”对话框中选择类别“全部”，选择函数“VLOOKUP”，然后单击“确定”按钮。在弹出的“函数参数”对话框中对参数进行如图 10-19 所示设置，单击“确定”按钮即可返回 N0001 商品的单价。

其中，在 col_index_num 框中填入“3”代表返回商品信息表中第 3 列的数值；range_lookup 为一个逻辑值，指定在查找时是要求精准匹配还是大致匹配，填入“0”等同“FALSE”，代表精确匹配。

（2）将鼠标指针移到 H3 单元格的右下角，当鼠标指针变成黑十字箭头时，按住鼠标左键向下拖动到 H27 单元格，然后放开鼠标即可返回其他商品的单价，结果如图 10-20 所示。

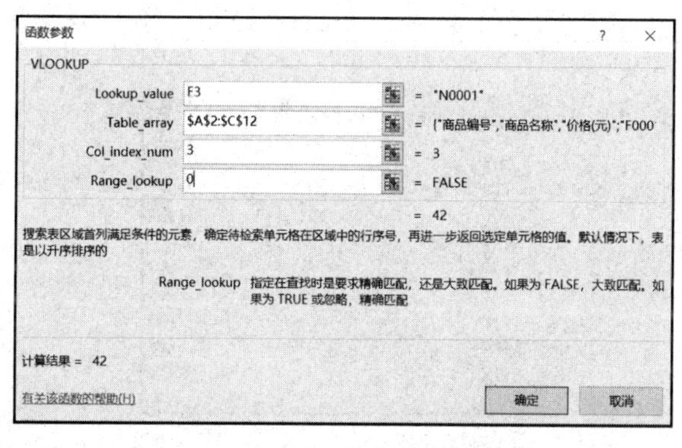

图 10-19　VLOOKUP 函数参数设置图

商品销售清单

商品编号	销售数量	单价	销售金额
N0001	12	42	
K0001	4	8	
K0002	6	25	
N0003	7	45	
N0001	3	42	
K0003	4	57	
N0002	9	54	
K0004	1	9	
N0001	8	42	
F0001	4	72	
N0002	5	54	
F0002	9	75	
N0001	1	42	
F0003	5	28	
N0003	2	45	
K0001	7	8	
N0002	2	54	
F0002	4	75	
K0002	1	25	
N0001	6	42	
F0003	2	28	
N0002	6	54	
F0001	2	72	
K0004	6	9	
K0003	7	57	

图 10-20　VLOOKUP 函数计算结果图

（3）选中 I3 单元格，输入公式“=G3*H3”，然后按 Enter 键即可计算出 N0001 商品的销售金额。将鼠标指针移到 I3 单元格的右下角，当鼠标指针变成黑十字箭头时，按住鼠标左键向下拖动到 I27 单元格，然后放开鼠标即可计算出其他商品的销售金额，如图 10-21 所示。

F	G	H	I
商品销售清单			
商品编号	销售数量	单价	销售金额
N0001	12	42	504
K0001	4	8	32
K0002	6	25	150
N0003	7	45	315
N0001	3	42	126
K0003	4	57	228
N0002	9	54	486
K0004	1	9	9
N0001	8	42	336
F0001	4	72	288
N0002	5	54	270
F0002	9	75	675
N0001	1	42	42
F0003	5	28	140
N0003	2	45	90
K0001	7	8	56
N0002	2	54	108
F0002	4	75	300
K0002	1	25	25
N0001	6	42	252
F0003	2	28	56
N0002	6	54	324
F0001	2	72	144
K0004	6	9	54
K0003	7	57	399

图 10-21　销售金额计算结果

三、上机练习

【上机练习 1】

打开“实训教程素材\模块十\练习\上机练习 1.xlsx”，计算“上月销售额”和“本月销售额”（销售额=单价*数量，数值型，保留 0 位小数）；计算“销售额同比增长”列的内容，同比增长=(本月销售额-上月销售额)/本月销售额，数字为百分比，保留 2 位小数。计算结果如图 10-22 所示。

	A	B	C	D	E	F	G
1	产品销售情况统计表						
2	产品型号	单价（元）	上月销售量	上月销售额(万元)	本月销售量	本月销售额（万元）	销售额同比增长
3	P-1	654	123	8	156	10	21.15%
4	P-2	1652	84	14	93	15	9.68%
5	P-3	1879	145	27	178	33	18.54%
6	P-4	2341	66	15	131	31	49.62%
7	P-5	780	101	8	121	9	16.53%
8	P-6	394	79	3	97	4	18.56%
9	P-7	391	105	4	178	7	41.01%
10	P-8	289	86	2	156	5	44.87%
11	P-9	282	91	3	129	4	29.46%
12	P-10	196	167	3	178	3	6.18%
13							

图 10-22　上机练习 1 结果图

【上机练习 2】

打开“实训教程素材\模块十\练习\上机练习 2.xlsx”，计算“金额”列的内容（金额=数量*单价，数值保留小数点后 1 位），计算结果如图 10-23 所示。

【上机练习 3】

打开"实训教程素材\模块十\练习\上机练习 3.xlsx"，计算总分和平均分（保留小数点 1 位），并计算各科成绩的最高分和最低分，计算结果如图 10-24 所示。

车辆加油卡					
				单价：	6.35
车号	姓名	规格	单位	数量	金额
a009	李	97#	公升	50	317.5
a002	黄	97#	公升	60	381.0
a001	顾	97#	公升	70	444.5
a008	杨	97#	公升	80	508.0
a008	孙	97#	公升	80	508.0
a009	粱	97#	公升	40	254.0
a009	刘	97#	公升	46	292.1
a010	王	98#	公升	56	355.6
a011	汪	99#	公升	48	304.8
a012	付	100#	公升	60	381.0
a013	叶	101#	公升	65	412.8
a014	丁	102#	公升	55	349.3
a015	龙	103#	公升	49	311.2
a016	焦	104#	公升	53	336.6

绝对引用　Sheet2　Sheet3

图 10-23　上机练习 2 结果图

2002届计算机专业期中考试成绩统计表						
学号	姓名	高等数学	数据结构	数据库	总分	平均分
s001	易海梅	88	98	89	275	91.7
s002	刘文静	100	98	100	298	99.3
s003	许伟	97	94	90	281	93.7
s004	张志宇	86	76	80	242	80.7
s005	徐飞	85	68	81	234	78.0
s006	王宏伟	95	89	86	270	90.0
s007	姚迪	87	75	68	230	76.7
s008	唐芸	94	84	94	272	90.7
s009	罗松涛	78	77	78	233	77.7
s010	赵俊辉	80	69	80	229	76.3
最高分		100	98	100		
最低分		78	68	68		

Sheet1　Sheet2　Sheet3

图 10-24　上机练习 3 结果图

【上机练习 4】

打开"实训教程素材\模块十\练习\上机练习 4.xlsx"，计算职工的平均工资并置于 F3 单元格内，计算工程师总工资置于 F5 单元格内（使用 SUMIF 函数），计算职称为高级工程师、工程师、和助理工程师的人数并置于 G7:G9 单元格区域内（使用 COUNTIF 函数），计算结果如图 10-25 所示。

【上机练习 5】

打开"实训教程素材\模块十\练习\上机练习 5.xlsx"，计算工资总额，计算工程师的人均工资并置于 B12 单元格（使用 SUMIF 函数和 COUNTIF 函数），计算结果如图 10-26 所示。

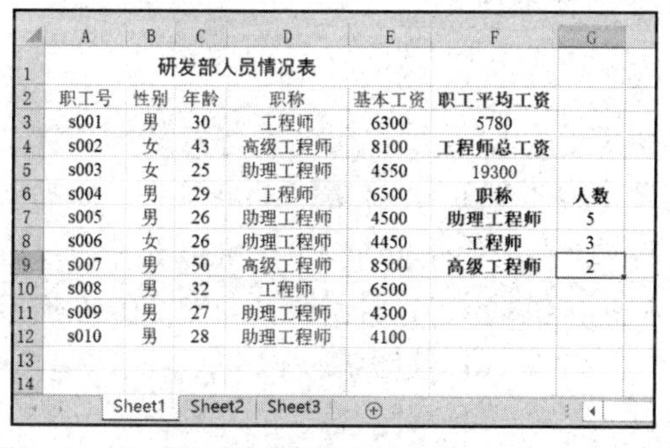

研发部人员情况表						
职工号	性别	年龄	职称	基本工资	职工平均工资	
s001	男	30	工程师	6300	5780	
s002	女	43	高级工程师	8100	工程师总工资	
s003	女	25	助理工程师	4550	19300	
s004	男	29	工程师	6500	职称	人数
s005	男	26	助理工程师	4500	助理工程师	5
s006	女	26	助理工程师	4450	工程师	3
s007	男	50	高级工程师	8500	高级工程师	2
s008	男	32	工程师	6500		
s009	男	27	助理工程师	4300		
s010	男	28	助理工程师	4100		

Sheet1　Sheet2　Sheet3

图 10-25　上机练习 4 结果图

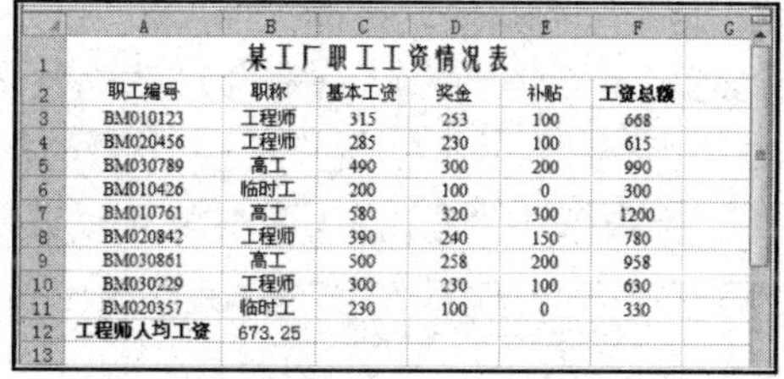

某工厂职工工资情况表					
职工编号	职称	基本工资	奖金	补贴	工资总额
BM010123	工程师	315	253	100	668
BM020456	工程师	285	230	100	615
BM030789	高工	490	300	200	990
BM010426	临时工	200	100	0	300
BM010761	高工	580	320	300	1200
BM020842	工程师	390	240	150	780
BM030861	高工	500	258	200	958
BM030229	工程师	300	230	100	630
BM020357	临时工	230	100	0	330
工程师人均工资	673.25				

图 10-26　上机练习 5 结果图

【上机练习 6】

打开"实训教程素材\模块十\练习\上机练习 6.xlsx"，计算实测值与预测值之间的误差的绝对值并置于"误差（绝对值）"列（使用 ABS 函数）。评估"预测准确度"列，评估规则：如果误差绝对值低于或等于实测值的 10%，"预测准确度"为"高"；如果误差绝对值大于实测值的 10%，"预测准确度"为"低"（使用 IF 函数），计算结果如图 10-27 所示。

放射性元素测试数据表				
时间(小时)	实测值	预测值	误差（绝对值）	预测准确度
0	16.5	20.8	4.3	低
10	18.3	22.4	4.1	低
12	20.8	23.9	3.1	低
14	27.2	25.8	1.4	高
16	34.5	36.8	2.3	高
18	38.3	40.1	1.8	高
20	46.7	43.2	3.5	高
22	54.9	57.6	2.7	高
24	66.9	68.8	1.9	高
26	70.6	71.2	0.6	高
28	75.1	73.4	1.7	高
30	83.4	80.8	2.6	高

图 10-27　上机练习 6 结果图

【上机练习 7】

打开“实训教程素材\模块十\练习\上机练习 7.xlsx”，计算销售量总计（置于 J3 单元格内）和“所占比例”行内容（百分比型，保留小数点后 2 位）；按销售数量的降序计算地区排名（使用 RANK 函数），利用条件格式将 B5:I5 区域内排名前 3 位的字体颜色设置为蓝色，计算结果如图 10-28 所示。

数码相机各地区销售情况统计表									
地区	北部地区	东部地区	南部地区	西部地区	东南地区	东北地区	西北地区	西南地区	总计
销售数量	332	453	543	621	433	523	444	341	3690
所占比例	9.00%	12.28%	14.72%	16.83%	11.73%	14.17%	12.03%	9.24%	
地区排名	8	4	2	1	6	3	5	7	

图 10-28　上机练习 7 结果图

【上机练习 8】

打开“实训教程素材\模块十\练习\上机练习 8.xlsx”，计算“本月用数”（本月用数=本月抄数-上月抄数）和“实缴金额”（实缴金额=本月用数*实际单价），按实缴金额从低到高排“节水名次”（使用 RANK 函数），计算结果如图 10-29 所示。

【上机练习 9】

打开“实训教程素材\模块十\练习\上机练习 9.xlsx”，根据提供的工资浮动率计算工资的浮动额（浮动额=原来工资*浮动率，数值保留 1 位小数），再计算浮动后工资（浮动后工资=原来工资+浮动额）。为“备注”列添加信息：如果员工的浮动额大于 800 元，在对应的“备注”列内填入“激励”，否则填入“努力”（使用 IF 函数），计算结果如图 10-30 所示。

1号楼1单元住户2月份水费清单						
住户	上月抄数	本月抄数	本月用数	实际单价（元）	实缴金额	节水名次
101	78	82	4	3.90	15.60	1
102	177	183	6	3.90	23.40	2
201	178	185	7	3.90	27.30	3
202	180	188	8	3.90	31.20	4
301	188	196	8	3.90	31.20	4
302	168	176	8	3.90	31.20	4
401	111	120	9	3.90	35.10	7
402	144	153	9	3.90	35.10	7
501	233	244	11	3.90	42.90	9
502	152	163	11	3.90	42.90	9
601	313	324	11	3.90	42.90	9
602	173	184	11	3.90	42.90	9

图 10-29　上机练习 8 结果图

某部门人员浮动工资情况表						
序号	职工号	原来工资（元）	浮动率	浮动额（元）	浮动后工资（元）	备注
1	H089	6000	15.50%	930.0	6930.0	激励
2	H007	9800	11.50%	1127.0	10927.0	激励
3	H087	5500	11.50%	632.5	6132.5	努力
4	H012	12000	10.50%	1260.0	13260.0	激励
5	H045	6500	11.50%	747.5	7247.5	努力
6	H123	7500	9.50%	712.5	8212.5	努力
7	H059	4500	10.50%	472.5	4972.5	努力
8	H069	5000	11.50%	575.0	5575.0	努力
9	H079	6000	12.50%	750.0	6750.0	努力
10	H033	8000	11.60%	928.0	8928.0	激励

图 10-30　上机练习 9 结果图

【上机练习 10】

打开“实训教程素材\模块十\练习\上机练习 10.xlsx”，根据表中员工工资的组成，按学历和工龄计算每位员工的工资（员工工资=工资基数+工资涨幅*工龄）（利用 IF 函数），计算结果如图 10-31 所示。

【上机练习 11】

打开“实训教程素材\模块十\练习\上机练习 11.xlsx”，计算平均分（保留小数点后 1 位），如果各科成绩有 1 的则在对应行“补考否”列显示“补考”，否则为空（利用 IF 函数和 COUNTIF 函数），计算结果如图 10-32 所示。

某公司员工工资的组成				员工姓名	学历	工龄	员工工资
学历	工资基数	工资涨幅/年		A	大专	4	1600
硕士	1500	500		B	硕士	4	3500
本科	1300	300		C	本科	4	2500
大专	1000	150		D	本科	3	2200
中专	400	120		E	中专	4	880
				F	大专	4	1600
				G	中专	4	880
				H	本科	3	2200
				I	本科	4	2500
				J	硕士	4	3500
				K	大专	3	1450
				L	硕士	4	3500
				M	本科	4	2500
				N	大专	4	1600
				P	本科	3	2200

图 10-31　上机练习 10 结果图

某中学高一（1）班期中考试成绩表

学号	性别	语文	数学	英语	平均分	补考否
No.1	男	5	4	3	4.0	
No.2	男	4	4	3	3.7	
No.3	男	3	4	3	3.3	
No.4	女	4	5	4	4.3	
No.5	女	5	5	4	4.7	
No.6	男	3	4	3	3.3	
No.7	女	5	4	3	4.0	
No.8	男	2	3	3	2.7	
No.9	女	4	3	5	4.0	
No.10	女	4	4	5	4.3	
No.11	女	2	1	3	2.0	补考
No.12	男	3	3	2	2.7	
No.13	男	4	2	1	2.3	补考

图 10-32　上机练习 11 结果图

【上机练习 12】

打开“实训教程素材\模块十\练习\上机练习 12.xlsx”，计算应扣合计（应扣合计=养老保险+医疗保险+失业保险+住房公积金），工资合计（工资合计=应发工资-应扣合计），实发工资（实发工资=工资合计-个人所得税-考勤扣款）；计算实发工资合计、最高工资和最低工资；计算男工人数并置于 C14 单元格（使用 COUNTIF 函数）；计算财务部门实发工资并置于 C15 单元格（使用 SUMIF 函数）；对实发工资按降序排名（使用 RANK 函数）；如果实发工资大于 2000 元，在“备注”列给出信息“较高”，否则内容空白（使用 IF 函数），计算结果如图 10-33 所示。

员 工 工 资 明 细 表

车间	姓名	性别	应发工资	应扣工资					工资合计	个人所得税	考勤扣款	实发工资	排名	备注
				养老保险	医疗保险	失业保险	住房公积金	应扣合计						
生产	曹X刚	男	3,014.50	208.00	52.00	26.00	130.00	416.00	2,598.50	34.85	63.50	2,500.15	1	较高
销售	吴X文	男	2,046.00	144.00	36.00	18.00	90.00	288.00	1,758.00		30.00	1,728.00	6	
行政	周X明	女	2,775.00	192.00	48.00	24.00	120.00	384.00	2,391.00	19.55	10.00	2,361.45	2	较高
财务	高X光	男	2,550.00	292.00	48.00	24.00	120.00	484.00	2,066.00	8.30		2,057.70	5	较高
生产	陈X敏	女	1,750.00	128.00	32.00	16.00	80.00	256.00	1,494.00		63.00	1,431.00	9	
后勤	潘华X	女	2,760.00	192.00	48.00	24.00	120.00	384.00	2,376.00	18.80	40.00	2,317.20	3	较高
财务	魏X红	女	1,721.00	128.00	32.00	16.00	80.00	256.00	1,465.00		26.50	1,438.50	7	
生产	郭X华	男	1,731.00	128.00	32.00	16.00	80.00	256.00	1,475.00		36.50	1,438.50	7	
行政	马X文	男	2,555.00	192.00	48.00	24.00	120.00	384.00	2,171.00	8.55		2,162.45	4	较高
后勤	吕小X	女	1,681.50	128.00	32.00	16.00	80.00	256.00	1,425.50		79.50	1,346.00	10	
	男工人数	5									合计	18,780.95		
财务部门实发工资		3496.2									最高工资	2,500.15		
											最低工资	1,346.00		

图 10-33　上机练习 12 结果图

【上机练习 13】

打开“实训教程素材\模块十\练习\上机练习 13.xlsx”，引用员工基本信息表中的数据，计算姓名、部门、基本工资数据（使用 VLOOKUP 函数）；计算业绩奖金（业绩奖金=业绩额*12%）；假设每天的工资为基本工资除以 30 天，事假一天扣一天的工资，病假一天扣半天的工资，计算应扣款；按业绩奖金降序计算排名（使用 RANK 函数）；如果全勤则在“备注”中显示“全勤”，否则内容为空（使用 IF 函数）；计算员工人数（使用 COUNT 函数）；计算事假人数、病假人数和全勤人数（使用 COUNTIF 函数）；计算扣款最多的金额（使用 MAX 函数）；计算财务处扣款总计、后勤科扣款总计和设计科扣款总计（使用 SUMIF 函数），计算结果如图 10-34 所示。

1月份员工出勤表

制作时间：2019-2-1

工号	姓名	部门	基本工资	业绩额	业绩奖金	事假	病假	应扣款	排名	备注
0001	李霞	财务科	3000	10,000	¥1,200	0	0	¥0	18	全勤
0002	王鹏	后勤科	4000	15,000	¥1,800	0	0	¥0	12	全勤
0003	郭彩霞	设计科	2000	13,000	¥1,560	0	1	¥33	15	
0004	沈阳	财务科	2500	18,000	¥2,160	0	0	¥0	5	全勤
0005	杨小东	设计科	2600	20,000	¥2,400	1	0	¥87	2	
0006	文龙	设计科	2400	16,000	¥1,920	0	0	¥0	9	全勤
0007	王农	后勤科	2200	10,000	¥1,200	0	1	¥37	18	
0008	季小康	财务科	2100	10,000	¥1,200	1	0	¥70	18	
0009	邓鹏	财务科	2000	12,000	¥1,440	2	0	¥133	16	
0010	温美	后勤科	2300	19,000	¥2,280	0	0	¥0	4	全勤
0011	刘琦其	财务科	2200	16,000	¥1,920	0	0	¥0	9	全勤
0012	郭米露	后勤科	2100	15,000	¥1,800	0	0	¥0	12	全勤
0013	刘伟	财务科	2300	18,000	¥2,160	0	1	¥38	5	
0014	赵涛涛	财务科	2500	17,000	¥2,040	1	0	¥83	7	
0015	喻聪	后勤科	2600	20,000	¥2,400	0	1	¥43	2	
0016	李谷	后勤科	2400	25,000	¥3,000	0	0	¥0	1	全勤
0017	周婵	设计科	2100	16,000	¥1,920	0	0	¥0	9	全勤
0018	丁嘉惠	财务科	2000	17,000	¥2,040	0	1	¥33	7	
0019	王星	设计科	2000	15,000	¥1,800	1	0	¥67	12	
0020	朱婷	后勤科	2100	11,000	¥1,320	0	1	¥35	17	

员工人数	事假人数	病假人数	扣款最多	财务科扣款总计	后勤科扣款总计	设计科扣款总计	全勤人数
20	5	6	¥133	¥358	¥115	¥187	9

图 10-34　上机练习 13 结果图

模块十一

Excel 中的图表

一、实训内容

（1）创建图表。
（2）编辑图表。

二、操作实例

1．操作要求

打开“实训教程素材\模块十一\例题\例题 1.xlsx”，选取 A2:A6 和 C2:D6 单元格区域数据建立“三维簇状柱形图”，图表的标题为“销售数量统计图”，分类轴（X）标题为“型号”，数值轴（Y 轴）标题为“销售量”，图例位置为顶部。将工作表“一月”列的数据添加到图表中，修改图表的类型为“带数据标记的折线图”，将图表插入该工作表的 A9:G23 单元格区域，最后在表格趋势图相应位置插入显示最高点和最低点的迷你折线图。

2．操作步骤

（1）创建图表。选定工作表 A2:A6 单元格区域，再按住 Ctrl 键选定 C2:D6 单元格区域，如图 11-1 所示。单击“插入”选项卡“图表”组中的“插入柱形图或条形图”图标，在打开的列表中选择“三维簇状柱形图”按钮，如图 11-2 所示。

	A	B	C	D	E
1			销售数量统计表		
2	型号	一月	二月	三月	总和
3	A001	90	85	92	267
4	A002	77	65	83	225
5	A003	86	72	80	238
6	A004	67	79	86	232
7	总计	320	301	341	962

图 11-1　选择“数据源”

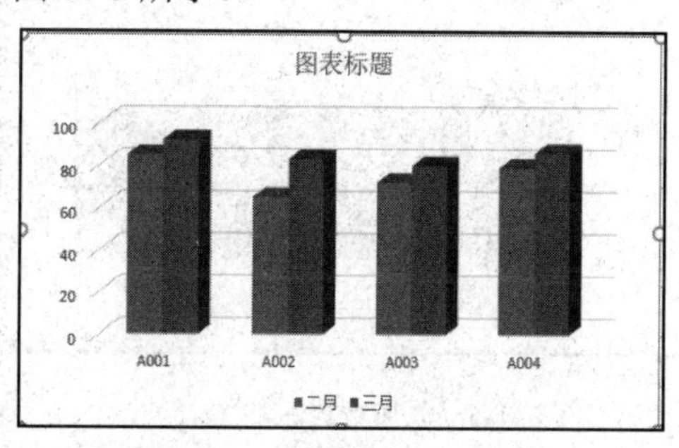

图 11-2　三维簇状柱形图

（2）设置图表标题和坐标轴标题。选中图表，单击“图表工具-设计”选项卡“图表布局”组中的“添加图表元素”按钮，在打开的下拉菜单中单击“图表标题”→“图表上方”选项，输入图表标题“销售数量统计图”。单击“添加图表元素”按钮，在打开的下拉菜单中单击“轴标题”→“主要横坐标轴”，输入标题名称为“型号”。同样的方法设置纵坐标轴，输入标题名称为“销售量”。在纵坐标轴标题上右击，在弹出的快捷菜单中选择“设置坐标轴标题格式”选项，在打开的“设置坐标轴标题格式”窗格中单击“大小与属性”图标，将“文字方向”修改为“横排”。

（3）设置图例。选中图表，单击“图表工具-设计”选项卡“图表布局”组中的“添加图表元素”命令，在打开的下拉菜单中单击“图例”→“顶部”命令，结果如图 11-3 所示。

（4）修改图表数据。选中图表，单击“图表工具-设计”选项卡“数据”组中的“选择数据”命令，打开“选择数据源”对话框，重新选择数据区域或添加一月数据，如图 11-4 所示。

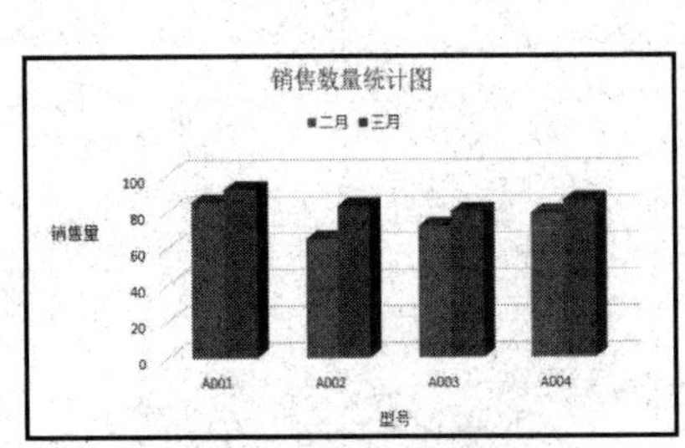

图 11-3　设置图表选项

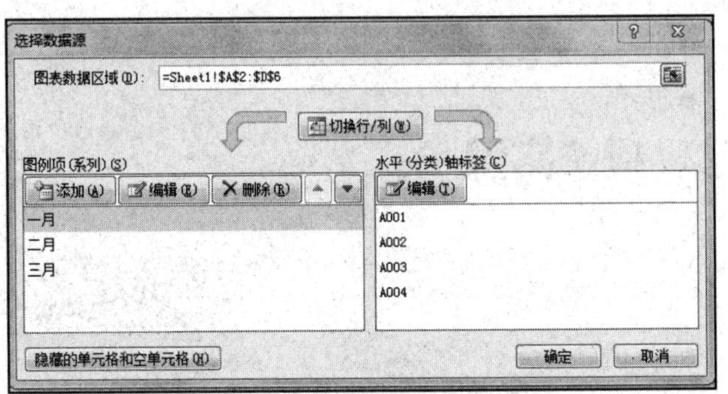

图 11-4　“选择数据源”对话框

（5）单击“确定”按钮，完成向图表中添加一月源数据，结果如图 11-5 所示。

（6）修改图表类型。选中图表，单击“图表工具-设计”选项卡“类型”组中的“更改图表类型”命令，打开“更改图表类型”对话框，修改图表类型为“带数据标记的折线图”，结果如图 11-6 所示。

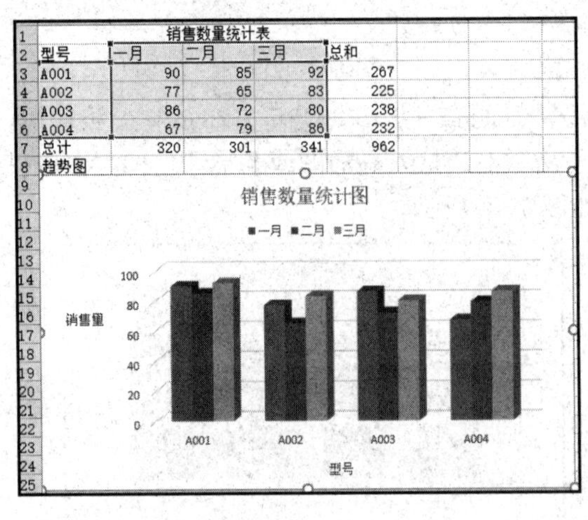

销售数量统计表				
型号	一月	二月	三月	总和
A001	90	85	92	267
A002	77	65	83	225
A003	86	72	80	238
A004	67	79	86	232
总计	320	301	341	962
趋势图				

图 11-5　添加数据后的图表

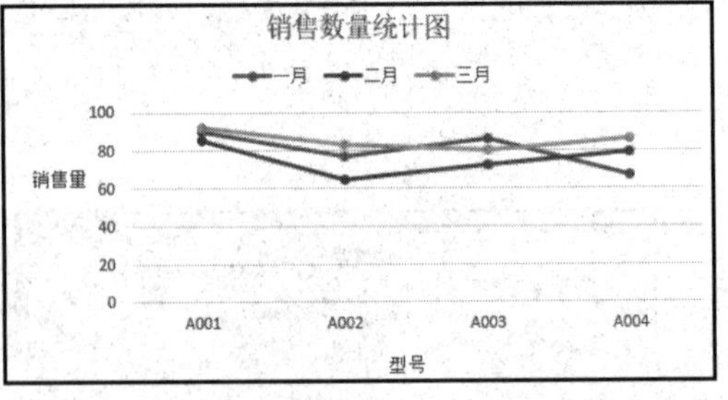

图 11-6　更改图表类型

（7）调整图表大小，将其移至 A9:G23 单元格区域。

（8）创建迷你图。选 B8 单元格，单击“插入”选项卡 “迷你图”组中的“折线图”按钮，在“创建迷你图”对话框中，设置数据范围为 B3:B6 单元格区域，放置迷你图的位置为B8 单元格区域，如图 11-7 所示，单击“确定”按钮。拖动 B8 单元格右下角的填充柄填充到 D8 单元格，显示折线图中最高点和最低点，迷你折线图如图 11-8 所示。

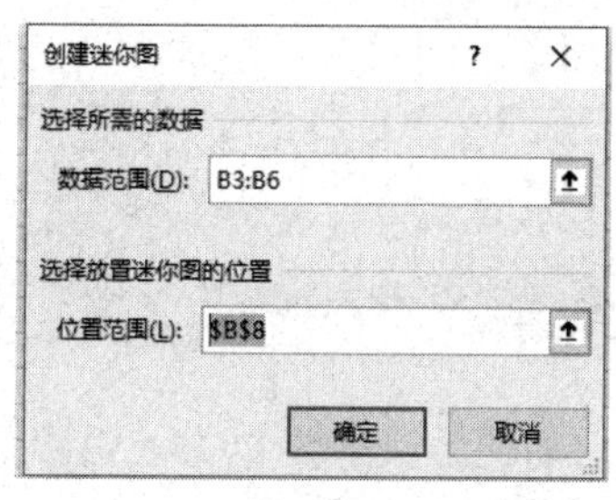

图 11-7　“创建迷你图”对话框

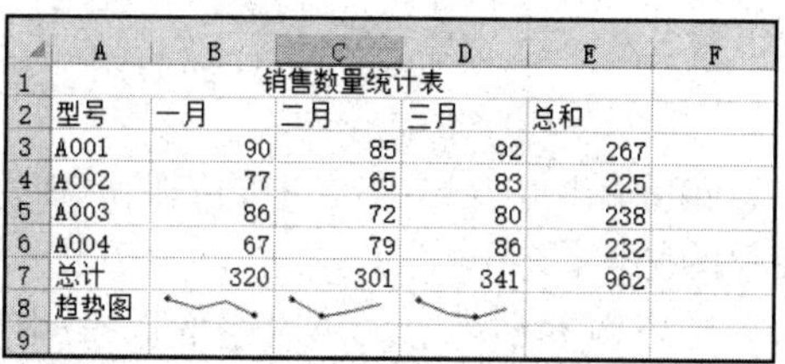

	A	B	C	D	E	F
1	销售数量统计表					
2	型号	一月	二月	三月	总和	
3	A001	90	85	92	267	
4	A002	77	65	83	225	
5	A003	86	72	80	238	
6	A004	67	79	86	232	
7	总计	320	301	341	962	
8	趋势图					
9						

图 11-8　迷你折线图

例题 2

1．操作要求

打开“实训教程素材\模块十一\例题\例题 2.xlsx”，要求用母子饼图详细反映不及格人数的具体情况。图表标题为“英语成绩分布图”，不显示图例，数据标签显示“类别名称”和“值”，标签位置在数据标签内，第二绘图区中的值设为 3，将数据标签文字“其他，9”，修改为“不及格，9”，最后将图表插入 A26:D40 单元格区域。

2．操作步骤

（1）图表数据组合。为了制作母子饼图，需要对表中的数据进行重新组合，将需要强调的分类数据放在最后几行，如图 11-9 所示。

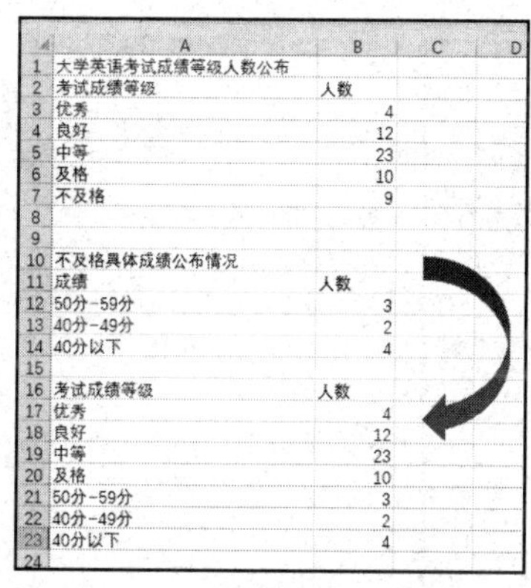

	A	B	C	D
1	大学英语考试成绩等级人数公布			
2	考试成绩等级	人数		
3	优秀	4		
4	良好	12		
5	中等	23		
6	及格	10		
7	不及格	9		
8				
9				
10	不及格具体成绩公布情况			
11	成绩	人数		
12	50分-59分	3		
13	40分-49分	2		
14	40分以下	4		
15				
16	考试成绩等级	人数		
17	优秀	4		
18	良好	12		
19	中等	23		
20	及格	10		
21	50分-59分	3		
22	40分-49分	2		
23	40分以下	4		
24				

图 11-9　图表数据组合

（2）创建默认母子饼图。选择组合后的 A16:B23 单元格区域，单击“插入”选项卡“图表”组中的“插入饼图或圆环图”按钮，在打开的下拉菜单中单击“二维饼图”选区中的“复合饼图”按钮，这时会生成一张默认的母子饼图，如图 11-10 所示。

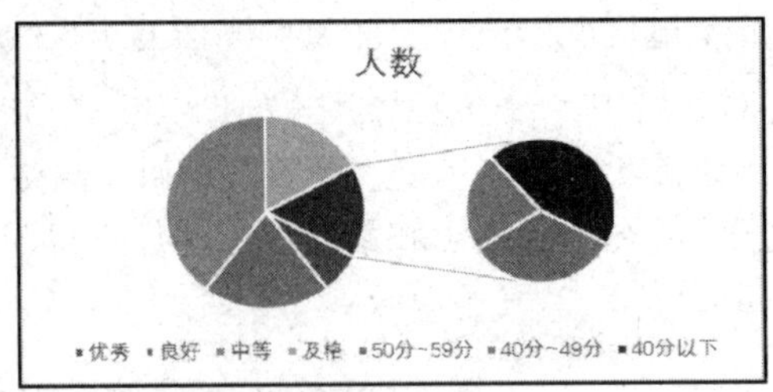

图 11-10　默认母子饼图

（3）删除图例。右击图表中的图例，在弹出的快捷菜单中单击“删除”命令，即可删除图表中的图例。

（4）设置数据系列选项。右击数据系列区域，在弹出的快捷菜单中单击“设置数据系列格式”命令，在打开的“设置数据系列格式”窗格中第二绘图区中的“值”设置为 3，“系列分割依据”默认选择“位置”，表示表格最后的几个数据将被放在子饼图中。“系列分割依据”除“位置”选项外，还有“值”“百分比值”“自定义”选项。其中，“值”表示图表中系列数据值中小于指定值的系列将放在子饼图中，具体的值将在“值小于”文本框中输入；“百分比值”表示图表中系列数据值中小于指定百分比值的系列将放在子饼图中，具体的值将在“值小于”文本框中输入；“自定义”表示可以将某个数据系列从母饼图中拖入子饼图，反之亦然。

“第二绘图区大小”表示子饼图的大小，默认为 75%，表示子饼图的大小是母饼图的 75%，“分类间距”用来调整子饼图与母饼图之间的距离，“饼图分离程度”用来调整饼图中各系列扇形图之间的距离，如图 11-11 所示。

（5）设置数据系列标签选项。右击数据系列区域，在弹出的快捷菜单中选择“添加数据标签”命令。再次右击数据系列区域，在弹出的快捷菜单中选择“设置数据标签格式”命令，在打开的“设置数据标签格式”窗格中选择“类别名称”和“值”，“标签位置”在“数据标签”内，如图 11-12 所示。

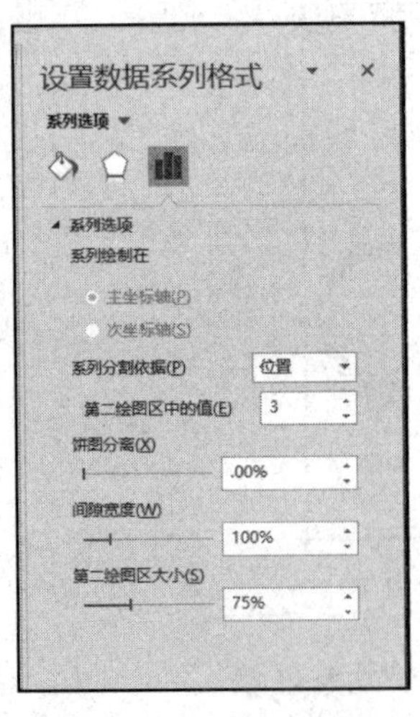

图 11-11　数据系列选项

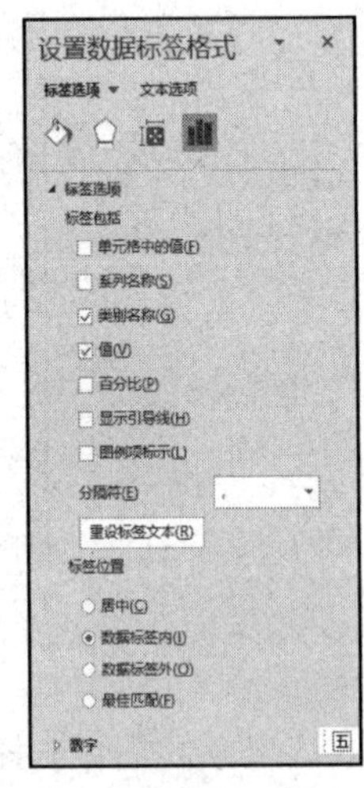

图 11-12　数据系列标签选项

（6）修改图表标题和标签文字。右击图表标题并选择“编辑文字”命令，将标题修

改为“英语成绩分布图”。将标签文字“其他、9”文本修改为“不及格，9”，母子饼图如图 11-13 所示。

（7）调整图表大小，将其移至 A26:D40 单元格区域。

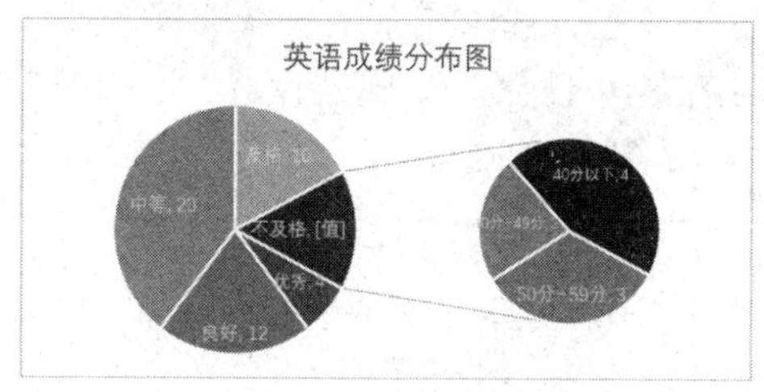

图 11-13　母子饼图

1. 操作要求

打开“实训教程素材\模块十一\例题\例题 3.xlsx”，选取工作表中 B2:C14 单元格区域建立“簇状柱形图”，将“汽车销售量”数据系列选择使用次坐标轴，更改“增长率”数据系列图表类型为“带数据标记的折线图”，设置图表区不显示横网络线，为“汽车销售量”数据系列填充“径向渐变-个性色 1”，为“增长率”数据系列填充“径向渐变-个性色 6”。设置图表标题在上方显示，标题为“汽车销售量统计”，图表标题应用形状样式“细微效果-橄榄色，强调颜色 3”，为“汽车销售量”数据系列添加“线性、红色、宽 2 磅”的趋势线。

2. 操作步骤

（1）创建组合图表。选定工作表 B2:C14 单元格区域，单击“插入”选项卡 “图表”组右下角的对话框启动器按钮，在弹出的“插入图表”对话框中单击“所有图表”选项卡，在左侧的列表框中单击“组合”选项，将增长率的图形设置为折线图并勾选“次坐标轴”复选框，设置参数及显示结果如图 11-14 和图 11-15 所示。

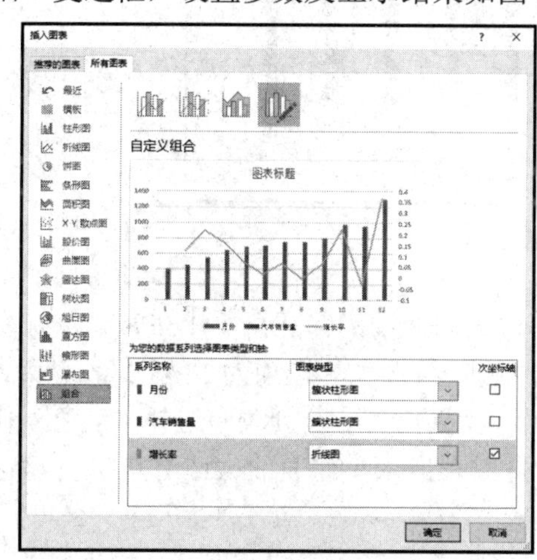

图 11-14　“插入图表”对话框

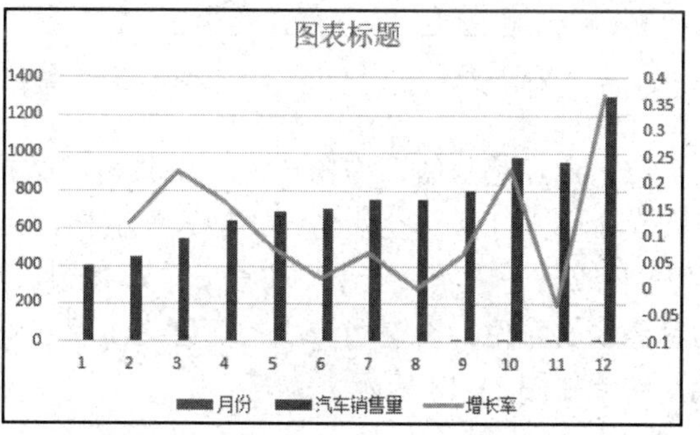

图 11-15　组合图表

（2）设置网格线。选中图表，单击“图表工具-设计”选项卡 “图表布局”组中的“添加图表元素”按钮，在打开的下拉菜单中单击“网格线”→“主轴主要水平网格线”命令，设置不显示横网格线。

（3）设置数据系列渐变填充色。选定汽车销售量数据系列，右侧窗格中系列选项单击预设渐变填充效果为“径向渐变-个性色 1”，同样设置“增长率”数据系列预设渐变填充效果为“径向渐变-个性色 6”，如图 11-16 所示。

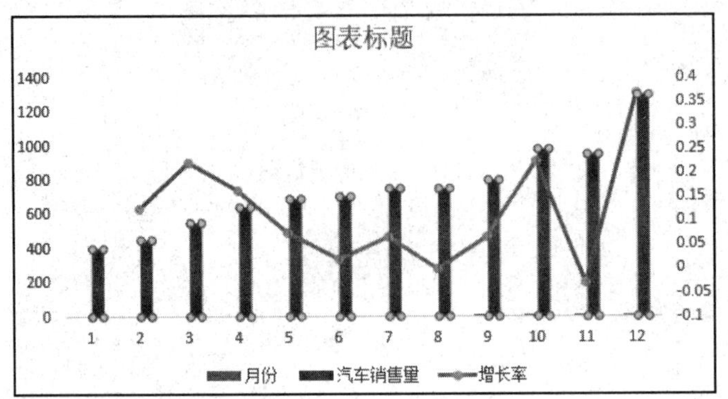

图 11-16 更改数据系列填充颜色后的组合图表

（4）设置图表标题。选中图表，单击“图表工具-设计”选项卡“图表布局”组中的“添加图表元素”按钮，在打开的下拉菜单中单击“图表标题”→“图表上方”命令，设置在图表的上方显示，设置图表标题为“汽车销售量统计”。选中图表标题，设置标题的形状样式为“细微效果-橄榄色，强调颜色 3”，如图 11-17 所示。

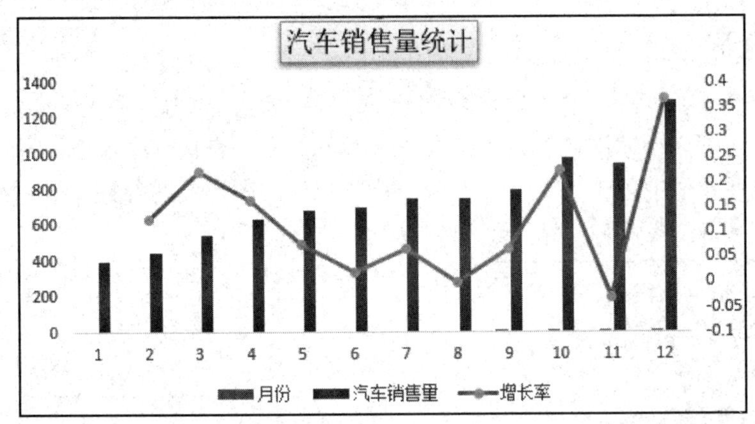

图 11-17 设置图表标题

（5）添加趋势线。右击“汽车销售量”数据系列，在弹出的快捷菜单中单击“添加趋势线”命令，打开“设置趋势线格式”窗格，设置“趋势线选项”选项为“线性”，切换到“填充与线条”选项，选中“实线”单选按钮，然后从“颜色”下拉列表中选择“红色”作为趋势线的颜色，设置趋势线的宽度为 1 磅，最后把图表嵌入工作表的 A15:H30 单元格区域，结果如图 11-18 所示。

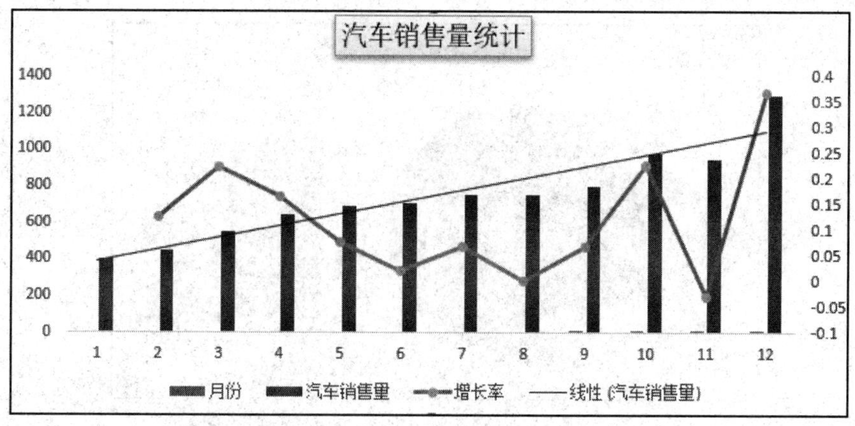

图 11-18　添加“汽车销售量”数据趋势线

注意：只能在条形图、折线图和 XY 散点图等平面图形中为数据系列添加趋势线，不能在面积图、曲面图、饼图和雷达图中添加趋势线。

三、上机练习

【上机练习 1】

打开“实训教程素材\模块十一\练习\上机练习 1.xlsx”，数据内容如图 11-19 所示。选择 A2:B15 单元格区域创建复合条饼图，要求反映招生情况，将招生人数少于 5 人的省、直辖市、自治区放在条形子饼图中显示，其他放在母饼图中显示。数据系列分割依据更改为“值”，“值小于”设置为 5，数据标签选项选择“类别名称”“值”，删除图例。图表标题为“软件工程专业招生情况图”，图表嵌入工作表的 A16:E32 单元格区域，最终效果图如图 11-20 所示。

1	某高校软件工程专业招生情况一览表	
2	生源地	人数
3	江苏省	32
4	浙江省	24
5	云南省	1
6	四川省	2
7	青海省	1
8	广西壮族自治区	3
9	山东省	16
10	江西省	18
11	西藏自治区	2
12	海南省	2
13	湖北省	20
14	上海市	3
15	新疆维吾尔自治区	1
16		

图 11-19　上机练习 1 样表

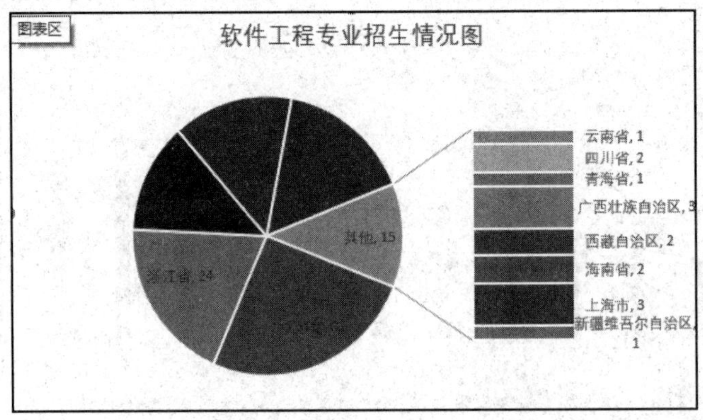

图 11-20　上机练习 1 最终效果图

【上机练习 2】

打开“实训教程素材\模块十一\练习\上机练习 2.xlsx”，数据内容如图 11-21 所示。选取“产品型号”列、“上月销售量”列和“本月销售量”列数据创建“簇状柱形图”，图表的标题改为“销售情况统计图”，设置“黑色、文本色 1、阴影”的艺术字样式，图例置于底部，横坐标标题为“产品型号”，纵坐标标题为“销售量”，图表嵌入工作表的 A14:E28 单元格区域，最终效果图如图 11-22 所示。

1	产品销售情况统计表						
2	产品型号	单价（元）	上月销售量	上月销售额（元）	本月销售量	本月销售额（元）	销售额同比增长
3	p-1	654	123	80442	156	102024	21.15%
4	p-2	1625	84	138768	93	153636	9.68%
5	p-3	1879	145	272455	178	334462	18.54%
6	p-4	2341	66	154506	131	306671	49.62%
7	p-5	780	101	78780	121	94380	16.53%
8	p-6	394	79	31126	97	38218	18.56%
9	p-7	391	105	41055	178	69598	41.01%
10	p-8	289	86	24845	156	45084	44.87%
11	p-9	282	91	25662	129	36378	29.46%
12	p-10	196	167	32732	178	34888	6.18%
13							

图 11-21　上机练习 1 样表

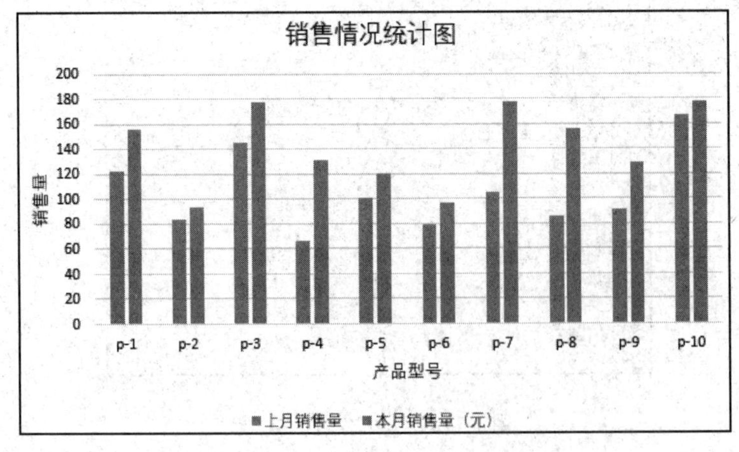

图 11-22　上机练习 2 最终效果图

【上机练习 3】

打开“实训教程素材\模块十一\练习\上机练习 3.xlsx”，数据内容如图 11-23 所示。选取“产品型号”列、“销售额同比增长”列的数据创建三维饼图，图表标题为“产品销售额同比增长统计”，应用图表样式 8，图表区填充预设渐变“浅色渐变-个性色 1”，图表嵌入工作表的 A14:F30 单元格区域，最终效果如图 11-24 所示。

1	产品销售情况统计表						
2	产品型号	单价（元）	上月销售量	上月销售额（元）	本月销售量	本月销售额（元）	销售额同比增长
3	p-1	654	123	80442	156	102024	21.15%
4	p-2	1625	84	138768	93	153636	9.68%
5	p-3	1879	145	272455	178	334462	18.54%
6	p-4	2341	66	154506	131	306671	49.62%
7	p-5	780	101	78780	121	94380	16.53%
8	p-6	394	79	31126	97	38218	18.56%
9	p-7	391	105	41055	178	69598	41.01%
10	p-8	289	86	24845	156	45084	44.87%
11	p-9	282	91	25662	129	36378	29.46%
12	p-10	196	167	32732	178	34888	6.18%
13							

图 11-23　上机练习 3 样表

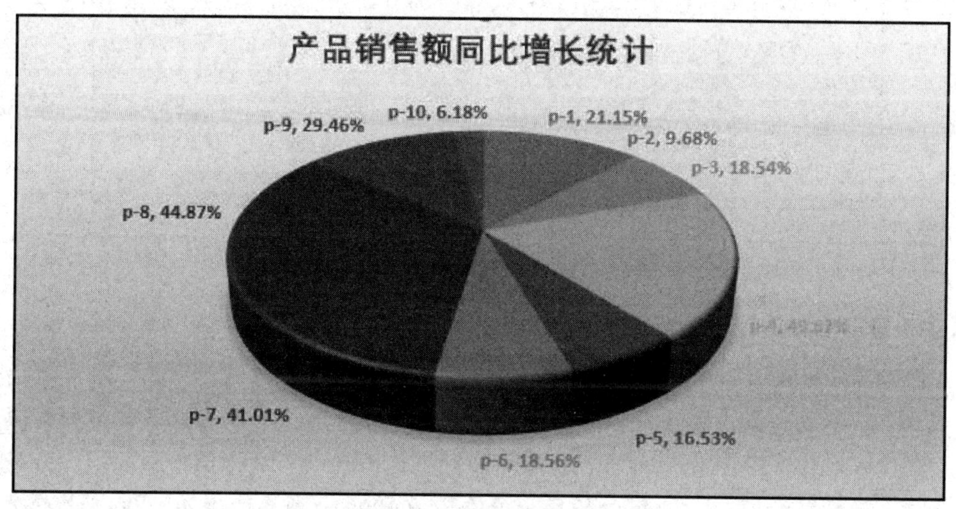

图 11-24　上机练习 3 最终效果图

【上机练习 4】

打开“实训教程素材\模块十一\练习\上机练习 4.xlsx”，数据内容如图 11-25 所示。选择 A2:D15 四列数据创建带平滑线和数据标记的散点图，图表标题为“余弦函数曲线图”并设置艺术字样式为“紫色，主题色 4，软棱台”，图例在底部显示，主要横坐标轴标题为“角度”，主要纵坐标轴标题为“Y 值”，图表区填充预设渐变“浅色渐变-个性色 5”，图表嵌入工作表的 A16:F30 单元格区域，最终效果如图 11-26 所示。

	A	B	C	D
1	y=cos(x-a)			
2	X(度)	y_1(a=0度)	y_2(a=30度)	y_3(a=60度)
3	0	1	0.866	0.5
4	30	0.866	1	0.866
5	60	0.5	0.866	1
6	90	0	0.5	0.866
7	120	-0.5	0	0.5
8	150	-0.866	-0.5	0
9	180	-1	-0.866	-0.5
10	210	-0.866	-1	-0.866
11	240	-0.5	-0.866	-1
12	270	0	-0.5	-0.866
13	300	0.5	0	-0.5
14	330	0.866	0.5	0
15	360	1	0.866	0.5

图 11-25　上机练习 4 样表

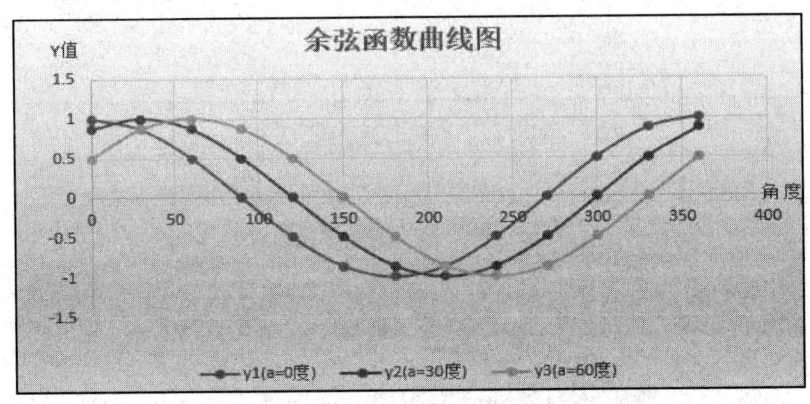

图 11-26　上机练习 4 最终效果图

【上机练习 5】

打开“实训教程素材\模块十一\练习\上机练习 5.xlsx”，数据内容如图 11-27 所示。选择 A2:C10 三列数据制作簇状柱形图，把数据系列“流动人口”图表类型更改为数据点折线图，设置“流动人口”数据系列使用次坐标轴，设置主坐标轴的显示单位为 100000 及最小值为 4000000，设置次坐标轴的显示单位为 10000 及最小值为 200000。设置无网格线，在图表上方插入形状“爆炸型 8pt”，设置形状样式为“细微效果-橄榄色，强调颜色 3”，形状居中位置输入标题文字“固定人口与流动人口统计”并设置艺术字样式为“橄榄色，主题色 3，锋利棱台”，固定人口数据系列填充预设渐变“中等渐变-个性色 6”，流动人口数据系列填充预设渐变“中等渐变-个性色 3”，图表嵌入新工作表中，最终效果如图 11-28 所示。

	A	B	C
1	某市人口数据统计表		
2		固定人口	流动人口
3	2000年	5260000	260000
4	2001年	5580000	325000
5	2002年	5690000	398000
6	2003年	5932000	456000
7	2004年	6265000	527000
8	2005年	6580000	616800
9	2006年	6975000	706100
10	2007年	7250000	810000

图 11-27　上机练习 5 样表

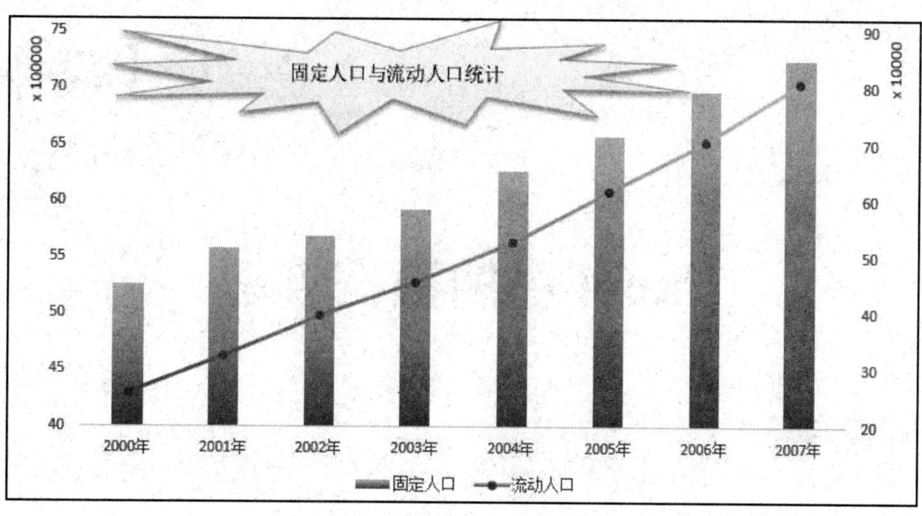

图 11-28　上机练习 5 最终效果图

模块十二

Excel 中的数据管理

一、实训内容

（1）自动筛选。
（2）高级筛选。
（3）数据的排序。
（4）数据的分类汇总。
（5）制作数据透视表。

二、操作实例

自动筛选

1. 操作要求

打开“实训教程素材\模块十二\例题\实例 1.xlsx”，在工作表内的数据清单中筛选出“部门”为“工程部”并且“基本工资”大于或等于 900 的记录。

2. 操作步骤

（1）光标置于工作表数据中的任一位置，单击“数据”选项卡“排序和筛选”组中的“筛选”按钮，系统进入自动筛选状态，并在每个字段的右侧出现一个筛选按钮，如图 12-1 所示。

（2）单击列标题“部门”右边的筛选按钮，在弹出的下拉列表中单击“工程部”复选框，如图 12-2 所示。

（3）单击列标题“基本工资”右边的筛选按钮，在弹出的下拉列表中单击“数字筛选”→“大于或等于”命令，打开“自定义自动筛选方式”对话框，按如图 12-3 所示进行设置。单击“确定”按钮，最终筛选结果如图 12-4 所示。

	A	B	C	D	E	F
1	某公司工资表					
2	姓名	部门	职称	基本工资	奖金	津贴
3	王辉杰	设计室	技术员	850	600	100
4	吴圆圆	后勤部	技术员	875	550	100
5	张勇	工程部	工程师	1000	568	180
6	李波	设计室	助理工程师	925	586	140
7	司慧霞	工程部	助理工程师	950	604	140
8	王刚	设计室	助理工程师	920	622	140
9	谭华	工程部	工程师	945	640	180
10	赵军伟	设计室	工程师	1050	658	180
11	周健华	工程部	技术员	885	576	100
12	任敏	后勤部	技术员	910	594	100
13	韩禹	工程部	技术员	825	612	100
14	周敏捷	工程部	助理工程师	895	630	140
15	冯丹丹	后勤部	助理工程师	865	648	140

图 12-1 进入“自动筛选”状态

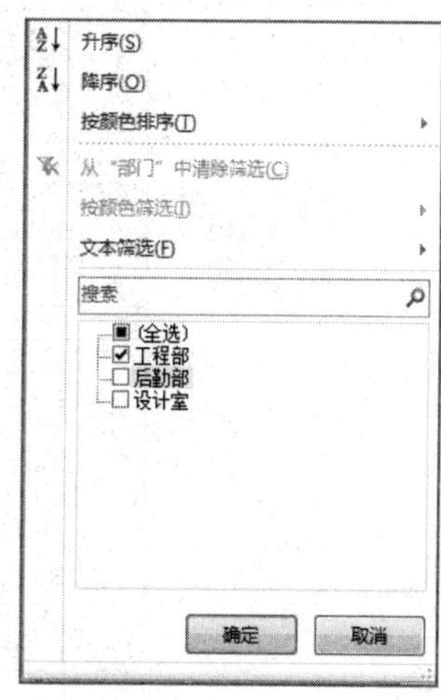

图 12-2 下拉列表

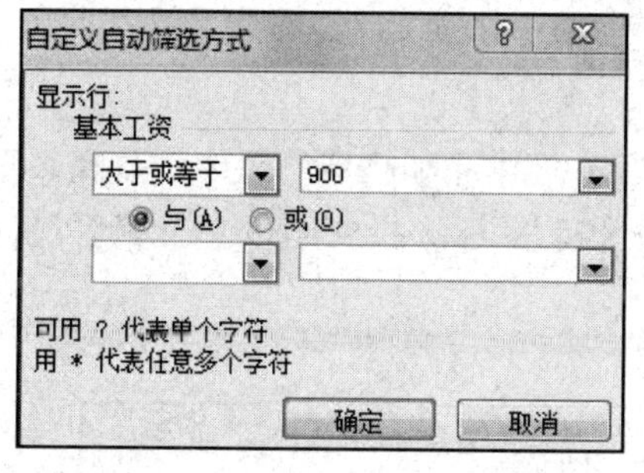

图 12-3 “自定义自动筛选方式”对话框

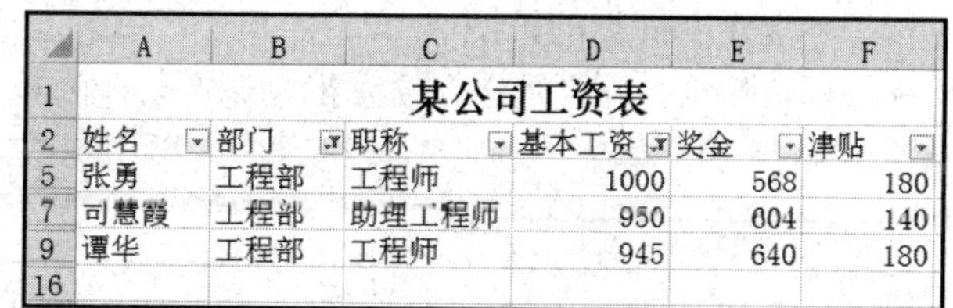

	A	B	C	D	E	F
1	某公司工资表					
2	姓名	部门	职称	基本工资	奖金	津贴
5	张勇	工程部	工程师	1000	568	180
7	司慧霞	工程部	助理工程师	950	604	140
9	谭华	工程部	工程师	945	640	180
16						

图 12-4 最终筛选结果

高级筛选

1. 操作要求

打开“实训教程素材\模块十二\例题\实例 2.xlsx”，对工作表内数据清单的内容进行高级筛选，条件为“考试成绩大于或等于 90 分，或总成绩大于或等于 110 分”，筛选后的结果从第 4 行开始显示。

2. 操作步骤

（1）选择工作表 1～3 行，单击右键，在弹出的快捷菜单中单击“插入”命令，此时在工作表前插入了 3 个空行。在第一行分别输入“考试成绩”“总成绩”，在对应的位置输入“>=90”“>=110”（由于筛选条件之间是“或”的关系，所以它们不能写在同一行），设置结果如图 12-5 所示。

	A	B	C	D	E	F
1	考试成绩	总成绩				
2	>=90					
3		>=110				
4	系别	学号	姓名	考试成绩	实验成绩	总成绩
5	信息	991021	李新	74	16	90
6	计算机	992032	王文辉	87	17	104
7	自动控制	993023	张磊	65	19	84
8	经济	995034	郝心怡	86	17	103
9	信息	991076	王力	91	15	106
10	数学	994056	孙英	77	14	91
11	自动控制	993021	张在旭	60	14	74
12	计算机	992089	金翔	73	18	91
13	计算机	992005	杨海东	90	19	109
14	自动控制	993082	黄立	85	20	105
15	信息	991062	王春晓	78	17	95
16	经济	995022	陈松	69	12	81
17	数学	994034	姚林	89	15	104
18	信息	991025	张雨涵	62	17	79
19	自动控制	993026	钱民	66	16	82
20	数学	994086	高晓东	78	15	93
21	经济	995014	张平	80	18	98
22	自动控制	993053	李英	93	19	112
23	数学	994027	黄红	68	20	88

图 12-5　设置高级筛选条件

（2）选定要筛选的范围 A4:F23，单击“数据”选项卡 “排序和筛选”组中的“高级”筛选图标，弹出“高级筛选”对话框，在“条件区域”里拖动鼠标选择 A1:B3 单元格区域，如图 12-6 所示。单击“确定”按钮后，结果如图 12-7 所示。

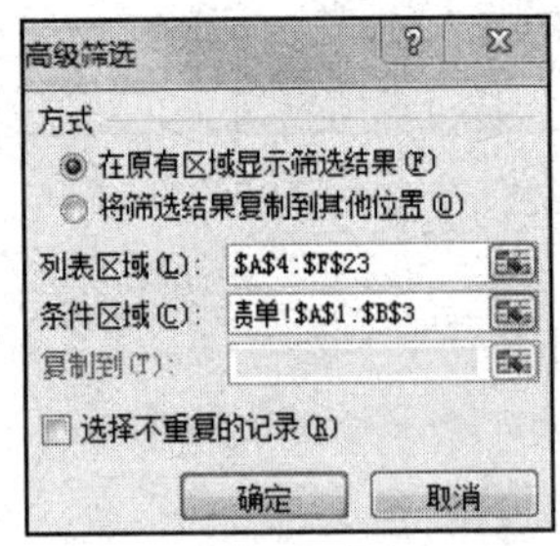

图 12-6　“高级筛选”对话框

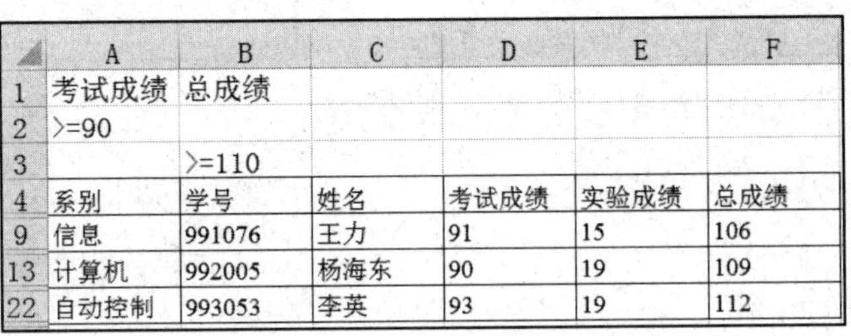

	A	B	C	D	E	F
1	考试成绩	总成绩				
2	>=90					
3		>=110				
4	系别	学号	姓名	考试成绩	实验成绩	总成绩
9	信息	991076	王力	91	15	106
13	计算机	992005	杨海东	90	19	109
22	自动控制	993053	李英	93	19	112

图 12-7　筛选后结果

数据排序

1．操作要求

打开“实训教程素材\模块十二\例题\实例 3.xlsx”，对工作表内的数据清单的内容，以“英语”为主要关键字、“体育”为次要关键字，按递增次序进行排序，以原文件名保存。

2．操作步骤

（1）单击数据清单中的任意一个单元格，单击“数据”选项卡“排序和筛选”组中的

“排序”图标，打开“排序”对话框。

（2）设置“主要关键字”为“英语”，“次序”选中“升序”，单击“添加条件”按钮，设置“次要关键字”为“体育”，“次序”选中“升序”，如图 12-8 所示。单击“确定”按钮后，排序结果如图 12-9 所示。

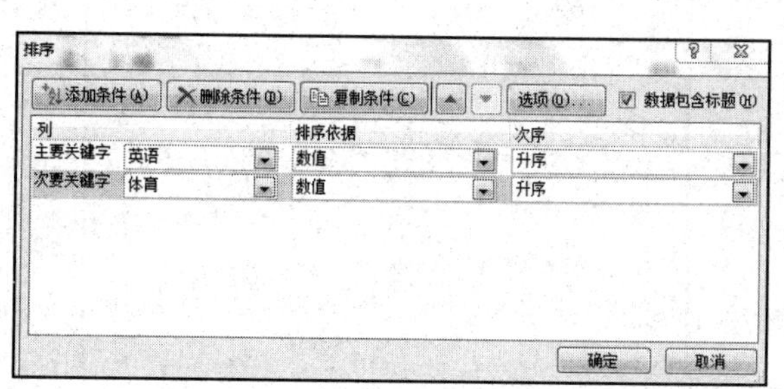

图 12-8 “排序”对话框

	A	B	C	D	E
1	城建学院公共课考试情况表				
2	姓名	语文	数学	英语	体育
3	司慧霞	72	75	69	63
4	王辉	72	75	69	80
5	吴圆圆	85	88	73	83
6	张勇敢	92	87	74	84
7	王刚	92	86	74	84
8	赵建军	76	67	78	97
9	周敏捷	76	88	84	82
10	周华	76	85	84	83
11	韩冰	97	83	89	88
12	任敏敏	87	83	90	88
13	李小波	76	67	90	95
14	谭华	89	67	92	87

图 12-9 排序结果

数据的分类汇总

1. 操作要求

打开“实训教程素材\模块十二\例题\实例 4.xlsx”，利用分类汇总功能统计出各部门的平均工资，以原文件名保存。

2. 操作步骤

（1）单击数据清单中的任意一个单元格，单击“数据”选项卡“排序和筛选”组中的“排序”图标，打开“排序”对话框。设置“主要关键字”为“部门”，次序为“升序”，如图 12-10 所示。单击“确定”按钮后，排序结果如图 12-11 所示。

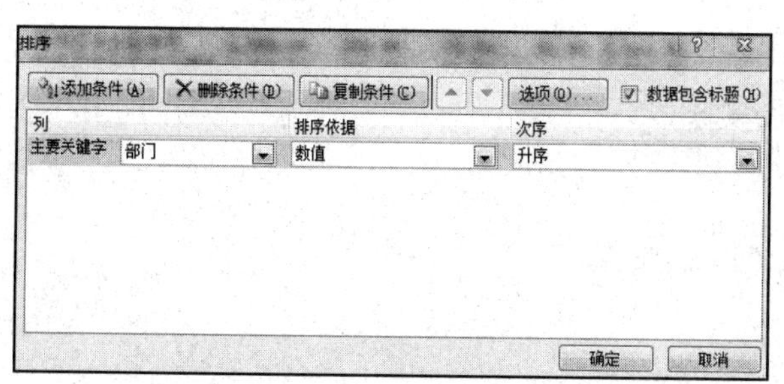

图 12-10 设置“部门”为主要关键字

	A	B	C	D	E	F	G	H
1	某公司职员登记表							
2	姓名	性别	部门	学历	年龄	籍贯	工龄	工资
3	王辉	男	办公室	大专	36	河南	15	2000
4	司慧霞	女	办公室	本科	30	河北	8	1900
5	韩禹	男	办公室	本科	36	河南	13	2100
6	赵军伟	男	工程部	本科	26	山东	4	2100
7	任敏	女	工程部	硕士	32	河北	7	2500
8	李波	男	工程部	硕士	29	河南	5	2800
9	周敏捷	女	后勤部	本科	22	河北	1	1600
10	吴圆	女	后勤部	本科	31	河北	7	1800
11	王刚	男	后勤部	硕士	28	山东	3	2200
12	周健	男	营销部	本科	31	河南	8	2300
13	张勇	男	营销部	大专	35	山东	11	2600
14	谭华	女	营销部	本科	25	河北	2	2300

图 12-11 排序结果

（2）单击数据清单中的任意一个单元格，单击“数据”选项卡 “分级显示”组中的“分类汇总”图标。在打开的“分类汇总”对话框中，设置“分类”字段为“部门”，“汇总方式”为“平均值”，“选定汇总项”为“工资”，选中“汇总结果显示在数据下方”复选框，如图 12-12 所示。单击“确定”按钮后，分类汇总结果如图 12-13 所示。

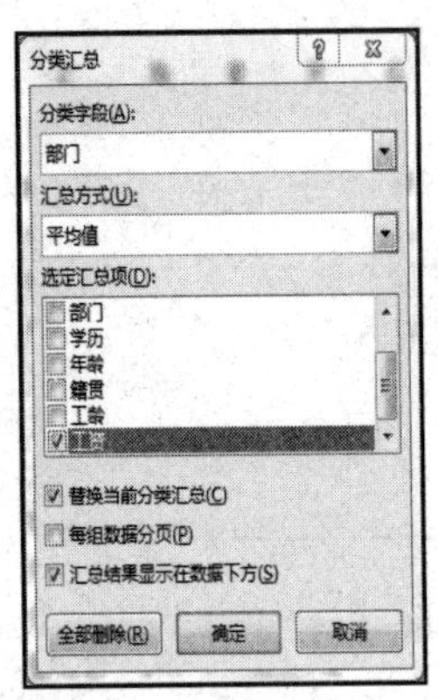

图 12-12 “分类汇总”对话框

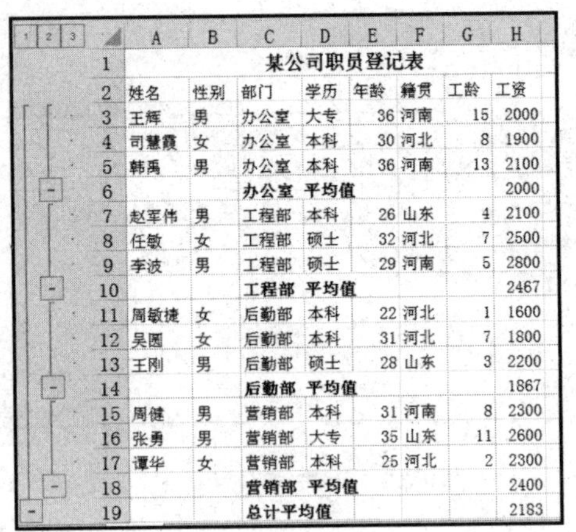

	A	B	C	D	E	F	G	H
1	某公司职员登记表							
2	姓名	性别	部门	学历	年龄	籍贯	工龄	工资
3	王辉	男	办公室	大专	36	河南	15	2000
4	司慧霞	女	办公室	本科	30	河北	8	1900
5	韩禹	男	办公室	本科	36	河南	13	2100
6			办公室 平均值					2000
7	赵军伟	男	工程部	本科	26	山东	4	2100
8	任敏	女	工程部	硕士	32	河北	7	2500
9	李波	男	工程部	硕士	29	河南	5	2800
10			工程部 平均值					2467
11	周敏捷	女	后勤部	本科	22	河北	1	1600
12	吴圆	女	后勤部	本科	31	河北	7	1800
13	王刚	男	后勤部	硕士	28	山东	3	2200
14			后勤部 平均值					1867
15	周健	男	营销部	本科	31	河南	8	2300
16	张勇	男	营销部	大专	35	山东	11	2600
17	谭华	女	营销部	本科	25	河北	2	2300
18			营销部 平均值					2400
19			总计平均值					2183

图 12-13 “分类汇总”结果

（3）单击图 12-13 左上角的“2”按钮，全部明细数据即可被隐藏，如图 12-14 所示。

（4）单击“数据”选项卡“分级显示”组中的“取消组合”按钮，在弹出的列表中选择“清除分级显示”命令，取消分级显示后的结果如图 12-15 所示。

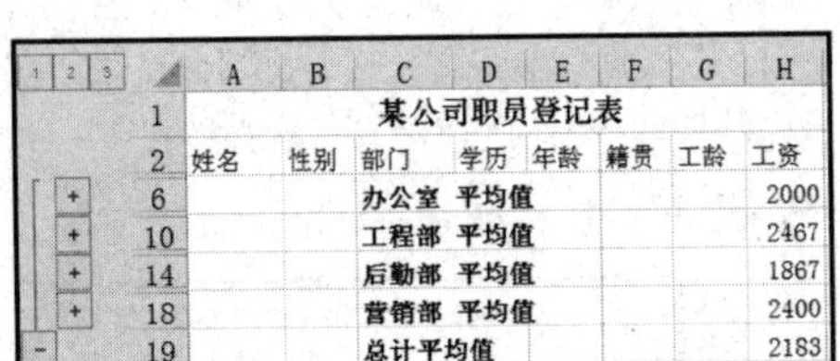

	A	B	C	D	E	F	G	H
1	某公司职员登记表							
2	姓名	性别	部门	学历	年龄	籍贯	工龄	工资
6			办公室 平均值					2000
10			工程部 平均值					2467
14			后勤部 平均值					1867
18			营销部 平均值					2400
19			总计平均值					2183

图 12-14 隐藏数据

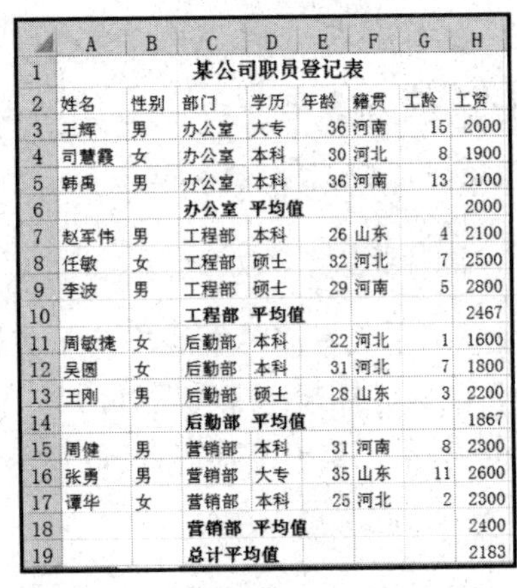

	A	B	C	D	E	F	G	H
1	某公司职员登记表							
2	姓名	性别	部门	学历	年龄	籍贯	工龄	工资
3	王辉	男	办公室	大专	36	河南	15	2000
4	司慧霞	女	办公室	本科	30	河北	8	1900
5	韩禹	男	办公室	本科	36	河南	13	2100
6			办公室 平均值					2000
7	赵军伟	男	工程部	本科	26	山东	4	2100
8	任敏	女	工程部	硕士	32	河北	7	2500
9	李波	男	工程部	硕士	29	河南	5	2800
10			工程部 平均值					2467
11	周敏捷	女	后勤部	本科	22	河北	1	1600
12	吴圆	女	后勤部	本科	31	河北	7	1800
13	王刚	男	后勤部	硕士	28	山东	3	2200
14			后勤部 平均值					1867
15	周健	男	营销部	本科	31	河南	8	2300
16	张勇	男	营销部	大专	35	山东	11	2600
17	谭华	女	营销部	本科	25	河北	2	2300
18			营销部 平均值					2400
19			总计平均值					2183

图 12-15 取消分级显示后的结果

数据透视表

1. 操作要求

打开“实训教程素材\模块十二\例题\实例 5.xlsx”，建立数据透视表，将字段“部门”

拖至“筛选器”区域，将字段“员工编号”和“姓名”拖至“行”区域，将字段“基本工资”“工龄工资”“加班费”“考勤扣款”“合计金额”拖至“Σ值”区域。在工作表中，在“部门”后的下拉列表中选择相应的部门，数据区域中将显示该部门内各员工的工资信息。以原文件名对文件进行保存。

2．操作步骤

（1）单击数据清单中的任意一个单元格，单击“插入”选项卡“表格”组中的“数据透视表”命令，打开“创建数据透视表”对话框，如图 12-16 所示。

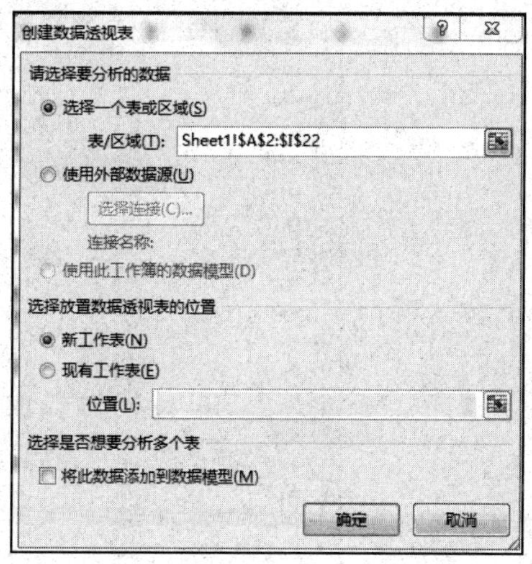

图 12-16　“创建数据透视表”对话框

（2）在“选择放置数据透视表的位置”选区中单击“新工作表”单选按钮，最后单击“确定”按钮即可在工作簿中新建一个用于创建数据透视表的工作表，如图 12-17 所示。

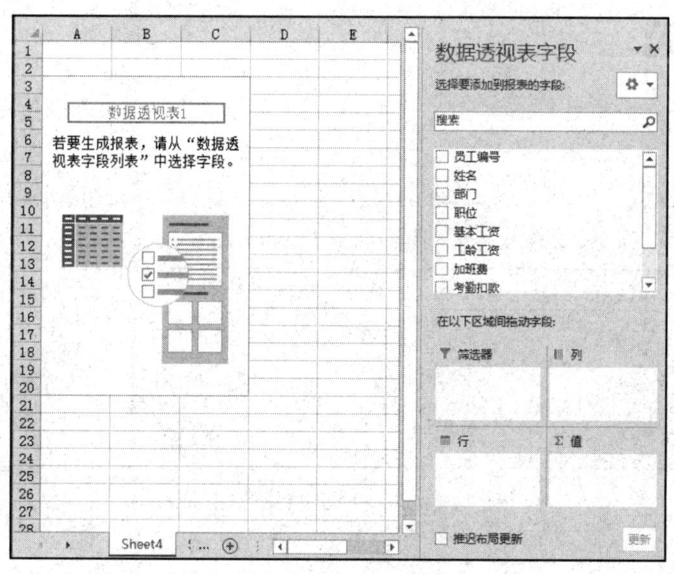

图 12-17　数据透视表字段列表

（3）在右侧“数据透视表字段”窗格中设置数据透视表的字段。首先在“选择要添加到报表的字段”列表框中选择“部门”复选框，然后按住鼠标左键不放并将其拖曳到下方的“筛选器”区域中；在“选择要添加到报表的字段”列表框中分别勾选“员工编号”和“姓名”复选框，然后按住鼠标左键不放并将其拖曳到下方的“行”区域中；在“选择要添加到报表的字段”列表框中勾选“基本工资”“工龄工资”“加班费”“考勤扣款”“合计金额”复选框，然后按住鼠标左键将其拖曳到下方的“Σ值”区域中，如图 12-18 所示。创建后的数据透视表如图 12-19 所示。

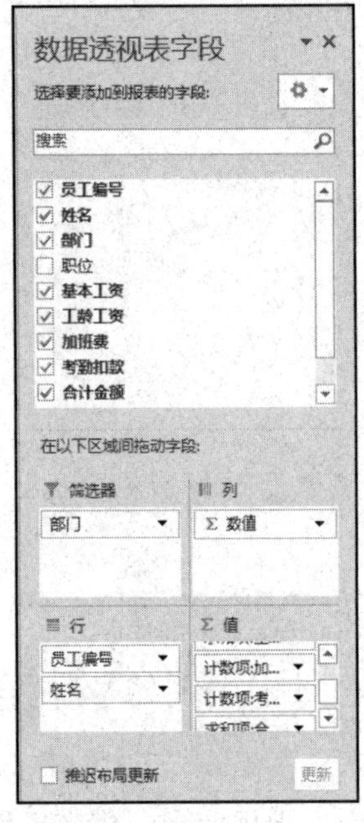

图 12-18　设置数据透视表字段

	A	B	C	D	E	F	G
1	部门	(全部)					
2							
3	员工	姓名	求和项:基本工资	求和项:工龄工资	求和项:加班费	求和项:考勤扣款	求和项:合计金额
4	MR001		2400	450	120		2970
5		王东	2400	450	120		2970
6	MR002		2600	450	123.75	21.75	3195.5
7		李明	2600	450	123.75	21.75	3195.5
8	MR003		1800	450		30	2280
9		高华	1800	450		30	2280
10	MR004		2000	450	42	117	2609
11		李亮	2000	450	42	117	2609
12	MR005		2200	450	87.75		2737.75
13		钱多	2200	450	87.75		2737.75
14	MR006		1400	450	18		1868
15		王娜	1400	450	18		1868
16	MR007		2200	400	94.5	100	2794.5
17		孙小	2200	400	94.5	100	2794.5
18	MR008		1400	400	18	61.75	1879.75
19		刘丽	1400	400	18	61.75	1879.75
20	MR009		1600	300	63	53	2016
21		冯艳	1600	300	63	53	2016
22	MR010		1600	250	42	53	1945
23		孙丽	1600	250	42	53	1945
24	MR011		2000	250	78	83.5	2411.5
25		王宝	2000	250	78	83.5	2411.5
26	MR012		2200	250	94.5		2544.5
27		赵宝	2200	250	94.5		2544.5
28	MR013		1400	250		23.5	1673.5
29		周杰	1400	250		23.5	1673.5
30	MR014		1400	200	36	50	1686
31		刘萍	1400	200	36	50	1686
32	MR015		2000	200	36	100.5	2336.5
33		张伟	2000	200	36	100.5	2336.5
34	MR016		2200	200	87.75	136.5	2624.25
35		曹刚	2200	200	87.75	136.5	2624.25
36	MR017		1200	150		90	1440
37		陈敏	1200	150		90	1440
38	MR018		1200	100	7.5	20	1327.5
39		魏红	1200	100	7.5	20	1327.5
40	MR019		1200	100	11.25	70	1381.25
41		郭华	1200	100	11.25	70	1381.25
42	MR020		1200	50	11.25	60	1321.25
43		吕小	1200	50	11.25	60	1321.25
44	总计		35200	5800	971.25	1070.5	43041.75

图 12-19　创建后的数据透视表

三、上机练习

【上机练习 1】

打开“实训教程素材\模块十二\练习\上机练习 1.xlsx”，对工作表内的数据清单自动筛选出前 5 名年龄最大的员工的记录，结果如图 12-20 所示。

	A	B	C	D	E	F	G
1	员工信息表						
2	员工编号	员工姓名	性别	籍贯	年龄	所属部门	学历
7	005	梁x兰	女	吉林省	30	基础部	本科
8	006	黄x	女	吉林省	28	基础部	研究生
9	007	孙x娇	女	河南省	28	软件开发部	硕士
10	008	刘x娟	女	吉林省	28	技术部	本科
14	012	孙鹏	男	江西省	35	质量部	大专

图 12-20　上机练习 1 筛选结果

【上机练习 2】

打开“实训教程素材\模块十二\练习\上机练习 2.xlsx”，对工作表内的数据清单自动筛

选出姓名以“杨”开头、以“红”结尾的所有符合条件的记录，结果如图 12-21 所示。

	A	B	C	D	E	F	G
1	员工信息表						
2	员工编号	员工姓名	性别	籍贯	年龄	所属部门	学历
8	006	杨江红	女	吉林省	28	基础部	研究生
12	010	杨小红	男	安徽省	24	人事部	专科

图 12-21　上机练习 2 筛选结果

【上机练习 3】

打开“实训教程素材\模块十二\练习\上机练习 3.xlsx”，对工作表内的数据清单自动筛选出员工入职时间在 2005/10/5 至 2008/1/8 之间的员工记录，结果如图 12-22 所示。

	A	B	C	D	E	F	G	H
1	员工信息表							
2	员工编号	员工姓名	性别	籍贯	年龄	所属部门	学历	入职时间
3	001	杨x红	女	吉林省	24	基础部	大专	2007/5/12
6	004	李xx	男	江苏省	25	设计部	大专	2006/10/14
7	005	梁x兰	女	吉林省	30	基础部	本科	2007/12/1
8	006	黄x	女	吉林省	28	基础部	研究生	2007/5/14
10	008	刘x娟	女	吉林省	28	技术部	本科	2006/8/20
11	009	李明x	男	吉林省	27	人事部	专科	2007/12/25
12	010	周x	男	安徽省	24	人事部	专科	2006/12/20

图 12-22　上机练习 3 筛选结果

【上机练习 4】

打开“实训教程素材\模块十二\练习\上机练习 4.xlsx”，对工作表内的数据清单的内容进行高级筛选，筛选出籍贯为“吉林省”、年龄在 25 岁以上的记录，在原区域显示筛选结果，结果如图 12-23 所示。

	A	B	C	D	E	F	G
1	员工信息表						
2	员工编号	员工姓名	性别	籍贯	年龄	所属部门	学历
4	002	李小x	男	吉林省	26	质量部	大专
7	005	梁x兰	女	吉林省	30	基础部	本科
8	006	黄x	女	吉林省	28	基础部	研究生
10	008	刘x娟	女	吉林省	28	技术部	本科
11	009	李明x	男	吉林省	27	人事部	专科
15	013	寇x丽	女	吉林省	26	财务部	研究生
16							
17				籍贯	年龄		
18				吉林省	>25		

图 12-23　上机练习 4 筛选结果

【上机练习 5】

打开“实训教程素材\模块十二\练习\上机练习 5.xlsx”，对工作表内的数据清单的内容进行高级筛选，筛选出“电子工业出版社”且定价大于 19 的记录，筛选结果从第 4 行开始显示，结果如图 12-24 所示。

	A	B	C	D
1		定价	出版社名称	
2		>19	电子工业出版社	
3				
4	书名	定价	出版社名称	分类
5	网络信息安全一体化教程	28	电子工业出版社	计算机网络
19	计算机组装与维护(第4版)	29.8	电子工业出版社	计算机应用

图 12-24　上机练习 5 高级筛选结果

【上机练习 6】

打开“实训教程素材\模块十二\练习\上机练习 6.xlsx”，对工作表内的数据清单的内容进行以“类别”为主要关键字，以“销售数量（本）”为次要关键字，按递减次序进行排序，结果如图 12-25 所示。

	A	B	C	D
1	文化书店图书销售情况表			
2	书籍名称	类别	销售数量（本）	单价
3	医学知识	生活百科	4830	6.8
4	饮食与健康	生活百科	3860	6.4
5	健康周刊	生活百科	2860	5.6
6	十万个为什么	少儿读物	6850	12.6
7	儿童乐园	少儿读物	6640	11.2
8	丁丁历险记	少儿读物	5840	13.5
9	中学语文辅导	课外读物	4860	2.5
10	中学数学辅导	课外读物	4680	2.5
11	中学物理辅导	课外读物	4300	2.5
12	中学化学辅导	课外读物	4000	2.5

图 12-25　上机练习 6 排序结果

【上机练习 7】

打开“实训教程素材\模块十二\练习\上机练习 7.xlsx”，对工作表内的数据清单中的“员工姓名”按笔画顺序递增次序进行排序，结果如图 12-26 所示。

	A	B	C	D	E	F	G
1	员工信息表						
2	员工编号	员工姓名	性别	籍贯	年龄	所属部门	学历
3	008	刘x娟	女	吉林省	28	技术部	本科
4	007	孙x娇	女	河南省	28	软件开发部	硕士
5	012	孙鹏	男	江西省	35	质量部	大专
6	004	李xx	男	江苏省	25	设计部	大专
7	002	李小x	男	吉林省	26	质量部	大专
8	009	李明x	男	吉林省	27	人事部	专科
9	001	杨x红	女	吉林省	24	基础部	大专
10	010	周x	男	安徽省	24	人事部	专科
11	003	赵x	男	吉林省	25	质量部	本科
12	011	顾玲x	女	江西省	21	软件开发部	研究生
13	006	黄x	女	吉林省	28	基础部	研究生
14	005	梁x兰	女	吉林省	30	基础部	本科
15	013	寇x丽	女	吉林省	26	财务部	研究生

图 12-26　上机练习 7 排序结果

【上机练习 8】

打开“实训教程素材\模块十二\练习\上机练习 8.xlsx”，对工作表内的数据清单中的“应发工资”按行递增进行排序，结果如图 12-27 所示。

	A	B	C	D	E	F	G	H
1	2008年1月份工资表							
2	员工姓名	刘明x	李丽x	孙明x	杨xx	顾x丽	梁x兰	李x光
3	基本工资	600	800	800	900	1200	1200	1500
4	工龄工资	50	100	100	50	50	50	100
5	加班费	100	40	60	120	20	80	60
6	养老保险	90	90	90	90	90	90	90
7	失业保险	50	50	50	50	50	50	50
8	医疗保险	20	20	20	20	20	20	20
9	事假	0	20	20	40	60	20	20
10	应发工资	590	760	780	870	1050	1150	1480

图 12-27　上机练习 8 排序结果

【上机练习 9】

打开“实训教程素材\模块十二\练习\上机练习 9.xlsx”，对工作表内的数据清单的内容进行分类汇总，分类字段为“农作物”，汇总方式为“求和”，汇总项为“产量（吨）”，汇总结果显示在数据下方，结果如图 12-28 所示。

	A	B	C
1	2003年度农场农作物产量		
2	单位	农作物	产量（吨）
6		大豆 汇总	5630
10		番薯 汇总	13110
14		谷子 汇总	3840
18		棉花 汇总	25410
22		小麦 汇总	28040
26		玉米 汇总	14060
27		总计	90090

图 12-28　上机练习 9 分类汇总结果图

【上机练习 10】

打开“实训教程素材\模块十二\练习\上机练习 10.xlsx”，对工作表内的数据清单的内容按主要关键字“产品名称”递减次序排序，对排序后的内容进行分类汇总，分类字段为“产品名称”，汇总方式为“平均值”，汇总项为“销售额（万元）”，汇总结果显示在数据下方，结果如图 12-29 所示。

	A	B	C	D	E	F	G
1	季度	分公司	产品类别	产品名称	销售数量	销售额（万元）	销售额排名
14				空调 平均值		15.05	
27				电视 平均值		21.00	
40				电冰箱 平均值		16.58	
41				总计平均值		17.54	

图 12-29　上机练习 10 结果图

【上机练习 11】

打开“实训教程素材\模块十二\练习\上机练习 11.xlsx”，建立数据透视表，插入现有工作表 H1 单元格的位置，显示男女生各门课程的平均成绩及汇总信息，结果如图 12-30 所示。

【上机练习 12】

打开“实训教程素材\模块十二\练习\上机练习 12.xlsx”，建立数据透视表，插入现有工作表 D2 单元格的位置，对各奖项的个数进行统计，结果如图 12-31 所示。

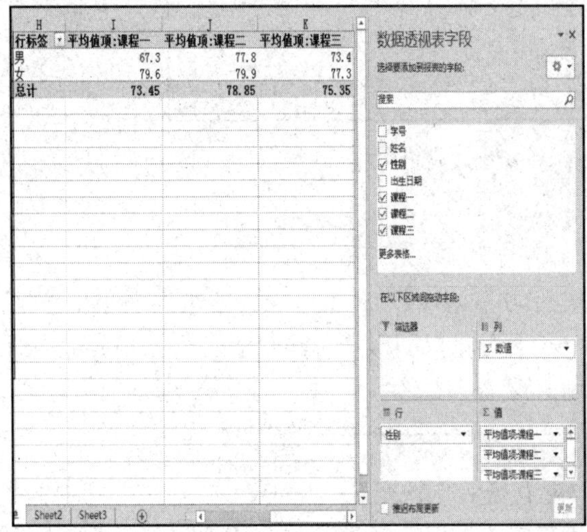

图 12-30　上机练习 11 结果图

图 12-31　上机练习 12 结果图

PowerPoint 2016（一）

一、实训内容

（1）用模板快速制作演示文稿。

（2）在幻灯片中插入艺术字、图片、自选图形、声音等对象。

二、操作实例

1．操作要求

（1）创建演示文稿，应用“水滴”主题，选择第二个变体。在标题区输入“井冈山欢迎你”，设置字体为隶书，80 磅，字体颜色为“粉红，个性色 2，深色 25%”，居中对齐。副标题区输入“革命圣地　红色摇篮”，设置字体为华文楷体，24 磅，字体颜色为标准色“红色”，形状填充为“浅色渐变-个性色 1”，垂直对齐方式为“中部居中”，适当调整两个标题的位置。将“井冈山欢迎你.pptx”设为文件名保存演示文稿。

（2）插入第 2 张幻灯片，版式为“标题和内容”，在标题区输入“走进井冈山”，在内容区输入相应文字，可根据需要，重新设置字体、字形、字号和对齐方式等格式。添加页脚文字“红色之旅”，并设置时间自动更新。

（3）插入第 3 张幻灯片，版式为“两栏内容”，在标题区输入“井冈山简介”，字体为隶书，字号为 60 磅，文字颜色为“粉红，个性色 2，深色 25%”，左对齐。在左侧内容区输入相应文字，在右侧内容区插入图片“井冈山简介”，并设置图片样式为“矩形投影”，适当调整其大小和位置。

（4）插入第 4 张幻灯片，版式为“标题和内容”，在标题区输入“井冈山革命史”，字体为隶书，字号为 60 磅，文字颜色为“粉红，个性色 2，深色 25%”，左对齐。在内容区插入 5 行 2 列的表格，设置表格样式为“浅色样式 3-强调 5”，并输入相应内容。在表格下方插入图片“井冈山革命史 1～3”，设置图片格式为“柔化边缘椭圆”，适当调整其大小和位置。

（5）插入第 5 张幻灯片，版式为“竖排标题与文本”，在标题区输入“井冈山精神”，字体为隶书，字号为 60 磅，文字颜色为“粉红，个性色 2，深色 25%”，在内容区输入相应文字，字体为华文楷体，字号为 42 磅。在文字下方插入图片“井冈山精神”，设置图片格式为“矩形投影”，适当调整图片大小和位置。

（6）插入第 6 张幻灯片，版式为“标题和内容”，在标题区输入“井冈山红色景点”，字体为隶书，字号为 60 磅，文字颜色为“粉红，个性色 2，深色 25%”，左对齐。在内容区插入一个类型为“六边形群集”的 SmartArt 图形，并输入相应内容和图片，SmartArt 图形更改颜色为“彩色范围-个性色 5～6”，SmartArt 样式设置为“三维-优雅”。

（7）插入第 7 张幻灯片，版式为“标题和内容”，在标题区输入“井冈山旅游趋势”，字体为隶书，字号为 60 磅，文字颜色为“粉红，个性色 2，深色 25%”，左对齐。在内容区插入“带数据标记的折线图”，并输入相应内容。

（8）插入第 8 张幻灯片，版式为“标题和内容”，在标题区输入“对当代大学生的启示”，字体为隶书，字号为 60 磅，文字颜色为“粉红，个性色 2，深色 25%”，左对齐。在内容区插入视频文件“井冈山精神”。

（9）插入第 9 张幻灯片，版式为“空白”，设置图片背景，插入艺术字“星星之火 可以燎原”，样式为“图案填充：红色，主题色 1，50%；清晰阴影：红色，主题色 1”，并设置字体为华文行楷，字号为 48 磅，文字方向为竖排，文本效果为“透视：上”。插入文本框，输入文字“谢谢观赏”，字体为华文行楷，字号为 66 磅，字体颜色为“红色，个性色 1，深色 25%”。

2. 操作步骤

（1）启动 PowerPoint 2016，系统会自动创建 1 个名为“演示文稿 1”的空白演示文稿，演示文稿中包含 1 张空白幻灯片。

单击幻灯片中的“标题”所在文本占位符内部，输入文字“井冈山欢迎你”，单击“副标题”所在文本占位符内部，输入“革命圣地　红色摇篮”。

为幻灯片设置主题。单击“设计”选项卡“主题”组中的“其他”按钮，在打开的“所有主题”列表中，选择“水滴”主题，然后单击“变体”组中的第二个变体，显示效果如图 13-1 所示。

图 13-1　添加主题后的幻灯片

单击“井冈山欢迎你”文本内部，然后选中文字“井冈山欢迎你”，在“开始”选项卡“字体”组中设置字体为隶书，字号为 80，文字颜色为主题色中的“粉红，个性色 2，深色 25%”，在“段落”组中设置文本居中对齐。

单击“革命圣地　红色摇篮”文本内部，选中文字并设置文字颜色为标准色中的“红色”，字体为华文楷体，字号为 24。然后选中该文本框，单击“绘图工具-格式”选项卡“形状样式”组中的“形状填充”按钮，在打开的下拉列表中单击“渐变”→“其他渐变”命令，在打开的“设置形状格式”窗格中单击“渐变填充”单选按钮，在“预设渐变”下拉列表中选择“浅色渐变-个性色 1”。单击“设置形状格式”窗格中的“大小与属性”按钮，设置文本框垂直对齐方式为“中部居中”，如图 13-2 所示。

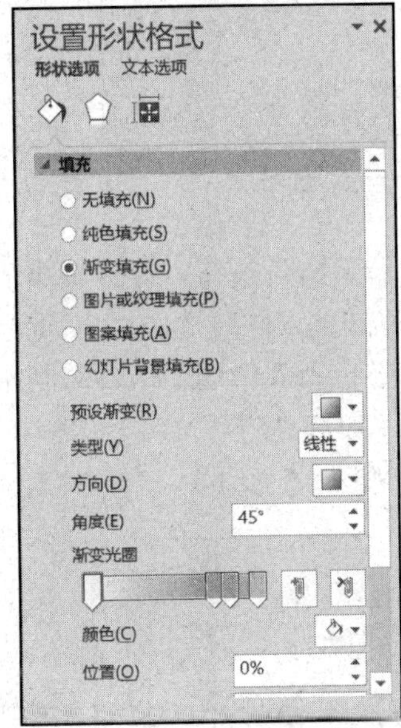

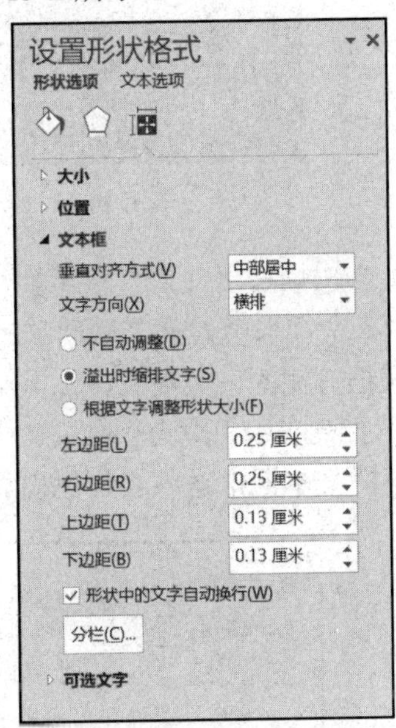

图 13-2 “设置形状格式”窗格

单击“关闭”按钮，关闭“设置形状格式”窗格，适当调整“革命圣地 红色摇篮”所在文本框的高度，完成演示文稿中第 1 张幻灯片的制作，效果如图 13-3 所示。

图 13-3 第 1 张幻灯片效果图

保存演示文稿。单击“快速访问工具栏”中的“保存”按钮，选择“另存为”→“浏览”命令，打开“另存为”对话框，选择保存位置，输入演示文稿的名称“井冈山欢迎你”，单击“保存”按钮。

（2）单击“开始”选项卡“幻灯片”组中的“新建幻灯片”下拉按钮，在打开的下拉列表中选择“标题和内容”版式，为演示文稿添加“标题和内容”版式的第 2 张幻灯片。

单击第 2 张幻灯片中的“标题”文本占位符，输入文字“走进井冈山”。单击“内容占位符”的空白处，输入介绍井冈山的目录，效果如图 13-4 所示（注意：可根据需要，重新设置字体、字形、字号和对齐方式等格式）。

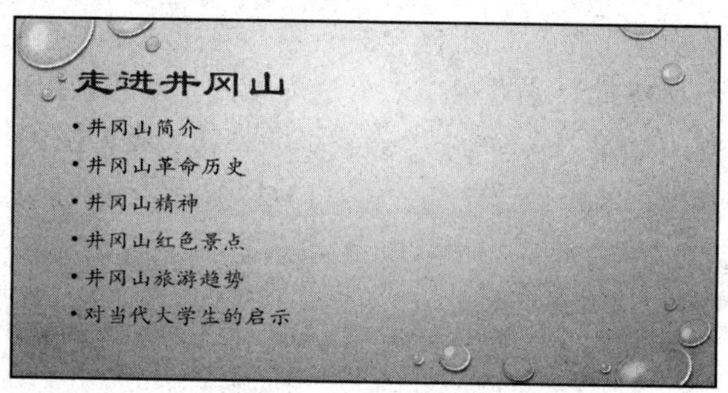

图 13-4　输入目录后的效果图

单击“插入”选项卡“文本”组中的“页眉和页脚”按钮，打开“页眉和页脚”对话框。在“幻灯片”选项卡中勾选“日期和时间”复选框，同时选中“自动更新”单选按钮，单击其下拉列表框右侧的下拉箭头，从其弹出的下拉列表中选中一种时间格式。在“语言（国家/地区）”下拉列表中，单击“中文（中国）”。勾选“幻灯片编号”和“页脚”复选框，并在“页脚”下的文本框中输入“红色之旅”，如图 13-5 所示。

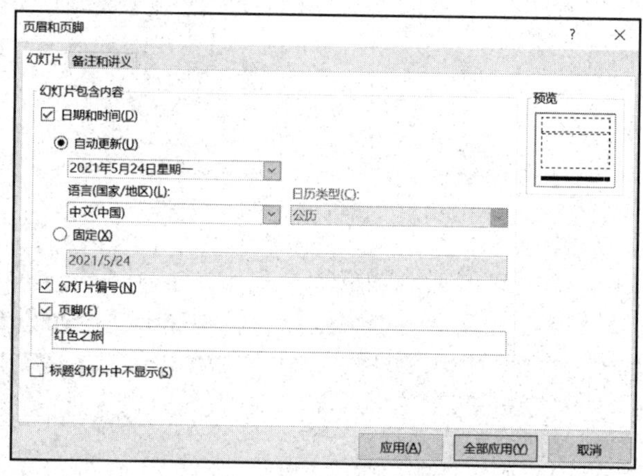

图 13-5　完成设置的“页眉和页脚”对话框

单击“应用”按钮，关闭“页眉和页脚”对话框，完成第 2 张幻灯片的制作，效果如图 13-6 所示。

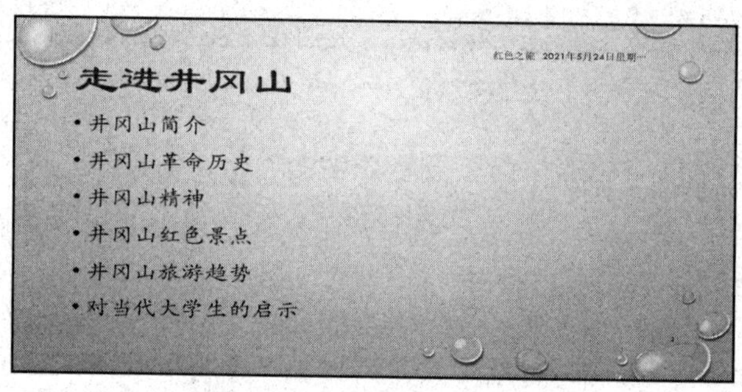

图 13-6　第 2 张幻灯片效果图

（3）单击“开始”选项卡 “幻灯片”组中的“新建幻灯片”下拉按钮，在打开的下拉列表中单击“两栏内容”版式，为演示文稿添加“两栏内容”版式的第 3 张幻灯片。

单击“标题”文本占位符，输入文字“井冈山简介”，设置文字字体为隶书，字号为 60 磅，文字颜色为“粉红，个性色 2，深色 25%”，左对齐。

在左侧内容占位符中输入井冈山简介的说明文字，设置文字的字体为华文楷体，字号为 28 磅。在右侧内容占位符中插入图片“井冈山简介”并选中图片，在“图片工具-格式”选项卡“图片样式”组中，设置图片样式为“矩形投影”，适当调整图片大小和位置，效果如图 13-7 所示。

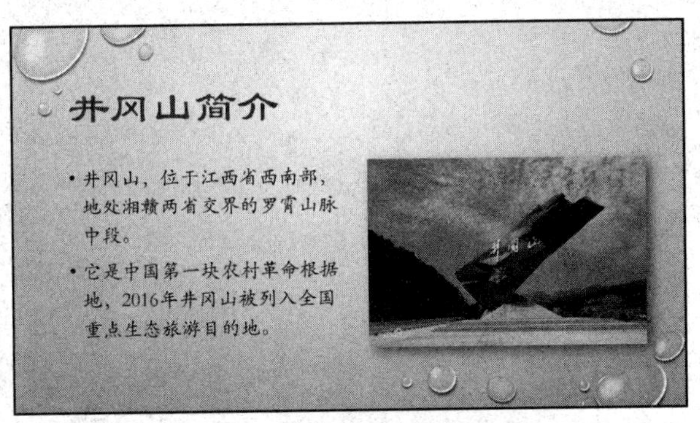

图 13-7 第 3 张幻灯片效果图

（4）单击“开始”选项卡“幻灯片”组中的“新建幻灯片”下拉按钮，在打开的下拉列表中选择“标题和内容”版式，为演示文稿添加“标题和内容”版式的第 4 张幻灯片。

单击“标题”文本占位符，输入文字“井冈山革命史”，设置文字字体为隶书，字号为 60 磅，文字颜色为“粉红，个性色 2，深色 25%”，左对齐。

单击内容占位符中的“插入表格”按钮，在打开的“插入表格”对话框中输入“列数”和“行数”，单击“确定”按钮，插入一个 5 行 2 列的表格。选中表格，在“表格工具-设计”选项卡“表格样式”组中，设置表格样式为“浅色样式 3-强调 5”。

在表格中输入井冈山革命史的说明文字。选中表格，单击“表格工具-布局”选项卡“对齐方式”组中的“居中”和“垂直居中”按钮，调整表格中文字的对齐方式。效果如图 13-8 所示。

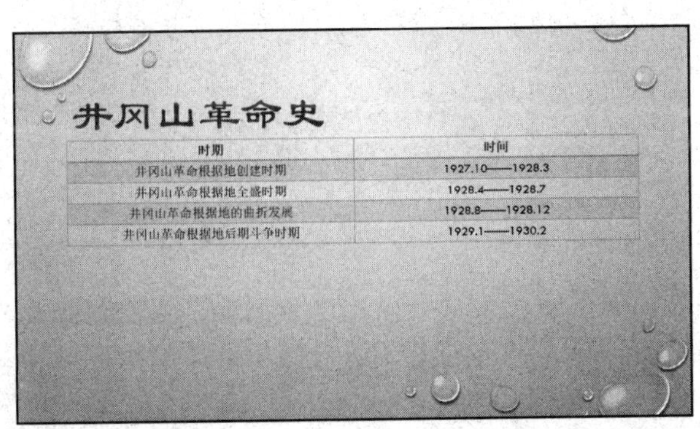

时期	时间
井冈山革命根据地创建时期	1927.10——1928.3
井冈山革命根据地全盛时期	1928.4——1928.7
井冈山革命根据地的曲折发展	1928.8——1928.12
井冈山革命根据地后期斗争时期	1929.1——1930.2

图 13-8 添加表格后的效果图

单击“插入”选项卡“图像”组中的“图片”按钮，打开“插入图片”对话框，打开

“实训教程素材\模块十三\例题”，选中要插入的“井冈山革命史 1～3”三张图片（按下 Ctrl 键，连续单击要插入的图片），单击“插入”按钮，将三张图片一次性插入幻灯片中，设置图片样式为“柔化边缘椭圆”，调整图片大小与位置，效果如图 13-9 所示。

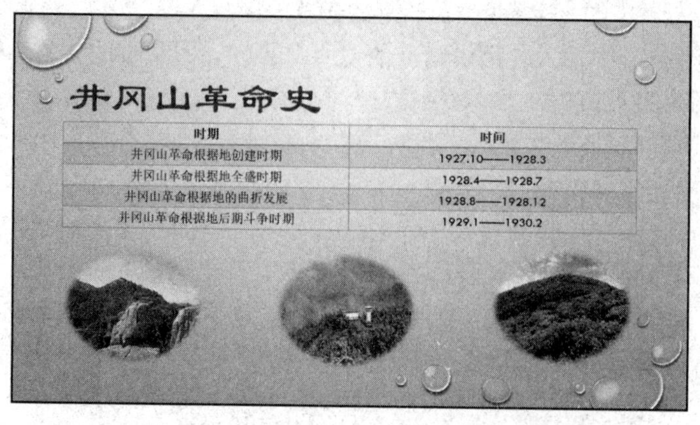

图 13-9　第 4 张幻灯片效果图

（5）单击“开始”选项卡“幻灯片”组中的“新建幻灯片”下拉按钮，在弹出的下拉列表中单击“竖排标题与文本”版式，为演示文稿添加“竖排标题与文本”版式的第 5 张幻灯片。

单击“标题”文本占位符，输入文字“井冈山精神”，设置文字字体为隶书，字号为 60 磅，文字颜色为“粉红，个性色 2，深色 25%”。

单击内容占位符的空白处，输入介绍井冈山精神的文字，设置文字的字体为华文楷体，字号为 42 磅。

单击“插入”选项卡 “图像”组中的“图片”按钮，打开“插入图片”对话框。打开“实训教程素材\模块十三\例题”，选中要插入的图片“井冈山精神”，然后单击“插入”按钮，设置图片样式为“矩形投影”，调整图片大小与位置，效果如图 13-10 所示。

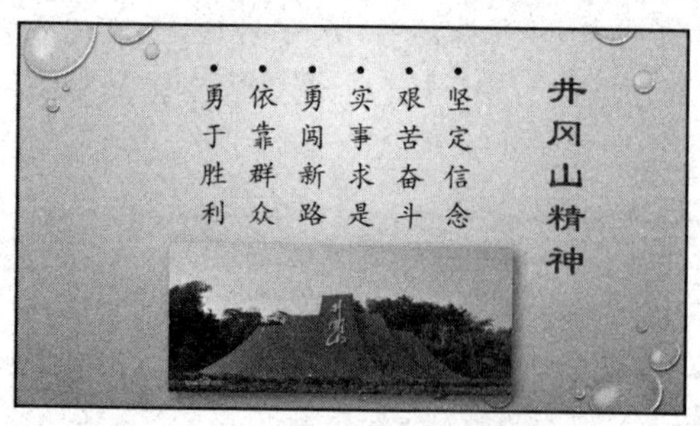

图 13-10　第 5 张幻灯片效果图

（6）单击“开始”选项卡“幻灯片”组中的“新建幻灯片”下拉按钮，在弹出的下拉列表中单击“标题和内容”版式，为演示文稿添加“标题和内容”版式的第 6 张幻灯片。

单击“标题”文本占位符，输入文字“井冈山红色景点”，设置文字字体为隶书，字号为 60 磅，文字颜色为“粉红，个性色 2，深色 25%”，左对齐。

单击内容占位符中的“插入 SmartArt 图形”按钮，打开“选择 SmartArt 图形”对话框，选择“图片”中的“六边形群集”类型，单击“确定”按钮，此时在当前幻灯片中插入了

一个“六边形群集”类型的组织结构图。

选中该组织结构图，在左侧弹出“在此处键入文字”窗口，在窗口的文本列表中依次输入“茅坪”“毛泽东故居”等 5 个红色景点的名称。单击每个文本左侧的“插入图片”按钮，将景点名称对应的图片插入相应的位置，设置如图 13-11 所示。

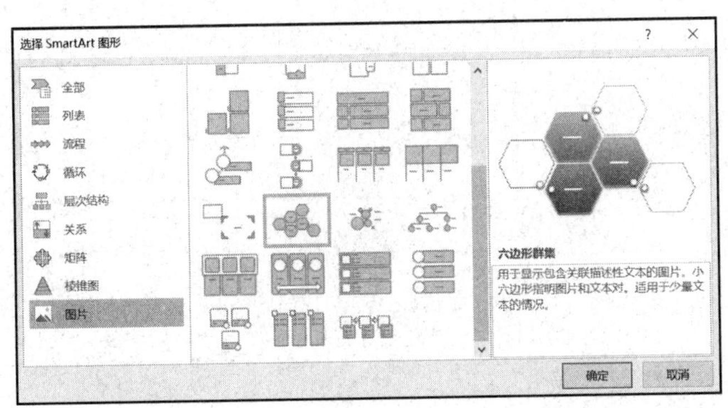

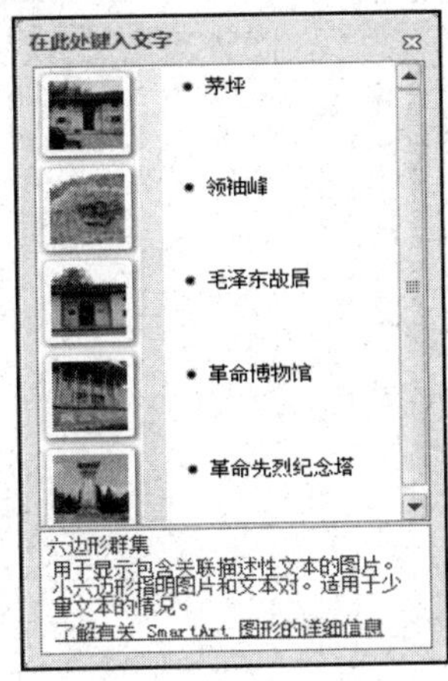

图 13-11　SmartArt 对话框设置图

选中该组织结构图，在“SmartArt 工具-设计”选项卡中，更改颜色为“彩色范围-个性色 5～6”，在“SmartArt 样式”组右侧下拉列表中单击“三维-优雅”按钮，最终效果如图 13-12 所示。

图 13-12　第 6 张幻灯片效果图

（7）右击第 6 张幻灯片，在弹出的快捷菜单中单击“新建幻灯片”命令，添加 1 张与第 6 张幻灯片相同版式的新幻灯片。

单击“标题”文本占位符，输入文字“井冈山旅游趋势”，设置文字字体为隶书，字号为 60 磅，文字颜色为“粉红，个性色 2，深色 25%”，左对齐。

单击内容占位符中的“插入图表”按钮，在打开的“插入图表”对话框中选择“折线图”中的“带数据标记的折线图”类型，单击“确定”按钮，此时，在当前幻灯片中插入了一个“带数据标记的折线图”类型的图表。

在打开的 Excel 表格中输入数据，其中，将类别名设置为折线图横坐标，将系列名设置为折线图纵坐标，效果如图 13-13 所示。

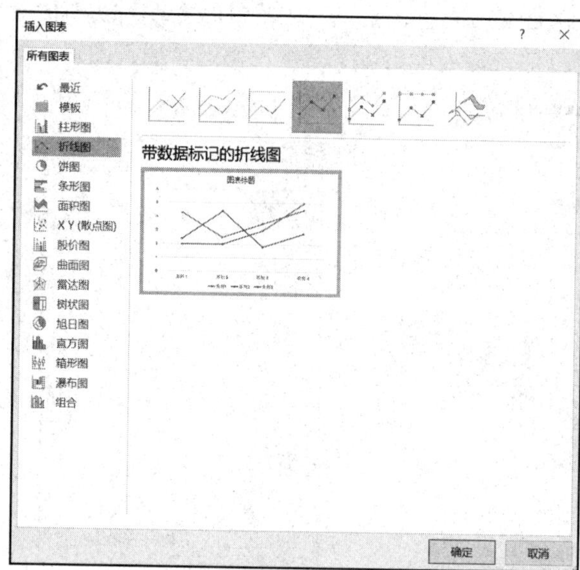

Microsoft PowerPoint 中的图表

	A	B	C	D	E
1		接待游客人数（万）	系列 2	系列 3	
2	2015年	1384.46	2.4	2	
3	2016年	1402.97	4.4	2	
4	2017年	1732.54	1.8	3	
5	类别 4	4.5	2.8	5	
6					
7					

图 13-13　输入图表数据后的效果图

数据输入完成后，确保数据区域蓝色线内包含所有数据，完成后的效果如图 13-14 所示。

图 13-14　第 7 张幻灯片效果图

（8）单击“开始”选项卡“幻灯片”组中的“新建幻灯片”下拉按钮，在弹出的下拉列表中单击“标题和内容”版式，为演示文稿添加“标题和内容”版式的第 8 张幻灯片。

单击“标题”文本占位符，输入文字“对当代大学生的启示”，设置文字字体为隶书，字号为 60 磅，文字颜色为“粉红，个性色 2，深色 25%”，左对齐。

单击“插入”选项卡“媒体”组中的“视频”按钮，在弹出的下拉列表中单击“PC 上的视频”命令，打开“实训教程素材\模块十三\例题”，将视频文件“井冈山精神”插入当前幻灯片中，效果如图 13-15 所示。

图 13-15 第 8 张幻灯片效果图

（9）单击“开始”选项卡“幻灯片”组中的“新建幻灯片”下拉按钮，在弹出的下拉列表中单击“空白”版式，为演示文稿添加“空白”版式的第 9 张幻灯片。

单击“设计”选项卡“自定义”组中的“设置背景格式”命令，弹出“设置背景格式”窗格，在“填充”选区选中“图片或纹理填充”按钮，单击“插入图片来自”下的“文件”按钮，打开“实训教程素材\模块十三”，选中需要作为幻灯片背景的图片，单击“打开”按钮，效果如图 13-16 所示。

图 13-16 设置幻灯片背景

单击“插入”选项卡“文本”组中的“艺术字”下拉按钮，在其下拉列表中单击“填充-橙色，着色 2，轮廓-着色 2”按钮，插入艺术字“星星之火 可以燎原”，设置字体为华文楷体，字号为 48 磅，文字方向为竖排。

单击“星星之火 可以燎原”文本框内部，单击“绘图工具-格式”选项卡“艺术字样式”组中的“文本效果”下拉按钮，在弹出的下拉列表中单击“三维旋转”→“透视”→“上透视”命令，设置艺术字的文本效果。调整艺术字到合适的位置，效果如图 13-17 所示。

插入 3 个文本框，分别输入“谢”“谢”“观赏”，字体设置华文行楷，字号为 66 磅，字体颜色为“红色，个性色 1，深色 25%”，调整位置，完成第 9 张幻灯片的制作，效果如图 13-18 所示。

图 13-17　添加艺术字后的效果图

图 13-18　第 9 张幻灯片效果图

三、上机练习

【上机练习 1】

利用“实训教程素材\模块十三\练习\上机练习 1”中给定的模板“苹果 PPT 模板”快速创建公司宣传演示文稿，制作要求如下：

（1）以宣传某一公司为主题设计一个演示文稿，其内容包括标题、公司简介、公司人事结构图、公司业务范围、公司近几年的主要业绩及公司的发展规划等。

（2）包含上述内容的基础上自行发挥，模板中的幻灯片顺序可以根据需要进行调整，可删除不需要的幻灯片，但要保证幻灯片的张数在 8 张以上。

（3）适当使用艺术字、图片、图表、表格、SmartArt 图形等。

（4）在幻灯片中适当使用动画、声音、影片等多媒体对象，以烘托渲染气氛。

（5）最后把演示文稿保存为“公司宣传.pptx”文件。

【上机练习 2】

根据“实训教程素材\模块十三\练习\上机练习 2”提供的“沙尘暴简介.docx”文件，制作名为“沙尘暴简介.pptx”的演示文稿，具体要求如下：

（1）幻灯片不少于 6 页，选择恰当的版式并且版式要有一定的变化，至少要有 3 种版式。

（2）有演示主题，有标题页和目录页，在第一页上要有艺术字形式的“爱护环境”字样。选择一个主题应用于所有幻灯片。

（3）利用文档制作的幻灯片要灵活运用文字、图片、SmartArt 图形。

（4）要有 2 个以上的超链接进行幻灯片之间的跳转。

（5）后面的幻灯片要分别用动作按钮通过链接返回目录幻灯片。

（6）在演示的时候要全程配有背景音乐自动播放。

（7）将制作完成的演示文稿以“沙尘暴简介.pptx”为文件名进行保存。

【上机练习 3】

建立如图 13-19 所示的演示文稿，制作要求如下：

（1）第 1 张幻灯片只有标题，第 2 张幻灯片有标题和文本，第 3 张幻灯片有垂直排列的标题和文本，第 4 张幻灯片有标题和文本，输入文本如图 13-19 所示。

（2）在第 1 张幻灯片上插入自选图形（“星与旗帜”下的“横卷形”），输入文字如图 13-19（a）所示。

（3）设置所有幻灯片的背景为褐色大理石。

（4）设置幻灯片的配色方案，标题为白色，文本为黄色。

（5）将母板标题格式设为宋体，44 号，加粗。

（6）文本格式设置为华文细黑，32 号，加粗，行距为 2 行，项目符号为 ⌘（Windings 字符集中），橙色。

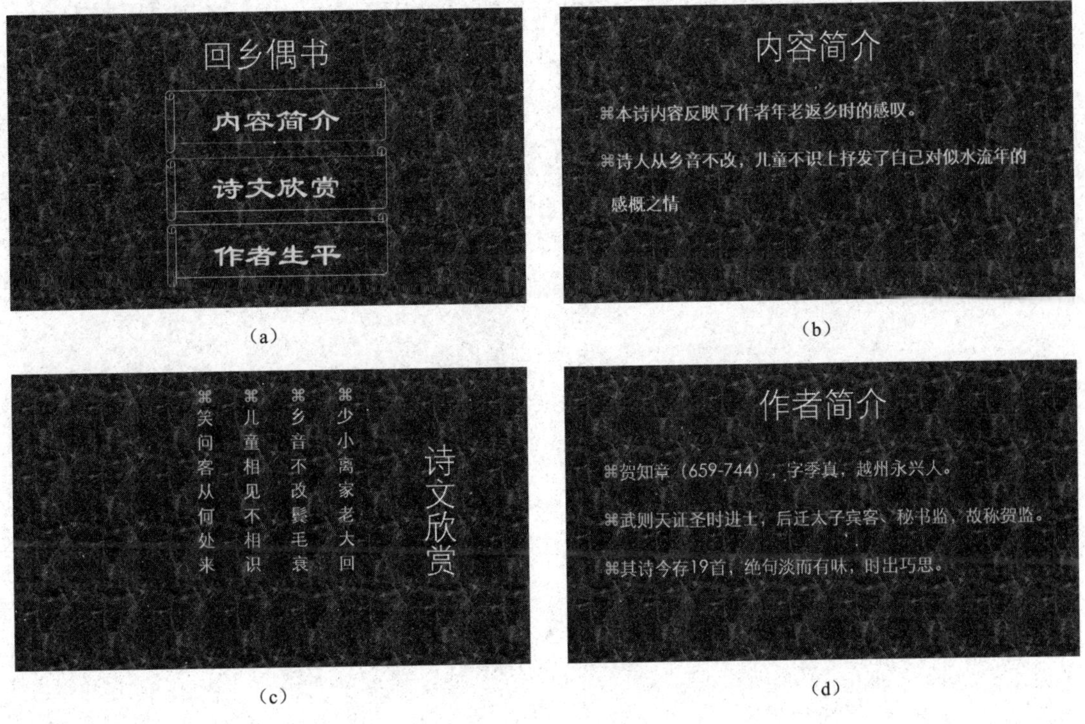

（a）　（b）　（c）　（d）

图 13-19　上机练习 3 演示文稿

【上机练习 4】

按照以下要求完成对“实训教程素材\模块十三\练习\上机练习 4”中演示文稿“cztt.pptx”的修饰并保存。

（1）使用“元素”主题修饰全文，全部幻灯片切换效果设置为“碎片”，效果选项设置为“粒子输出”。

（2）在第 1 张幻灯片前插入一张版式为“标题幻灯片”的新幻灯片，主标题输入“公共交通工具逃生指南”，并设置字体为黑体，53 磅字，黄色（RGB 颜色模式：240，250，0）；副标题输入“专家建议”，并设置字体为楷体，27 磅。

（3）将第 2 张幻灯片的版式改为“两栏内容”，并将图片文件“ppt1.jpg”插入右侧内容区，标题区输入“缺乏安全出行基本常识”文本。

【上机练习 5】

按照以下要求完成对“实训教程素材\模块十三\练习\上机练习 5”中演示文稿“cztt.pptx”的修饰并保存。

（1）在第 1 张幻灯片前插入版式为“两栏内容”的新幻灯片，并将图片“ppt1.jpg”放在第 1 张幻灯片的右侧内容区。

（2）将第 2 张幻灯片的文本移入第 1 张幻灯片左侧内容区，标题输入“畅想无线城市的生活便捷”文本。

（3）将第 2 张幻灯片版式改为“比较”，将第 3 张幻灯片的第 2 段文本移入第 2 张幻灯片左侧内容区，将图片“ppt2.jpg”放在第 2 张幻灯片右侧内容区。

（4）将第 3 张幻灯片版式改为“垂直排列标题与文本”。

（5）第 4 张幻灯片的副标题文本为“福建无线城市群”，背景设置为“水滴”纹理。

（6）使第 4 张幻灯片成为第 1 张幻灯片。

（7）保存制作好的演示文稿。

PowerPoint 2016（二）

一、实训内容

（1）幻灯片的编辑、演示文稿效果设定。

（2）给幻灯片中的文字、图片等对象设置动画效果。

（3）超链接技术和动作应用。

二、操作实例

1. 操作要求

为“井冈山欢迎你.pptx”演示文稿中的各个对象设置动画效果，使用动作按钮和超链接实现幻灯片之间、幻灯片与其他文件之间的灵活跳转。

（1）利用幻灯片母版功能为每页幻灯片的左下角添加“井冈山欢迎你”字样，字体设置为华文隶书，字号为 24 磅。

（2）为第 1 张幻灯片的标题文字“井冈山欢迎你”设置“跷跷板”动画，副标题文字“革命圣地 红色摇篮”设置“浮入”动画。

（3）为第 2 张幻灯片的标题文字“走进井冈山”设置“进入”效果中的“中央向左右展开劈裂”。对内容文字设置“进入”效果中的“自顶部飞入”。依次对其他幻灯片中的对象添加相应动画效果。

（4）将演示文稿所有幻灯片的切换方案设置为“库”，声音选项为“风铃”，持续时间为“02:00”。

（5）给演示文稿的第 2 张幻灯片中的内容设置超链接，使文本“井冈山简介”链接到第 3 张幻灯片，文本“井冈山革命历史”链接到第 4 张幻灯片，以此类推。

（6）给演示文稿的第 3～8 张幻灯片都添加一个返回第 2 张幻灯片的动作按钮。

（7）设置演示文稿的放映方式为“演讲者放映（全屏幕）”，保存演示文稿。

2. 操作步骤

（1）为“井冈山欢迎你”演示文稿创建母版背景。单击“视图”选项卡“母版视图”组中的“幻灯片母版”按钮，进入幻灯片母版设置界面，如图 14-1 所示。

插入一个横排文本框，输入文字“井冈山欢迎你”，字体设置为华文隶书，字号为24，移动到幻灯片的左下角，删除页眉和页脚文字，效果如图14-2所示。

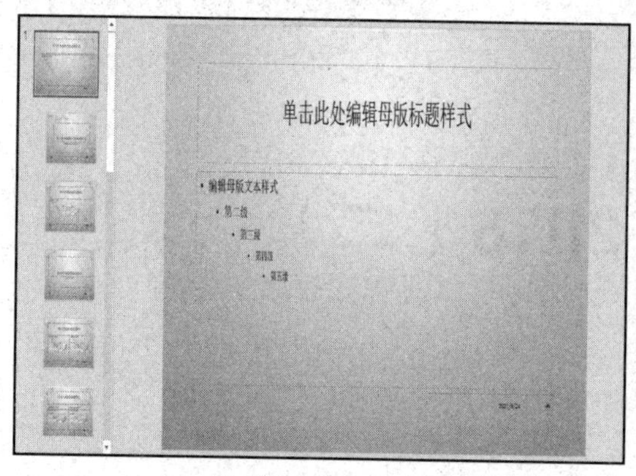

图14-1　幻灯片母版设置界面

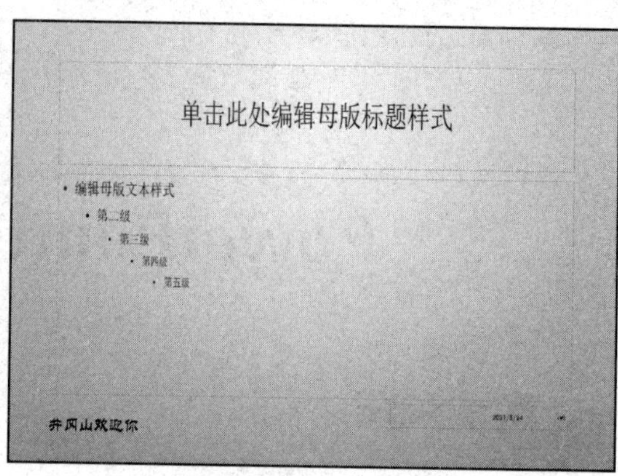

图14-2　修改后的母版图

单击“幻灯片母版”选项卡“关闭”组中的“关闭母版视图”按钮，退出幻灯片母版编辑状态。

（2）选中第1张幻灯片中的标题“井冈山欢迎你”，单击“动画”选项卡“动画”组中的“其他”按钮，在弹出的下拉列表中单击“强调”效果下的“跷跷板”按钮。为“革命圣地　红色摇篮”文本添加“进入”效果中的“浮入”模式，如图14-3所示。

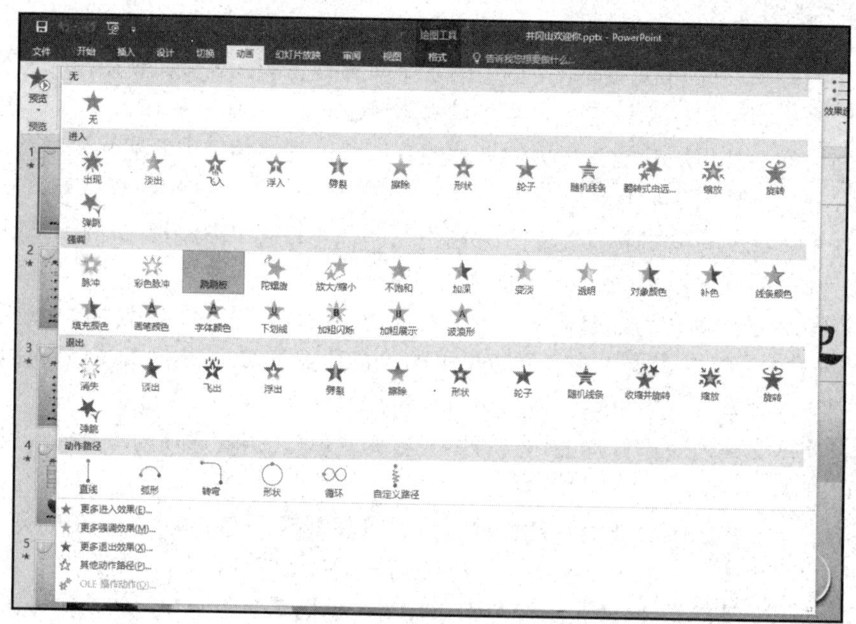

图14-3　设置动画效果

（3）为标题“走进井冈山”设置“进入”选区中的“中央向左右展开劈裂”动画效果。选中标题“走进井冈山”，单击“动画”选项卡“动画”组中的“其他”按钮，在弹出的下拉列表中单击“进入”效果下的“劈裂”按钮。然后单击“动画”组中的“效果选项”按钮，在弹出的“效果选项”列表中单击“中央向左右展开”命令。

对文本设置“进入”效果中的“自顶部飞入”。选中文本，单击“动画”选项卡“动画”组中的“其他”按钮，在弹出的下拉列表中单击“进入”效果下的“飞入”按钮。然后单击“动画”组中的“效果选项”按钮，在弹出的“效果选项”列表中单击“自顶部”命令。最后依次对其他幻灯片中的对象添加相应动画效果。

（4）在第 1 张幻灯片中选择“切换”选项卡，单击“切换到此幻灯片”组中的“其他”按钮，即可弹出“切换方案”列表，在其中选择“库”的切换方式。

单击“计时”组中的“声音”下拉列表，从弹出的列表中选择“风铃”声音选项。

单击“计时”组中的“持续时间”数值框，设置幻灯片的持续时间为 02.00。

单击“计时”组中的“全部应用”按钮，将当前的幻灯片切换效果应用到整个演示文稿的所有幻灯片（注意：若不选择“全部应用”，则该设置只对当前幻灯片有效），设置如图 14-4 所示。

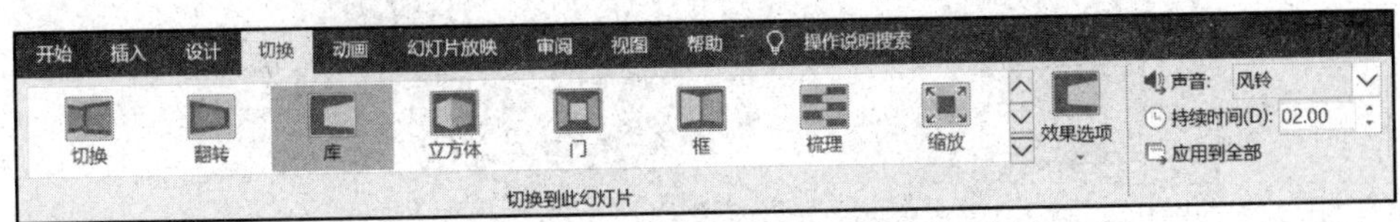

图 14-4 设置切换方案

（5）选中第 2 张幻灯片的文本“井冈山简介”，单击“插入”选项卡“链接”组中的“链接”按钮，打开“插入超链接”对话框，在“链接到”选项表中单击“本文档中的位置”选项，然后在其右侧的“请选择文档中的位置”列表框中单击幻灯片标题为“井冈山简介”的幻灯片选项（见图 14-5），单击“确定”按钮。

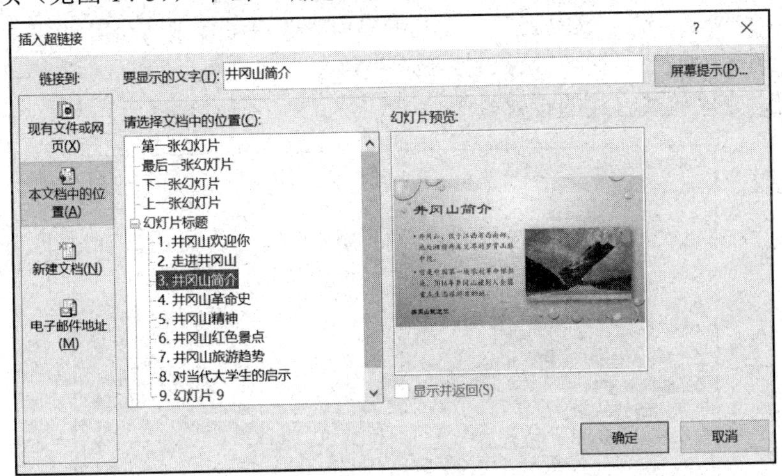

图 14-5 “插入超链接”对话框

使用同样的方法将文本“井冈山革命历史”“井冈山精神”“井冈山红色景点”“井冈山旅游趋势”“对当代大学生的启示”链接到其对应的幻灯片。

（6）选中第 3 张幻灯片，单击“插入”选项卡“插图”组中的“形状”按钮，在弹出的“形状”列表中选择“矩形”中的“圆角矩形”图形。

在幻灯片中绘制出大小适中的“圆角矩形”图形，将其移动到图片右下角的空白处，根据需要设置好形状填充颜色和形状轮廓颜色。

选中图形，单击鼠标右键，在弹出的快捷菜单中单击“编辑文字”命令，为“圆角矩形”添加文字“返回目录”，字体设置为华文行楷，字号为 18 磅。

选中“返回目录”圆角矩形按钮，单击“插入”选项卡“链接”组中的“超链接”按钮，弹出“插入超链接”对话框。在“链接到”选项表中选择“本文档中的位置”选项，然后在其右侧的“请选择文档中的位置”列表框中选择幻灯片标题为“走进井冈山”的幻灯片选项，最后单击“确定”按钮，效果如图 14-6 所示。

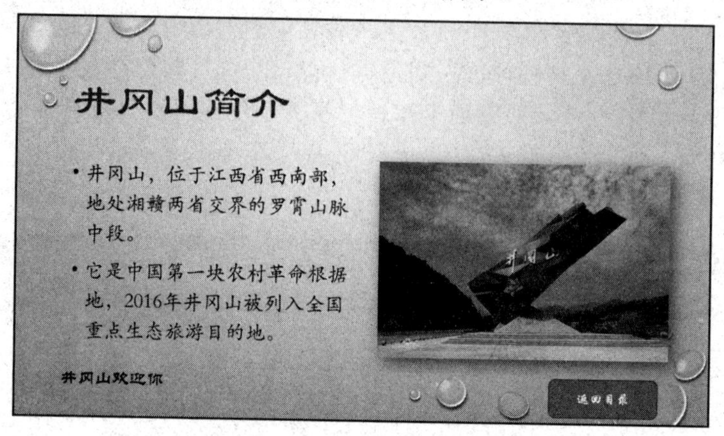

图 14-6　插入超链接后的效果图

复制圆角矩形，粘贴到第 4～8 张幻灯片相应的位置并设置相应的超链接，完成幻灯片之间的相互切换。

（7）单击“幻灯片放映”选项卡“设置”组中的“设置幻灯片放映”按钮，打开“设置放映方式”对话框。在“放映类型”选区中单击“演讲者放映（全屏幕）”单选按钮，在“放映选项”选区中勾选“循环放映，按 Esc 键终止”复选框，设置如图 14-7 所示。单击“确定”按钮，完成放映方式的设置操作。

设置放映方式
放映类型
◉ 演讲者放映(全屏幕)(P)
○ 观众自行浏览(窗口)(B)
○ 在展台浏览(全屏幕)(K)
放映选项
☑ 循环放映，按 ESC 键终止(L)
☐ 放映时不加旁白(N)
☐ 放映时不加动画(S)
☐ 禁用硬件图形加速(G)
绘图笔颜色(E):
激光笔颜色(R):
放映幻灯片
◉ 全部(A)
○ 从(F): 1 到(T): 9
○ 自定义放映(C):
推进幻灯片
○ 手动(M)
◉ 如果出现计时，则使用它(U)
多监视器
幻灯片放映监视器(O):
自动
分辨率(T):
使用当前分辨率
☑ 使用演示者视图(V)
确定　取消

图 14-7　“设置放映方式”对话框

三、上机练习

【上机练习 1】

新建一个演示文稿文件，在演示文稿中新建一张幻灯片，选择版式为“空白”，并完成以下操作：

（1）在演示文稿中新建一张幻灯片，选择版式为“空白”，在其中插入一幅图片，对其设置动画效果为“飞入”，效果选项为“自右侧”。

（2）在第 1 页中插入一个垂直文本框，在其中添加文本为“开始考试”，并设置其动作为“单击鼠标超链接到下一页幻灯片”。

（3）插入一张新幻灯片，版式为“内容与标题”，设置标题为“考试”，标题字体大小为“60”，标题字形为“加粗”，标题对齐方式为“居中对齐”。

（4）在第 2 页幻灯片中添加文本“考试时不允许作弊，要认真作答，独立完成。”。

（5）在第 2 页幻灯片中右边内容区域中插入任意一幅联机图片。

（6）保存制作好的演示文稿。

【上机练习 2】

新建一个演示文稿文件，文件名为“自我简介.pptx”，要求幻灯片总数不少于 5 张，其他制作要求如下：

（1）在第 1 张幻灯片上建立演示文稿的主题。

（2）第 2 张幻灯片为内容提要，将内容提要与后面的相应幻灯片建立链接关系。

（3）在后面的幻灯片中对自己进行自我介绍，要求有文字、表格、SmartArt 图形和图片。

（4）后面的幻灯片中要分别用按钮方式通过链接返回第 2 张幻灯片。

（5）在第 1 张幻灯片中插入一个音频文件，使幻灯片放映时可以通过单击播放该音频文件。

（6）为幻灯片内的对象设置不同的动画效果。

（7）为不同幻灯片之间设置不同的切换方式。

（8）以“自我简介.pptx”为文件名进行保存。

【上机练习 3】

按照以下要求完成对“实训教程素材\模块十四\练习\上机练习 3”中演示文稿“yswg.pptx”的设置并保存。

（1）为整个演示文稿应用“画廊”主题，将全部幻灯片的切换方案设置为“门”，效果选项为“水平”。

（2）第 2 张幻灯片版式改为“两栏内容”，将“实训教程素材\模块十四\练习\上机练习 3”中的图片文件“ppt1.jpg”插入第 2 张幻灯片右侧内容区，图片动画设置为“进入/基本缩放”，效果选项为“缩小”，并为幻灯片插入备注“商务、教育专业投影机”。

（3）在第 2 张幻灯片之后插入“标题幻灯片”，主标题输入“买一得二的时机成熟了”，副标题输入“可获赠数码相机”，字号设置为 30 磅、红色（RGB 模式：255，0，0）。

（4）在第 1 张幻灯片中插入样式为“填充-红色，主题色 1；阴影”的艺术字“轻松拥有国际品质的投影专家”，设置位置（水平：1.3 厘米，自：左上角，垂直：8.24 厘米，自：左上角），艺术字宽度为 22.5 厘米，文字效果为“转换-跟随路径-拱形”。

（5）保存制作好的演示文稿。

【上机练习 4】

按照以下要求完成对“实训教程素材\模块十四\练习\上机练习 4”中演示文稿“yswg.pptx”的设置并保存。

（1）使用“离子”主题修饰全文，全部幻灯片切换方案为“擦除”，效果选项为“自左侧”。

（2）将第 2 张幻灯片中的文本动画设置为“波浪形”；图片动画效果设置为“轮子”，效果选项为“3 轮辐图案”。动画顺序为先文本后图片。

（3）在第 1 张幻灯片中设置超链接，使文本“NOKIA-3310 主要功能”链接到第 2 张幻灯片，文本“公司联系方式”链接到第 4 张幻灯片。

（4）保存制作好的演示文稿。

【上机练习 5】

文慧是某学校的人力资源培训讲师，负责对新入职的教师进行入职培训，其 PowerPoint 演示文稿的制作水平广受好评。最近，她应北京节水展馆的邀请，为展馆制作一份宣传水知识及节水工作重要性的演示文稿。

节水展馆提供的文字资料及素材参见“实训教程素材\模块十四\练习\上机练习 5”中“水资源利用与节水（素材）.docx”，制作要求如下：

（1）标题页包含演示主题、制作单位（北京节水展馆）和日期（××××年×月×日）。

（2）演示文稿须指定一个主题，幻灯片不少于 5 页，且版式不少于 3 种。

（3）演示文稿中除文字外要有 2 张以上图片，并有 2 个以上的超链接进行幻灯片之间的跳转。

（4）动画效果要丰富，幻灯片切换效果要多样。

（5）将制作完成的演示文稿以“水资源利用与节水.pptx”为文件名进行保存。